ASP.NET 实用技术

主编　郭素芳　崔凤梅　孟冬梅

主审　朱耀庭

南开大学出版社

天　津

内容简介

本书秉持严谨、实用的原则,较为详细地介绍了使用 ASP.NET 及其 C#语言进行 Web 应用程序开发的方法。全书共分为 9 章,内容涉及 ASP.NET 概述、C#面向对象编程基础、ASP.NET 常用控件、ASP.NET 常用内置对象、数据库访问技术、在 ASP.NET 中应用 XML、主题与母版页、ASP.NET 的配置和优化,并在第九章详细剖析了使用 ASP.NET 3.5 进行 Web 开发的一个综合案例:个体工商户日常管理网站。本书的每个章节均配有大量丰富的实例,同时,主要章节均配有实验及习题,便于初学者对于所述内容的理解。

本书条理清楚,案例翔实,深入浅出,既可以作为高等学校 ASP.NET 技术的教材,又可以作为使用 ASP.NET 技术从事 Web 程序开发的程序员的技术资料。

图书在版编目(CIP)数据

ASP. NET 实用技术 / 郭素芳,崔凤梅,孟冬梅主编.
—天津:南开大学出版社,2010.5
ISBN 978-7-310-03405-5

Ⅰ.①A… Ⅱ.①郭…②崔…③孟… Ⅲ.①主页制
作—程序设计 Ⅳ.①TP393.092

中国版本图书馆 CIP 数据核字(2010)第 060935 号

南开大学出版社出版发行

出版人:肖占鹏
地址:天津市南开区卫津路 94 号　邮政编码:300071
营销部电话:(022)23508339　23500755
营销部传真:(022)23508542　邮购部电话:(022)23502200
*
天津泰宇印务有限公司印刷
全国各地新华书店经销
*
2010 年 5 月第 1 版　2010 年 5 月第 1 次印刷
787×1092 毫米　16 开本　20.125 印张　511 千字
定价:39.00 元(含光盘)

如遇图书印装质量问题,请与本社营销部联系调换,电话:(022)23507125

序

    ASP.NET 是微软公司推出的网页设计的拳头产品。ASP.NET 技术的出现，革新了传统的 Web 设计模式，给 Web 开发带来新的技术和手段。

    本书的写作基于 Visual Studio 2008+SQL Server 2005 环境。使用的开发语言主要是 C#，这也是目前流行的一种开发语言。

    本书作者均为具有网页设计技术和多年 C#语言教学经验的教师，该书在讲解知识的同时又注重教学设计。本书的写作始终贯彻以应用为主的宗旨，在内容讲解中既保证了理论架构，又侧重于应用，而且重点介绍应用。书中的每一个知识点都有实例讲解，每一章都配有实验和习题，最后有案例；所有例题、实例和案例全部通过实际调试，并附在光盘中。本书非常适合以培养应用型人才为目标的学院作为教材使用。

南开大学信息学院计算机科学系教授/博士生导师

南开大学滨海学院计算机科学系主任

朱耀庭

目 录

第一章 ASP.NET 概述

【学习目标】

了解微软.NET 框架体系结构。
理解公共语言运行时（CLR）和.NET Framework 类库（FCL）。
了解.NET 框架涉及的几个概念。
理解 ASP.NET 的特点及工作原理。
掌握 IIS 的安装与配置。
掌握 Visual Studio 2008 的安装。
熟悉 Visual Studio 2008 集成开发环境。
掌握构建 ASP.NET 网站的基本步骤。
学会构建一个简单的 ASP.NET 网站。

ASP.NET 是微软公司推出的全新的 Web 动态页面编程环境。作为微软公司推出的全新的.NET 架构体系的一部分，ASP.NET 提供了一种基于组件的、可扩展且易于使用的方法，大大简化了 Web 编程。ASP.NET 不是对 ASP 的一个简单意义上的升级，而是一个基于 Web 开发的全新框架。ASP.NET 不再使用传统的脚本语言，而使用.NET 框架所支持的 VB.NET、C#.NET 等语言作为其开发语言，避免了原有脚本语言的诸多限制，因而可以为程序员在短时间内开发出高效、高可靠性且具有高可扩展性的 Web 程序提供强有力的支持和保障。

1.1 .NET 框架体系结构

微软.NET 平台，也即微软 XML Web services 平台。通过这个平台，可以非常便捷地创建各种 XML Web 服务，并将这些服务集成在一起。通过 XML Web 服务，允许应用程序通过 Internet 进行通讯和共享数据，而不管所采用的是哪种操作系统、设备或编程语言。.NET 框架（.NET Framework）正是整个.NET 平台中用于编写 Web 服务的开发工具的核心和基础。

1.1.1 .NET 框架体系结构概述

.NET 开发平台包括.NET 框架（.NET Framework）和 Visual Studio 工具集。其中，.NET 框架是开发平台的基础与核心。.NET 框架应用了许多全新的技术，提供了一个一致面向对象的高效安全的编程环境，极大地简化了 Internet 环境下 Web 应用程序的开发。

1．.NET 框架的组成

.NET 框架主要由两部分组成：公共语言运行时（Common Language Runtime，CLR）和.NET Framework 类库（Framework Class Library, FCL）（如图 1-1 所示）。

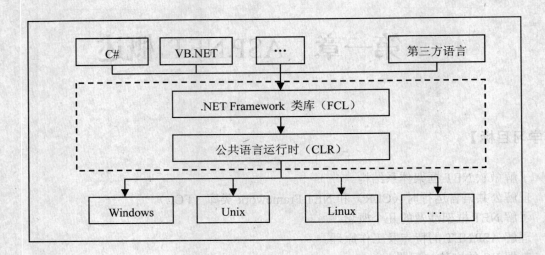

图 1-1　.NET 框架的组成（虚线部分）

（1）公共语言运行时（CLR）

CLR 可以理解为一个通用语言运行环境，它是.NET 框架的基础，负责管理和执行由.NET 编译器编译产生的中间语言代码。CLR 提供了程序运行时的内存管理、线程管理、远程管理、垃圾自动回收、代码执行、类型安全验证、安全检查、异常处理等服务。CLR 的工作原理为.NET 框架所提供的多语言执行环境提供了有力保障。

.NET 框架设置了中间语言，为跨平台服务提供了基础。.NET 框架产生的最终执行代码与具体编程语言无关，只和中间语言有关，这就使得各种服务程序的开发不再受任何编程语言的限制。目前，可以用来编写.NET 应用程序的编程语言很多，如微软的 C++、 VB.NET、微软专门随 .NET 推出的开发语言——C#，以及许多第三方语言，如 COBOL、Eiffel、Perl、Delphi 等。

用各种编程语言编写的程序经过编译后，并不会直接产生 CPU 可执行的代码，而是首先转变为一种不依赖于 CPU 的中间语言（IL，或称微软中间语言 MSIL），CLR 最终执行的是中间语言。当 CLR 执行这些中间语言指令时，CLR 内部的实时编译器（JIT）将它们转换成 CPU 可执行的本地代码，最终实现程序的运行，从而保证了.NET 框架的语言无关性以及平台无关性。因为 CLR 支持多种并允许嵌入第三方实时编译器，因此，同一段 MSIL 代码可以被不同的 JIT 编译成适合不同环境的本地代码（如图 1-2 所示）。

（2）.NET Framework 类库（FCL）

.NET Framework 类库是一个关于类和类型的程序库，它是.NET 框架中的另外一个重要组成部分（如图 1-3 所示）。它包含了数千个可重用的类，提供了对系统功能的访问，是构建 .NET Framework 应用程序、组件和控件的基础。各种不同的基于 CLR 的编程语言可以使用.NET Framework 类库开发出各种应用程序。

.NET 中的类库封装了对 Windows、网络、文件、多媒体的处理功能，是所有.NET 语言都必须使用的核心类库。下面是 Framework 类库中的几个类：

File 类：该类可以用于检查某个磁盘文件是否存在，创建新文件，删除指定文件，以及进行与文件有关的其他操作。

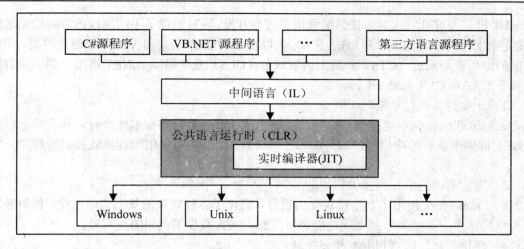

图 1-2 .NET 程序执行过程

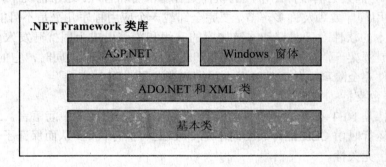

图 1-3 .NET Framework 类库

Graphics 类：使用该类可以处理各种不同格式的图像文件，如 GIF，JPG，BMP，PNG 等类型文件。也可以通过该类创建如矩形、圆、椭圆、圆弧等各种图形。

SmtpClient 类：使用该类可以发送包含附件的电子邮件等。

.NET Framework 类库中有上万个这样的类，为程序员开发各类应用程序提供了极大的方便。

.NET Framework 类库被组织成一个命名空间层次结构，该结构使用点语法命名方案，将相关类型分为不同的命名空间组，以便可以更容易地搜索和引用它们。System 是这个层次结构的根。例如，System 命名空间中就包含了 Object 基类型，所有其他类型都直接或间接由此基类型继承而得到。此外，System 命名空间中还包括了所有应用程序使用的基本数据类型的类，如 Byte、Char、Array、Int32、String 等以及其他许多实用类型。为了通晓.NET 开发平台的各种特性，程序员应当了解自己需要的类型包含在哪个命名空间中（命名空间的概念参见本书 2.6 节）。

2．.NET 框架的优点

.NET 框架具有强大的功能，与之前的任何微软开发平台所提供的技术相比，该框架有了质的飞跃。应当说，微软将现有技术中所有最好和最常用的功能都集中在这一个架构中。概括起来说，其优点主要体现在如下方面：

（1）跨越所有的编程语言

    .NET 框架允许开发人员以任何编程语言进行开发,同时实现了不同编程语言间的无缝集成。它完全支持跨语言的继承和调试。例如,可以在 C#中继承一个用 VB.NET 创建的类。.NET 框架中的通用类型系统(CTS)和通用语言规范(CLS)充分保障了.NET 框架下的多语言编程(关于 CTS 和 CLS 参见 1.1.2)。

    (2)一致的面向对象编程环境

    无论对象代码是在本地存储和执行,还是通过 Internet 分布在本地执行,亦或是远程执行,.NET 框架中所有的应用程序服务都以一种一致的、面向对象的编程模式提供给程序开发人员。

    (3)更加简便的编程模式

    .NET Framework 使用了高度模块化的设计,简化了各种繁杂的基础构造工作,使得开发人员可以将精力更多地集中到处理功能逻辑方面,大大减少了代码的编写量。

    (4)轻松的软件部署和版本冲突控制

    构建在.NET 框架上的软件比常规的软件更容易部署和管理。通常情况下,安装一个传统的 Windows 应用程序要顾及许多环节,要完全卸载一个应用程序几乎是不可能的。而不同开发商的不同版本的软件对于共享动态链接库的升级和覆盖更成为困扰开发人员的"DLL 灾难"。而在.NET 框架下,应用程序的安装和卸载就变得非常简单,同时,它的新型版本机制将应用程序组件完全隔离,从而使开发人员彻底摆脱了"DLL 灾难"。

    (5)多平台支持

    多平台支持是.NET 框架的一个重要特点。前已述及,借助于中间语言,.NET 框架确保源程序代码在运行时由 CLR 翻译成面向本地 CPU 的可执行代码,从而保证了.NET 框架下的程序开发的平台无关性。

    (6)安全的代码执行环境

    .NET 框架提供了一个强健的安全系统,包括基于角色的安全性和代码访问安全性等,该系统可以确保程序代码在严格约束的、管理员定义的安全环境中运行。

    (7)高性能的代码执行环境

    .NET 框架引入了许多新技术,如新的内存、线程及进程管理技术,确保内存泄漏不再发生等。这些技术提高了应用程序运行的可靠性。

1.1.2 .NET 框架中的几个基本概念

    如前所述,.NET 框架主要由 CLR 和 FCL 两部分组成。除了深刻理解 CLR 和 FCL 这两个重要概念之外,若要真正理解.NET 框架,还需要弄清如下几个概念。

    1. IL/MSIL(Intermediate Language/Microsoft Intermediate Language,中间语言)

    为了实现跨语言开发和跨平台的目标,应用程序源代码经过编译器生成的结果必须不依赖于操作系统和计算机硬件的机器指令,而应当是一种中间的、在所有操作系统和计算机硬件平台上都能执行的代码。为实现这一目标,.NET 编写的所有应用程序都不是被编译为本地代码,而是编译成微软中间语言代码 MSIL(Microsoft Intermediate Language),简称 IL。

    IL 是与硬件无关的语言,其本质是一组伪机器指令的集合。IL 代码最终由 JIT(Just In Time)编译器转换成可直接由本地 CPU 执行的机器代码。例如,C#和 VB.NET·源程序代码通过它们各自的编译器编译成 MSIL,MSIL 再通过 JIT 编译器编译成相应的本地操作系统专用代码。

2．CTS（Common Type System，通用类型系统）

在传统的基于 Windows 的程序开发过程中，由于各种语言的类型的不一致导致的问题经常出现，不同语言之间互用是很难实现的（例如，分别用 VB 和 C++开发的程序很难集成在一起），因为只有基于同一类型系统的语言才有可能实现互用。

为此，微软专门在.NET 框架中制定了通用类型系统（CTS），用于解决不同语言的数据类型不同的问题。CTS 用来统一描述.NET 框架中的各种类型的定义和行为。CTS 是.NET 框架的一个重要特性，它定义了标准的面向对象的类型，所有的.NET 编程语言均支持这些类型。CTS 使得一种语言编写的代码和另一种语言编写的代码进行无缝集成成为可能，从而确保.NET 框架能够提供统一的编程模式，并能支持多种编程语言。

例如，C#中的整型是 int，而 VB.NET 中的整型是 Integer，通过各自的编译器把它们两个编译成 CTS 中的通用的类型 Int32，而所有的.NET 语言共享这一类型系统，在它们之间实现无缝互操作。

在实际学习中，不需要直接学习 CTS 规则，只需要从一个具体的编程语言（本书使用 C#语言）入手，掌握该语言所提供的语法和类型规则。虽然不同语言定义类型的语法可能不同，但是编译成中间语言代码后，类型将统一为 CTS 通用类型。

3．CLS（Common Language Specification，通用语言规范）

CLS 是 CLR 定义的一组语言特性集合，主要用来解决不同编程语言在.NET 框架中互操作的问题。

只有在互操作过程中涉及的数据类型和语言特性对所有的语言来说是公共的，才能确保被不同语言编译器所编译的对象能够进行互操作。CTS 为不同语言间的互用奠定了基础，但要想真正实现.NET 中的语言集成却并非易事。因为编程语言的区别不仅仅在于类型，语法或者说语言规范存在的区别同样会因影响不同编程语言在.NET 框架下的集成。

为此，公用语言运行时 CLR 标识了一组公共语言特征的集合，称为公用语言规范（CLS）。CLS 制定了一种以.NET 平台为目标的语言所必须支持的最小特征，以及该语言与其他.NET 语言之间实现互操作所需要的完备特征。凡是遵守这个标准的语言在.NET 框架下都可以实现互相调用。如果开发的组件在应用程序接口中仅使用 CLS 的特征语言，那么该组件能够被任何支持 CLS 的语言所编译的组件所访问。CLS 实际上是 CTS 的一个子集，它定义了所有面向.NET 的程序需要符合的最小规范集。

4．托管代码与非托管代码

所谓托管代码，是指由公共语言运行时 CLR 执行的代码，而不是由本机操作系统直接执行的代码。简言之，托管代码就是中间语言代码，也即 IL 代码。换言之，不由 CLR 接管，而是由操作系统直接执行的代码称为非托管代码。

托管代码由.NET Framework 的 CLR 接管，而不是由 Windows 系统直接管理，因而享有 CLR 提供的类型安全检查、内存管理和释放无效对象等服务，确保了托管代码可以避免很多程序的错误，同时也增强了程序代码的安全性。只需要为每种操作系统和特定的硬件平台提供一个.NET Framework 平台，就可以让同样一个托管代码不加修改地在使用不同的操作系统和硬件结构的计算机上运行。

非托管代码实际上就是本地代码，它不由 CLR 执行，非托管代码必须自己提供垃圾回收、类型检查、安全支持等服务。非托管程序的运行必须依赖于操作系统（如 Windows、Linux 等），而且编译器生成的程序文件包含的是特定 CPU 的机器指令。由于不同 CPU 的机器指令不同，所以，生成的程序不能不加修改地在具有不同种类 CPU 的计算机上运行。

5．程序集

在微软的 MSDN 文档中对程序集做了如下描述："程序集是 .NET Framework 应用程序的构造块；程序集构成了部署、版本控制、重复使用、激活范围控制和安全权限的基本单元。程序集是为协同工作而生成的类型和资源的集合，这些类型和资源构成了一个逻辑功能单元。程序集向公共语言运行库提供了解类型实现所需要的信息。对于运行库，类型不存在于程序集上下文之外。"

对于初学者来说，这段文字比较抽象。通俗地讲，一个程序集可以理解为一个项目，或者一个完整的包。程序集是可以进行部署的最小单位，同时每个程序集都可以采用自己的版本控制策略和权限配置方案等。程序集中包含所定义的类型和相关的资源。

在编译各种语言源代码时，生成的 IL 代码存储在一个程序集中。程序集包括可执行的应用程序和应用程序使用的库，此外程序集还包含所需数据的信息（称为元数据）和所需的其他资源（如声音、图片文件等）。程序集包含程序的元数据，表示调用给定程序集中代码的应用程序或其他程序集不需要指定注册表或其他数据源，因此，只需把文件复制到远程计算机的目录下即可以完成部署应用程序，这与以前的 COM 有了很大的不同。

程序集可以存储在一个文件中，这样的程序集称为单文件程序集，也可以存储在多个文件中。这些文件中有且只有一个主模块文件，另外还需要模块文件和资源文件，这样的程序称为多文件程序集。

1.1.3 ASP.NET 概述

ASP.NET 是微软公司推出的新一代基于 B/S 的动态 Web 开发工具，完全不同于传统的 ASP 技术。它是 .NET Framework 的一个子集，这个子集提供了创建动态 Web 站点所需的一组类的集合，这些类包含了各种在 Web 服务器上执行操作的控件。ASP.NET 作为一种建立在 CLR 基础之上的程序开发构架，主要用于在服务器上开发功能强大的 Web 应用程序。

1．Web 基本工作原理

简单地讲，Web 基本工作原理采用 B/S（浏览器/服务器）模式，即用户通过浏览器获取服务器的某项服务。

（1）静态 Web 页

静态 Web 页不含代码，是直接利用 HTML 标记语言描述的 Web 页面。这种页面没有数据库的支持，如果想在网页中访问数据库，例如建立一个购物网站或者论坛，单纯靠这种 HTML 页面是无法实现的。静态 Web 页面文件的后缀名通常为.htm 或者.html（如图 1-4 所示）。

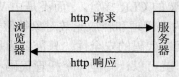

图 1-4 静态 Web 页工作原理

（2）动态 Web 页

动态 Web 页主要分为两大类：客户端的动态 Web 页和服务器端的动态 Web 页。

客户端的动态 Web 页，也叫 DHTML，主要是利用客户端脚本语言（如 JavaScript）实现动态效果。它通常以脚本语言形式直接嵌在网页中，不需要与服务器交互。当这种页面文件从 WEB 服务器下载到客户端后，无须再经过服务器的处理，网页在客户端浏览器中直接响应用户的动作。从严格意义上讲，这种客户端的动态网页不是真正意义上的动态网页，也有另一种说法将这种页面界定为静态 Web 页。

服务器端的动态 Web 页，利用服务器端的语言实现动态的页面，是真正意义上的动态网页。这种页面程序在服务器端运行，通常都需要与数据库技术结合。服务器根据用户的请求，把从数据库中获得的数据组合到页面中，返回给客户端浏览器（如图 1-5 所示）。

ASP、PHP、JSP 以及本书述及的 ASP.NET 等均属于服务器端的动态网页开发技术。

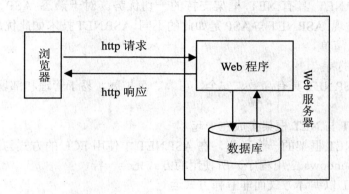

图 1-5　服务器端动态 Web 页工作原理

2．ASP 与 ASP.NET

ASP.NET 不能仅仅看做是 ASP 的升级，它在很多方面有质的突破。与 ASP 对比可以发现，ASP.NET 具有更大的优越性，可以大大简化编程工作。ASP.NET 与 ASP 的主要区别如下：

（1）开发语言不同

ASP 是一种服务器端脚本编写环境，在网页中仅限于使用脚本语言如 VBScript、JScript 等，缺乏事件驱动，增加了编程难度；ASP.NET 则允许使用 C#、VB.NET、C++.NET 等所有可运行于 CLR 之上的编程语言，这些语言功能完善，确保开发出强大的 Web 程序。

（2）代码的独立性不同

ASP 采用面向结构的编程方式，脚本语言编写的代码与 HTML 标记混合在一起，代码杂乱冗长，可读性差，使程序难于维护。ASP.NET 中，采用面向对象的编程方式，页面中包含各种可编程控件，以事件驱动方式编写代码。通过采用 code-behind 的方式，代码和界面设计实际上被置于两个不同的文件中，因而将界面设计工作和代码编写有效地分离，实现了代码的独立性，增强了程序的可维护性。

（3）运行机制不同

ASP 代码以解释方式运行，每次运行时都需要加载并逐行解释，程序执行效率比较低。ASP.NET 代码以编译方式运行。当服务器上的 ASP.NET 页面第一次被请求时，编译器先将 ASP.NET 代码编译为 IL 代码，并备一份到缓存中，再由即时编译器将其编译为本地 CPU 机器码。当页面第二次被同样请求时，直接由 JIT 编译这个备份，因此大大提高了运行效率。

（4）组件的部署

ASP 使用 COM 组件，而 COM 组件存在注册和更新等许多问题，使开发人员深感不便。ASP.NET 无需组件注册，只需将相关文件复制到目的机器即可。同时，组件更新后无需重新启动，从而简化了组件的部署。

（5）数据库存取模式不同

ASP 通过 ADO 实现对数据库的存取，ASP.NET 对数据库的存取则是通过 ADO.NET。ADO 是传统的数据库存取技术，它只适用于用户端与数据库保持连接的架构。ADO.NET 是 ADO 的下一代，它支持连接模式和非连接模式下的数据库访问，使用 XML 数据传输格式并支持 XML 编程模型。

事实上，ASP.NET 具有.NET 框架支持的一切优势。对于熟悉 ASP 的同学，学习了 ASP.NET 之后会发现：ASP.NET 与 ASP 是如此的不同，ASP.NET 技术如此优越，使用 ASP.NET 创建动态网站如此简单。

3．ASP.NET 的特点

如前所述，ASP.NET 具有高效、安全、可靠、可扩展、易于管理和部署等很多全新的特点，现概括如下：

（1）ASP.NET 与.NET 框架集成在一起

ASP.NET 是.NET 框架的一个子集，在 ASP.NET 中使用 FCL 的方式与开发其他.NET 应用程序（如一个 Windows 应用程序）所使用的方式完全一样。

（2）ASP.NET 以编译方式而非解释方式运行

具体编译流程为：

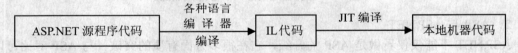

（3）ASP.NET 支持多种语言

ASP.NET 支持所有可运行于 CLR 之上的编程语言。

（4）ASP.NET 在 CLR 中运行

这意味着 ASP.NET 享有 CLR 的自动内存管理和垃圾回收、类型安全、可扩展的元数据、结构化异常处理、多线程支持等诸多性能。

（5）ASP.NET 是真正的面向对象语言

这不仅仅体现在其代码允许访问所有.NET 框架中的对象，还体现在可以自行创建可重用的类以及标准化接口代码等。

（6）ASP.NET 面向不同设备、不同环境和不同浏览器

借助于 CLR，相同的 ASP.NET 代码在不用修改的情况下，可以顺利地在不同的平台和环境下执行。

（7）ASP.NET 易于部署和配置

只需将相关文件复制到目的地，省去了注册等问题。软件的配置工作也非常简单，ASP.NET 提供了基于 XML 的配置文件 web.config，该文件可以用记事本进行编辑，非常方便。

4．ASP.NET 的工作原理

ASP.NET Web 应用程序由许多 ASP.NET 页面文件组成。通常情况下，ASP.NET 页面文

件的扩展名是.aspx。

ASP.NET 的工作原理是：首先，当用户在浏览器中输入页面文件所在地址后，客户端浏览器就会将一个 HTTP 请求（Request）发送到 Web 服务器（IIS），要求访问相应的 Web 页面。IIS 通过分析客户端的 HTTP 请求来定位所请求网页的位置。首先判断页面的后缀，然后根据 IIS 中的配置来决定调用哪个扩展程序。如果所请求网页的文件名后缀是.aspx，那么就把这个文件交付 IIS 服务器应用程序接口 ASP.NET ISAPI 进行处理，ASP.NET ISAPI 会把 ASP.NET 代码提交给另一个进程 aspnet_wp.exe。在 aspnet_wp.exe 进程中通过 HTTP Runtime 来处理这个请求，处理完毕将结果返回客户端浏览器（如图 1-6 所示）。

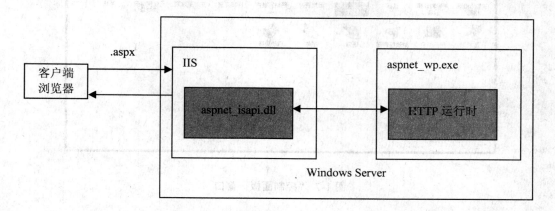

图 1-6　ASP.NET 页面处理过程简易示例

1.2　建立 ASP.NET 开发及运行环境

ASP.NET 应用程序的开发及运行环境主要包括 IIS（Internet 信息服务）、.NET 程序集成开发环境（本书采用 Microsoft Visual Studio.NET 2008）以及建立动态交互网站所必需的数据库环境。本节将介绍 IIS 的安装与配置，以及安装和配置 Microsoft Visual Studio 2008，数据库部分将在后续章节予以介绍。

1.2.1　IIS 的安装与配置

IIS 是 Internet Information Server 的缩写，代表 Internet 信息服务。它是 Microsoft Windows 的专用服务器软件，提供 HTTP、FTP、SMTP 等常用服务器功能。在其众多服务中，IIS 主要用于充当在互联网上发布信息的 Web 服务器。

建立和运行 ASP.NET 应用程序，首先需要安装 IIS。本节介绍 Windows XP 环境下 IIS 的安装与配置。

1. IIS 的安装

具体安装步骤如下：

（1）打开 Windows XP 控制面板。

（2）双击"添加或删除程序"选项，弹出"添加或删除程序"对话框，如图 1-7 所示，如图 1-8 所示。

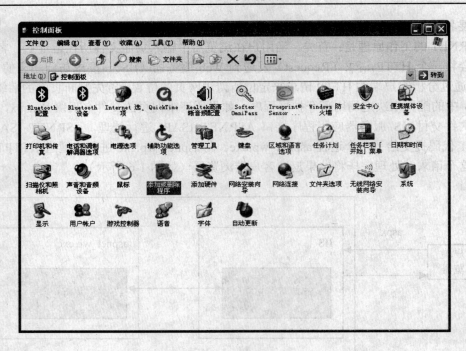

图 1-7 "控制面板"窗口

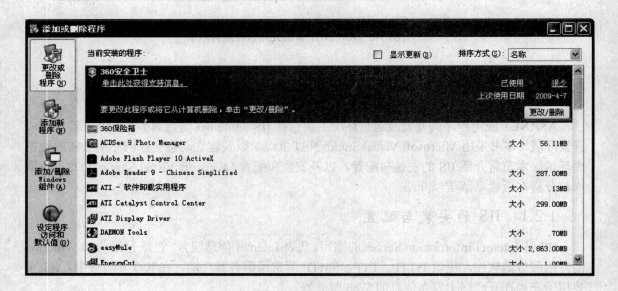

图 1-8 "添加或删除程序"对话框

（3）单击对话框左侧的"添加/删除 Windows 组件"选项，弹出"Windows 组件向导"对话框。

（4）单击"Internet 信息服务（IIS）"选项前面的复选框，选中该项。同时，将 Windows XP 安装盘插入光驱。单击"下一步"按钮，完成后续安装过程。如图 1-9、图 1-10 所示。

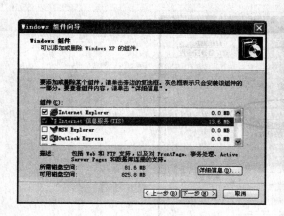 

图 1-9 选择"Internet 信息服务（IIS）" 图 1-10 完成"Windows 组件向导"对话框

2．IIS 的配置

完成 IIS 的安装之后，需要对其进行配置，以便于使用。

通常的基本配置步骤为：

（1）打开"控制面板"中的"管理工具"，双击其中的"Internet 信息服务"选项，弹出"Internet 信息服务"对话框，如图 1-11 所示。

图 1-11 "Internet 信息服务"窗口

（2）右击"默认网站"，在快捷菜单中单击"属性"选项，出现"默认网站 属性"对话框（图 1-12），利用该对话框可以完成对 IIS 的基本配置工作。例如"主目录"选项卡可以重新指定默认网站在服务器磁盘上的实际路径；"文档"选项卡可以指定网站默认的首页文件；"ASP.NET"选项卡可以配置 ASP.NET 的版本等。

通过创建虚拟目录，可以把存储在其他位置的某个目录映射成网站根目录下的一个子目录。例如，默认网站的主目录指定为"D:\Website"，可以将"E:\Examples"目录映射成主目录"D:\Website"下的一个子目录，子目录名可以重新指定，如 "MyProgram"。今后，如访

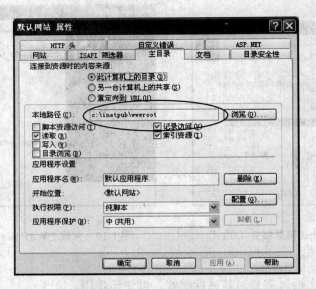

图 1-12 "默认网站 属性"对话框中的"主目录"选项卡

问本机"E:\Examples"中的某个文件如"Example1.aspx"的 URL 即可以表示为
http://localhost/MyProgram/Example1.aspx。

创建虚拟目录的步骤为：

（1）右击"默认网站"，在快捷菜单中选取"新建"/"虚拟目录"，出现"虚拟目录创建向导"对话框，如图 1-13 所示。

（2）单击"下一步"按钮，在随后出现的对话框中输入映射的别名"MyProgram"，单击"下一步"按钮，如图 1-14 所示。

（3）在出现的对话框（图 1-15）中单击"浏览"按钮，指定虚拟目录的实际位置，单击"下一步"按钮。

（4）在随后出现的对话框中（图 1-16）设置虚拟目录的访问权限（通常采用默认设定），单击"下一步"按钮完成虚拟目录的创建。

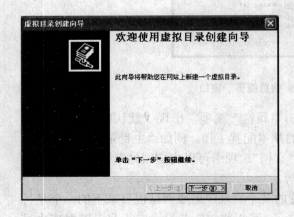
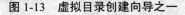

图 1-13　虚拟目录创建向导之一

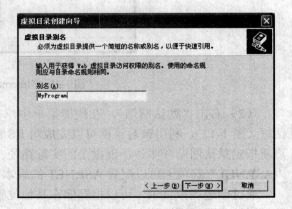

图 1-14　虚拟目录创建向导之二

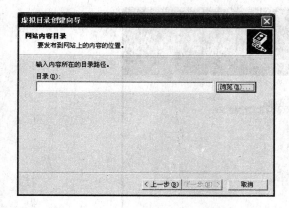 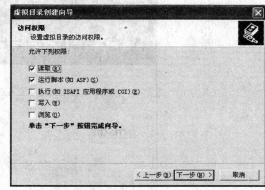

图 1-15　虚拟目录创建向导之三　　　　　图 1-16　虚拟目录创建向导之四

1.2.2　安装 Visual Studio 2008

Visual Studio.NET 是用于创建、编写、运行和调试.NET 程序的集成开发环境。它是.NET
开发平台的重要组成之一，由一套完整的开发工具集组成，用于生成 ASP.NET Web 应用程
序、XML Web Services、桌面应用程序和移动应用程序。尽管只借助于记事本和相应的编译
器就可以编写出.NET 程序，但这种方式在编写复杂的应用程序时极为不便。Visual Studio.NET
良好的集成环境为开发人员快速、高效地编写出各类应用程序提供了可靠保障。

Visual Studio.NET 中集成了 Visual Basic、C#、J#和 Visual C++等编程语言，这些语言使
用相同的集成开发环境（IDE）。各种.NET 编程语言中，C#与.NET 结合得最紧密，是.NET
的首选语言。

1．硬件及软件要求

CPU：不低于 1.6 GHz，建议 2.2 GHz 以上。

RAM ：不低于 384 MB，建议 1 024 MB 以上。

硬盘：转速不低于 5 400 RPM，建议 7 200 RPM 以上。安装驱动器和系统驱动器上要各
有 2 GB 可用空间。

显示器：不低于 1 024×768 像素，建议 1 280×1 024 像素以上。

光驱（CD/DVD）、鼠标：必需。

注意：安装 Visual Studio 2008 时，默认的安装位置是系统驱动器（即引导系统的驱动器）。
不过，在安装过程中可以选择在任何驱动器上安装应用程序。不论应用程序安装在什么位置，
安装进程都会在系统驱动器上安装一些文件。因此，要确保系统驱动器上有可用的空间，还
要确保在安装应用程序的驱动器上有额外的可用空间。

操作系统：Microsoft Windows XP / Microsoft Windows Server 2003 / Windows Vista。

2．安装过程

（1）将 Visual Studio 2008 光盘放入光驱，屏幕上弹出如图 1-17 所示的对话框。

图 1-17　Visual Studio 2008 安装初始画面

（2）单击"安装 Visual Studio 2008"，进入如图 1-18 所示窗口。

（3）单击"下一步"按钮，进入如图 1-19 所示窗口。这个窗体中列出了安装程序将要安装的组件，并包含最终用户许可协议，选中"我已阅读并接受许可条款"。

（4）单击"下一步"按钮，进入如图 1-20 所示窗口，选择安装的方式以及最终的安装路径。通常情况下选择"默认值"安装方式。对于熟悉 Visual Studio 2008 的用户，可以根据自己的需要选择"自定义"安装方式。在确认安装路径时，要仔细观察窗体右下方给出的"所需磁盘空间"列表，根据"可用"和"所需"选取恰当的磁盘进行安装。

图 1-18　Visual Studio 2008 安装步骤二

图 1-19　Visual Studio2008 安装步骤三

　　（5）单击"安装"按钮，进入安装过程，直至完成安装。之后，可以继续安装产品文档（MSDN），也可以不再安装。

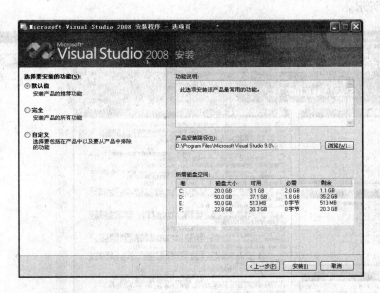

图 1-20　Visual Studio 2008 安装步骤四

1.2.3　Visual Studio 2008 集成开发环境

　　Visual Studio 2008 提供了一套完整的开发工具，用于生成各种应用程序。本书使用 Visual Studio 2008 集成开发环境（IDE）开发 ASP.NET 应用程序。

　　从"开始"菜单中的"程序"选取"Microsoft Visual Studio 2008"级联项中的"Microsoft Visual Studio 2008"，启动 Microsoft Visual Studio 2008。出现 Microsoft Visual Studio 2008 启动画面之后，出现"选择默认环境设置"对话框，如图 1-21 所示。

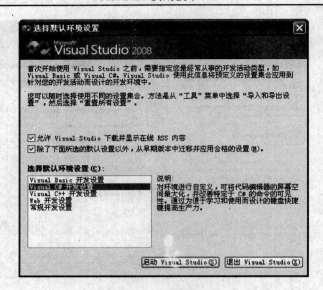

图 1-21　Visual Studio 2008"选择默认环境设置"对话框

　　该对话框用来在初次使用 Visual Studio 2008 前指定开发人员经常从事的开发活动类型,本书选择"Visual C#开发设置"。单击"启动 Visual Studio"出现 Visual Studio 2008 IDE 起始页如图 1-22 所示。

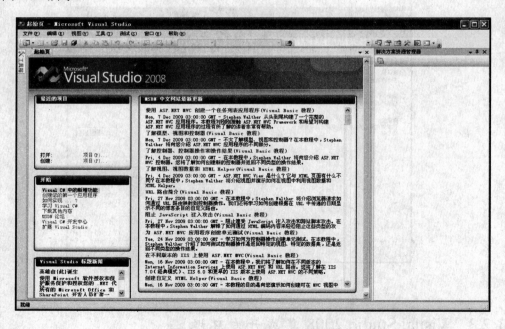

图 1-22　Visual Studio 2008 起始页

　　起始页中有"最近的项目"列表和"新闻频道"。通过"最近的项目"列表,用户可以打开以前创建的项目或网站,或者创建新的项目或网站。"新闻频道"则用于显示 MSDN 网站的最新技术动态。

　　由于 Visual Studio 2008 可以开发各种类型的应用程序,因此 Visual Studio 2008 IDE 会随

着不同开发环境和开发类型的选择而呈现不同的界面，具有较高的灵活性。

通过"文件"菜单中的"新建"或"打开"命令，可以进入到一个具体的项目或网站开发环境。图 1-23 显示了一个 ASP.NET 应用程序的基本开发环境。

整个窗口除包括菜单栏、工具栏和一个起始页外，在默认情况下，还包括"工具箱"、"解决方案资源管理器"窗口和"属性"窗口等。

"工具箱"根据程序员所建立的项目类型自动显示相应的各类控件工具，并将工具分类存放到不同的选项卡中。使用这些工具时可以直接将其拖拽到指定设计位置，非常便利。

"解决方案资源管理器"窗口（图 1-24）用于对当前项目中的各类文件和文件夹进行组织和管理，包括文件和文件夹的浏览、创建、复制、添加、嵌套、重命名、删除等。

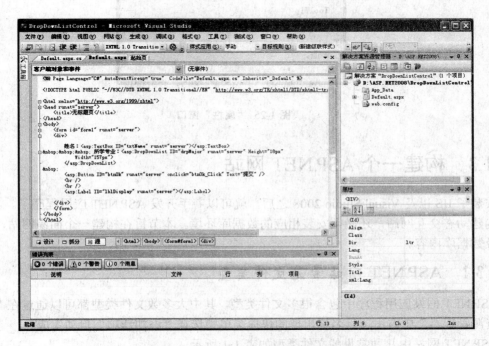

图 1-23　ASP.NET 应用程序的基本开发环境示例

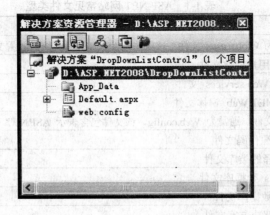

图 1-24　"解决方案资源管理器"窗口

"属性"窗口（图 1-25）可以方便地设置每个控件的各种属性值，这些属性值将自动添加到 HTML 源码中，大大简化了设计和编程过程。

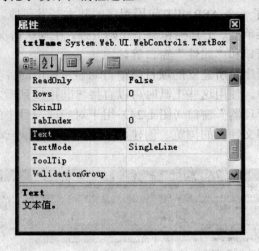

图 1-25 "属性"窗口

1.3 构建一个 ASP.NET 网站

安装了 IIS 以及 Visual Studio 2008 之后，就可以着手开发 ASP.NET 应用程序了。当然，如果构建动态交互网站，还必须安装相应的数据库环境。本节旨在构建一个简易网站，暂时不涉及数据库内容。

1.3.1 ASP.NET 网站常见文件类型

ASP.NET 网站应用程序中包含很多文件类型，其中大多数文件类型都可以通过在"解决方案资源管理器"中右击项目名称出现的快捷菜单中选择"添加新项"自动生成。

ASP.NET 网站中几种常见的文件类型如表 1-1 所示。

表 1-1   ASP.NET 网站常见文件类型

文件类型	说　明
.asax	通常为 Global.asax 文件，该文件为 ASP.NET 系统环境设置文件，用于进行应用程序初始化
.ascx	Web 用户控件文件
.asmx	XML Web services 文件
.aspx	ASP.NET Web 窗体文件
.config	配置文件。通常为 Web.config，该文件包含表示 ASP.NET 功能设置的 XML 元素
.cs	C#类源代码文件
.dll	已编译的类库文件
.mdb、.ldb	Access 数据库文件
.mdf	SQL 数据库文件
.sln	项目解决方案文件

并不是所有文件类型都会出现在一个 ASP.NET 网站中。只有用到 ASP.NET 的某种特定功能，才会在相应的应用程序目录中出现某种特定的文件格式。

ASP.NET 保留了若干存放特定类型文件的文件夹，表 1-2 给出了 ASP.NET 保留的文件夹名称以及文件夹中通常存放的文件类型。

表 1-2　ASP.NET 保留的文件夹及其通常存放的文件类型

文件夹	包含的文件类型
App_Browsers	包含 ASP.NET 用于标识个别浏览器并确定其功能的浏览器定义文件（.browser）
App_Code	包含作为应用程序的一部分需要进行编译的类源代码（如.cs、.vb、.jsl 文件）
App_Data	包含应用程序数据文件，如 MDF 文件、XML 文件和其他数据存储文件
App_GlobalResources	包含编译到具有全局范围的程序集中的资源文件（.resx 和.resources）
App_LocalResources	包含与应用程序中的特定页、用户控件或母版页关联的资源文件（.resx 和.resources）
App_Themes	包含用于定义 ASP.NET 网页和控件外观的文件集合（.skin 和.css 文件以及图像文件和一般资源）
App_WebReferences	文件夹包含用于创建到 Web 服务的引用文件，包括.disco、.wsdl、.xsd 等文件
Bin	包含在应用程序中引用的控件、组件或其他代码的已编译程序集（.dll 文件）

1.3.2　ASP.NET 网站的基本步骤

概括地讲，构建一个 ASP.NET 网站通常需要如下基本步骤：

（1）根据需求，对网站进行规划和构思。

（2）创建数据库。

（3）创建 ASP.NET 网站。

（4）网站包含的所有页面的外观布局及各控件的初始属性设置。

（5）编写各事件响应程序代码。

（6）测试、调试。

（7）网站发布及维护。

如借助 Visual Studio 2008 创建 ASP.NET 网站，可以采用下面的简单方式：

（1）启动 Visual Studio 2008，单击"文件"菜单中的"新建"命令，从级联菜单中选取"网站"，出现"新建网站"对话框。

（2）在已安装的模板中选取 ASP.NET 网站；在"位置"下拉框中，选中"文件系统"，然后输入要保存网站页面的文件夹的名称；在"语言"下拉框中，选取使用的编程语言"Visual C#"；单击"确定"按钮，即创建了一个"文件系统网站"。如图 1-26 所示。

说明：文件系统网站是指将页面和其他文件存储在本地计算机上的某选定文件夹中的网站。此网站将是一个不需要 IIS 便可以在本地计算机创建并运行的网站。可以选择建立 FTP 等其他类型站点。此外，还可以使用 Web 应用程序项目创建网站。

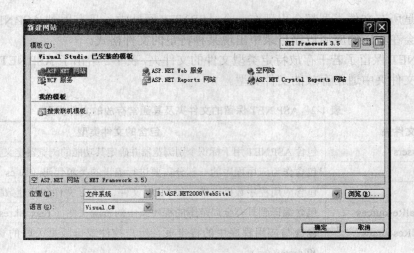

图 1-26 "新建网站"对话框

（3）完成上述步骤后，Visual Studio 2008 会创建一个默认的 Web 窗体 Default.aspx，可以对该窗体重命名。也可以关闭该页面窗体，直接添加所需 Web 窗体文件。

后者的操作步骤为：右击 Default.aspx 选项卡，单击"关闭"按钮将该页面关闭；在"解决方案资源管理器"中，右击该网站名称，然后选取"添加新项"。 在"添加新项"窗口的"模板"列表中选择"Web 窗体"，单击"添加"按钮，并可根据需要重命名 Web 窗体。如图 1-27 所示。

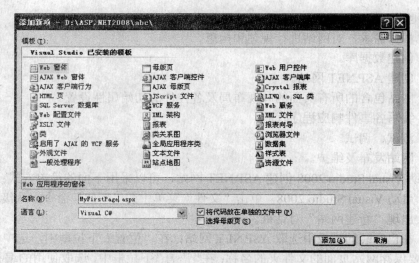

图 1-27 "添加新项"对话框

（4）设计 Web 窗体界面并编写代码。
（5）按 Ctrl+F5 键运行该页。

1.3.3 构建一个简单的 ASP.NET 网站

下面用一个简单的实例介绍利用 Visual Studio 2008 创建 ASP.NET 网站的过程。具体步骤如下：

（1）启动 Visual Studio 2008，单击"文件"菜单中的"新建"命令，从级联菜单中选取"网站"。

（2）在出现的"新建网站"对话框中选取"ASP.NET 网站"，在"位置"处选取"文件系统"，并在其后输入新建网站对应的文件夹，例如，"D:\MyFirstWebSite"。单击"确定"按钮，如图 1-28 所示。

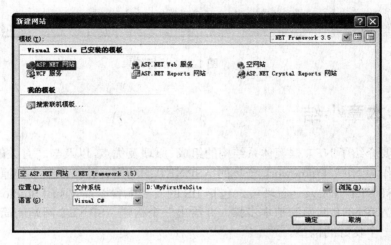

图 1-28　建立"MyFirstWebSite"站点

（3）在"解决方案资源管理器"中，右击"Default.aspx"项目，在出现的快捷菜单中选择"重命名"，将该页面窗体重命名为"Example.aspx"。

（4）进入"Example.aspx"的"设计"页面，从工具箱中拖拽"Label"控件到相应页面位置。

（5）单击选中页面上的"Label"控件，在右侧的"属性"窗口中设置其"Text"属性为"欢迎进入我的第一个网站！"，设置其"Font"属性的"Name"项为"隶书"，"Size"项为"X-Large"，设置其"ForeColor"属性为"Red"，如图 1-29 所示。

图 1-29　"Example.aspx"设计页面

（6）按 Ctrl+F5 键运行该页。运行结果如图 1-30 所示。

图 1-30   运行结果

1.4   本章小结

本章主要介绍了.NET 框架体系结构的组成、原理及优点，以及与之有关的几个重要概念，详细介绍了作为.NET Framework 子集的 ASP.NET 的功用、特点以及工作原理，重点讲述了如何搭建 ASP.NET 开发及运行环境，包括 IIS 的安装配置以及 Visual Studio 2008 IDE 环境，阐述了构建 ASP.NET 网站的基本步骤，并给出一个构建 ASP.NET 网站的简单实例，旨在为后续知识作一个良好的铺垫。

1.5   本章实验

1.5.1   IIS 的安装与配置

【实验目的】

理解 IIS 的概念及作用。

熟悉 IIS 的安装过程。

掌握 IIS Web 服务器的基本配置方法。

【实验内容和要求】

安装并配置 IIS，利用 IIS 创建虚拟目录。重点掌握 IIS Web 服务器的配置以及虚拟目录的创建。

【实验步骤】

1．安装 IIS

"控制面板"/"添加/删除程序"/"添加/删除 Windows 组件"/ 选中"Internet 信息服务（IIS)"/ 插入 Windows 安装光盘 / 单击"下一步"按钮开始安装。

2．启动 IIS，浏览 IIS 启动文档

"控制面板"/"管理工具"/"Internet 信息服务"/单击"网站"下的"默认网站"/ 在右侧窗格中找到"iisstart.asp"文件，在其上右击，选择"浏览"/ 浏览 IIS 启动文档，或者直接启动 IE 浏览器，在地址栏输入 URL："http://localhost"。

3．配置 IIS 默认网站

"控制面板"/"管理工具"/"Internet 信息服务"/ 右击"默认网站"/"属性"/ 打开

"默认网站"对话框，观察各选项卡内容，练习"主目录"及"默认文档"的设置。

4．创建虚拟目录

"控制面板"/"管理工具"/"Internet 信息服务"/ 右击"默认网站"/"新建"/"虚拟目录"/ 建立一个别名为"MyExercise"的虚拟目录，映射磁盘的某一个文件夹。

1.5.2　创建一个简单的 ASP.NET 网站

【实验目的】

熟悉 Visual Studio 2008 IDE 环境。

掌握利用 Visual Studio 2008 创建 ASP.NET 网站的基本方法和步骤。

【实验内容和要求】

利用 Visual Studio 2008 创建一个简单的 ASP.NET 网站，重点掌握创建网站的基本方法。

【实验步骤】

1．新建网站

启动 Visual Studio 2008 /"文件"/"新建"/"网站"/ 在"新建网站"对话框中选取"ASP.NET 网站"，在"位置"处选择"文件系统"并指定新建网站的位置及名称，按"确定"按钮。

2．观察 Visual Studio 2008 IDE 环境

观察各菜单项、工具栏以及各窗口面板情况，包括页面主体选项卡、工具箱、解决方案资源管理器、属性窗，了解熟悉各部分的功能。

3．重命名"Default.aspx"

在"解决方案资源管理器"处右击"Default.aspx"/"重命名"/输入新的 Web 窗体文件名"MyFirstPage.aspx"。

4．Web 窗体界面设计

在"工具箱"中双击"Label"控件 / 选中页面上的"Label"控件，在"属性"窗中设置其"Text"属性为"欢迎访问我的网站!"，并设置其相应"Font"属性和"ForeColor"属性，按 Ctrl+F5 键，观察结果。

1.6　思考与习题

1．简述.NET 框架中 CLR 和 FCL 的含义和作用。

2．什么是中间语言？它有什么作用？

3．简述 ASP.NET 的特点。

4．简述构建 ASP.NET 网站的基本步骤。

5．练习安装及配置 IIS。

6．使用 IIS 创建一个别名为"MyExercise"的虚拟目录，映射为磁盘上的某个文件夹。

7．创建一个名为 MyWeb 的网站，页面效果如下图所示。

第二章 C#面向对象编程基础

【学习目标】

了解 C#语言的特点。

掌握 C#的数据类型、常量及变量的定义，以及常用运算符和表达式。

掌握 C#程序的基本结构。

掌握 C#控制语句的语法及应用。

掌握类与对象的概念、构造函数与析构函数，以及类的继承。

了解命名空间的概念、定义方式及应用。

理解异常处理机制。

掌握异常的捕获和处理语句。

C#是 Microsoft 公司开发的一种新型的、功能强大的、专门为.NET 平台量身定做的面向对象编程语言。它继承了 C 和 C++的语言定义，同时汲取了如 Java、Visual Basic、Delphi 等诸多语言的精华。它采用面向对象技术，支持.NET 最丰富的基本类库资源，在.NET Framework 架构中占据着重要地位。本章将详细介绍关于 C#的基本语法知识、其面向对象技术及其异常处理等。

2.1 C#语言概述

C#作为一门集众家之长的语言，从 C/C++ 演变而来，具有更加简洁的语法、更加充分完全的面向对象技术、更适于 Web 开发以及更加完善的安全及异常处理机制，从而保证它在众多的.NET 开发语言工具中占据首席之地，成为使用.NET 的 Web 开发人员的首选语言。

2.1.1 .NET 支持的语言

.NET 框架与编程语言无关。事实上，任何语言都可以支持 .NET 框架。如前所述，.NET 框架在开发者用以创造应用程序的工具和技术上做出了根本性的改变。.NET 框架中的 CLR 提供了一个技术规范，无论程序使用什么语言编写，只要能编译成中间语言，就可以在它的支持下运行，这样.NET 应用程序就可以独立于语言。这种类似于虚拟机的技术简化了在应用开发中使用多种开发语言的集成问题。

多语言支持是.NET 架构以及 VS.NET 中的一个核心概念。所有 VS.NET 的核心语言，包括很多第三方的编译器都支持.NET 架构的 CLR。Visual Studio.NET 提供了 5 种编程语言来创建 .NET 程序，包括：Visual C#、Visual Basic.NET、Visual C++、Visual J#和 Jscript.NET。开发人员也可以使用第三方语言来创建 .NET 框架应用程序，包括 COBOL、Perl、Eiffel、Delphi、

Smalltalk 等。

2.1.2　为什么选择 C#

C#是微软公司专门为.NET 应用开发的原生语言，它充分体现了与.NET 框架的完美结合，体现着其他语言无法比拟的先进性和优越性。

其他几种 VS.NET 支持的语言，例如 VB.NET，由于具有各自不同的历史和现实，不能完全支持.NET 代码库的某些功能。而 C#却能使用.NET Framework 代码库提供的每种功能。

C#从 C/C++语言演化而来，它吸取了 VB 的简单，却保留了 C++的强大。同时，C#代码比 C/C++更加健全，调试也更加容易。

C#与 Web 应用结合更加紧密，支持现有的最新网络编程行业标准。就 Web 开发而言，C#与 Java 极其相似但又独具特色，同时又具有 Delphi 和 VB 的许多优点。微软公司称，C#是用于开发.NET 程序的最好语言。这也是本书之所以选择 C#作为开发语言的原因。

具体地说，C#有如下特点：

（1）简单

C#比 C++的语法更加简洁。它不再使用 C++中的指针，采用了自动内存管理技术而非原来的手动管理方式。对于 C++原有的一些数据类型、运算符等很多方面进行了改进，使得 C#简单而高效。

（2）面向对象

C#具有面向对象语言所具有的一切特性，包括封装、继承与多态性。它把面向对象技术演绎得更加彻底。

在 C#中，不再有全局常量、全局变量和全局函数的概念，它把所需的一切都封装在一个类之中，从而使代码具有更好的可读性，并且有效地减少了命名冲突。

C#只允许单继承，同时使用接口技术作为多继承的替代，避免了 C++中多继承带来的问题。

（3）类型安全

C#是一种强类型语言。它取消了不安全的类型转换。每个变量或者对象实例都要求被明确定义，从而保障编译器能检查出施加于变量或对象实例上的操作是否合法。

C#中不能使用未经初始化的变量。对象的成员变量将由编译器负责置零，程序中的局部变量则要求编程者对其进行初始化，以避免由于变量未初始化而导致的错误。

C#提供了边界检查功能，用以防止数组元素访问越界。

（4）完善的异常处理机制

C#为程序中可能出现的错误情况提供了完善的异常处理机制，便于程序员为程序建立起良好的异常处理策略。

（5）版本处理技术

C#内置了版本控制功能，使得基于 C#开发的组件能够很好地实现与旧版本的兼容，从而使组件的改进和升级变得简单易行。

（6）更易于 Web 开发

在 C#中使用.NET Framework 类和 Visual Studio 开发环境创建 Web 服务更为简单。面向组件的 C#能够方便地创建 XML Web 服务，为其提供快速设计、开发和部署支持。

2.2　C#基本语法

　　C#的基本语法与 C/C++和 Java 存在许多相似的地方。如果熟悉 C++或者 Java，学习 C#将不是一件很困难的事。

　　C#程序由若干代码块组成，这些代码块用"{"和"}"来界定。每一个代码块由一系列语句组成，每个语句都以分号结束。所有的语句都是代码块的一部分。代码块可以包含任意多行语句，或者根本不包含语句。

2.2.1　数据类型

　　C#的数据分为两大类型：值类型和引用类型。所谓值类型是指变量直接保存其值的类型，值类型数据存储于内存的栈中；对于引用类型，变量只保存数据的地址（称之为引用），保存地址的变量存放于栈中，而引用的实际数据则存储于内存的堆中。对于值类型，每个变量都有属于自己的值，所以对一个变量进行操作不会影响到其他变量；对于引用类型，有可能两个变量存放同一数据的地址，因而可能出现对一个变量的操作影响到其他变量所引用的数据的情况。

　　值类型包括简单类型、结构类型和枚举类型。引用类型包括类类型、接口类型、委托类型和数组类型。

1. 值类型

值类型包括简单类型、结构类型和枚举类型。

（1）简单类型

简单类型是最基本的数据类型，主要包括整型、浮点类型、小数类型、字符类型和布尔类型。

● 整型

C#支持有符号整型和无符号整型，其对应的具体类型如表 2-1 所示。

表 2-1　C#整型

类型名	字宽	范围
sbyte	1	-128~127
byte	1	0~255
short	2	-32 768~32 767
ushort	2	0~65 535
int	4	-2 147 483 648 ~2 147 483 647
uint	4	0 ~ 4 294 967 295
long	8	-9 223 372 036 854 775 808 ~ 9 223 372 036 854 775 807
ulong	8	0~18 446 744 073 709 551 615

● 浮点类型

浮点类型包括单精度浮点类型（float）和双精度浮点类型（double），如表 2-2 所示。

表 2-2　C#浮点型

类型名	字宽	精度	范围
float	4	7 位有效数字	$\pm1.5 \times 10^{-45} \sim \pm3.4 \times 10^{38}$
double	8	15~16 位有效数字	$\pm5.0 \times 10^{-324} \sim \pm1.7 \times 10^{308}$

如果希望某浮点数被看做 float 类型，需要为数字加上后缀 f 或者 F。否则，该数将被视为 double 类型。例如 float a=12.5f;

● 小数类型

C#用 decimal 表示小数类型。decimal 类型主要用于财务和货币计算。与 double 类型相比，decimal 类型具有更高的精度，具有 28~29 位有效数字，但描述的数值范围为$\pm1.0 \times 10^{-28}$ 到 $\pm7.9 \times 10^{28}$，要比 double 类型小。

注意：如果希望某小数常量被看做 decimal 类型，需要为数字加上后缀 m 或者 M。例如，decimal myMoney=750.3m，如果没有 m/M 后缀，该数将被视为 double 类型。

● 字符类型

C#的字符类型用 char 表示。char 类型用于存放 16 位的 Unicode 字符（一种通用字符编码标准）。char 类型数据的值是用单撇号引起来的一个 Unicode 字符，例如'A'、'人'、'一'等。

对于一些无法表示的特殊字符，C#用转义字符表示。C#常见的转义字符如表 2-3 所示。

表 2-3　C#常见转义字符

转移字符	含　义
\n	换行符
\t	水平制表符（Tab 键）
\r	回车符
\b	退格
\\	反斜杠
\'	单撇号
\"	双撇号
\0	空字符

● 布尔类型

bool 类型用于存储两个逻辑值 true 和 false。

注意：与 C/C++不同，不能再用 1 代表 true，用 0 代表 false。

（2）结构类型

结构类型是由若干简单类型或者复合类型构成的统一体，其中的每一项信息称为它的成员。C#使用 struct 关键字构建结构类型。结构类型与之后重点讲述的类（class）类型存在许多相似之处。但是，结构类型属于值类型，类类型属于引用类型，二者在内存中的存储位置和方式各不相同。结构类型主要用于较小规模的数据描述。

例如，一个平面上的点可以定义成如下结构：

```
struct MyPoint
{
```

```
        public int x, y;
}
```
又如，可以简单地定义一个学生信息结构，如下：
```
struct StuInfo
{
        public string no;
        public string name;
        public double score;
}
```
（3）枚举类型

枚举类型实际上是一组整型数据的集合。为了便于表达和记忆，枚举类型为每个整型数据成员赋予一个名称。C#使用 enum 关键字构建枚举类型。默认情况下，第一个枚举数的值为 0，后面每个枚举数的值依次递增 1。

以下语句定义了一个简单的枚举类型：

enum Days{Sunday, Monday, Tuesday, Wednesday, Thursday, Friday, Saturday};

此例中，Sunday 的值为 0，Monday 的值为 1，依此类推。也可以强制元素序列从 1 而不是 0 开始，只需改写成如下形式：

enum Days{ Sunday=1, Monday, Tuesday, Wednesday, Thursday, Friday, Saturday};

2．引用类型

引用类型不存储它们所代表的实际数据，存储的是实际数据的引用。引用类型包括类类型、接口类型、委托（delegate）类型和数组类型。

（1）类（class）类型

类是面向对象技术中非常重要的一个概念，它将各种类型的变量、函数和事件等封装在一起，用以描述某类事物的共同特征。

类的定义格式如下：

[访问修饰符]   class   类名[：父类名]
```
        {
                类的成员描述
        }
```
关于类类型，本章的后续部分将做详细介绍。

（2）接口（interface）类型

简单地说，接口就是类和使用该类的用户之间的一种协定。接口描述了在许多类中出现的一组相同的行为和功能，通过让类继承这些接口，可以使得实现这些接口的类在形式上保持一致，从而使程序代码更具调理性以及通用性。

接口只提供成员的声明，而不提供成员的实现。当一个类继承某个接口时，它不仅要实现该接口定义的所有方法，还要实现该接口从其他接口中继承的所有方法。

接口的定义格式为：

[接口修饰符] interface 接口名称 [：基类接口名]
```
{
                接口成员描述
}
```

（3）委托（delegate）类型

C#中的委托类型用于封装带有特定返回类型和参数的方法，它与 C/C++中的函数指针非常相似，但它比指针安全，更加适合面向对象编程。

委托类型的定义格式为：

[委托修饰符] delegate　返回类型　委托名（[参数列表]）；

例如：

public delegate string myDelegate（int i, double d, string s）；

上面声明的委托类型封装了返回类型为 string，且带有 int、double 和 string 三个参数的任何方法。

（4）数组类型

数组类型是一种包含若干相同类型数据的数据结构。这些相同类型的数据被称为数组成员或数组元素。数组通过下标（或索引）来访问其成员变量的值，其下标从 0 开始。

数组必须经过实例化才可以使用。例如：

   int [ ] iArray;

上述声明仅仅定义了一个数组，但并没有将其实例化，因而是不可用的。可以通过两种方式对数组实例化，一种方式是在声明数组时，赋予数组元素初始值：

   int [ ] iArray={1,2,3,4,5}；

另一种方式是使用关键字 new：

   int [ ] iArray= new int[10]；

关于数组类型，本节的后续部分将做进一步阐述。

（5）两个预定义的引用类型

C#支持两个预定义的引用类型：object 类型和 string 类型。

object 类型是.NET Framework 中的 System.Object 类型的别名，它是所有类型的父类型。所有类型（预定义类型、用户定义类型、引用类型和值类型）都是直接或间接从该类型继承的。可以将任何类型的值赋给 object 类型的变量。

string 类型是.NET Framework 中的 System.String 类型的别名，用于表示零个、一个或多个 Unicode 字符组成的序列，即通常所说的字符串。该类型的值需要放在双引号中。

2.2.2　常量和变量

1．常量

常量是指程序运行过程中其值保持不变的量。在 C#中，常量分为普通常量和符号常量。

（1）普通常量

普通常量直接以值的形式出现在程序代码中，其值反映了它的数据类型，例如：123，'A'，"Hello"，38.5f，687.95 等。

（2）符号常量

符号常量是指为程序中不变的数值或字符串赋予一个符号名称。使用符号常量可以增加程序的可读性，简化输入，并且易于修改。符号常量一经定义，其所代表的值不能更改。

C#符号常量使用 const 关键字进行声明，其语法格式如下：

const　类型名　符号常量名=常量表达式；

例如：

```
const int MAX=100;
const double PI=3.14159;
const double x = 1.0, y = 2.0, z = 3.0;
```

2．变量

变量是指程序运行过程中其值可以发生变化的量。变量具有变量名、变量类型和变量值三个要素。

（1）变量的命名

变量名是一种标识符，遵循标识符的命名规则。具体要求是：

● 必须以字母或者下划线开头。

● 只能由字母、数字、下划线组成，不能包含空格、标点符号、运算符等符号。

● 不能与C#关键字重名（但是可以使用@前缀避免重名问题，例如@class 是合法变量名，而 class 则不是）。

注意，C#是大小写敏感语言，即认为 A 和 a 是两个不同的名字。为变量命名时，应注意如下问题：① 变量名应当尽量具有实际意义，以便于识别和记忆；② 尽管 C#是大小写敏感语言，但是不要同时创建仅仅有大小写区别的标识符，如 MyName 和 myName，以免造成混淆；③ 尽量避免使用下划线分隔同一个变量中的不同单词，应当使用大小写来分隔。如，不要使用 my_name、web_control_name 的写法，建议使用 Camel 命名法，即首个单词小写，后续单词的首字母大写。依照 Camel 法则的约定，上述名称可写为 myName、webControlName 的形式。

（2）变量的声明和初始化

变量的使用原则是，先声明，后使用。变量的简单声明格式如下：

数据类型名　变量名；

或者

数据类型名　变量名=变量值；

其中，第二种格式在声明变量的同时，对变量进行了初始化，即在声明变量的同时赋予了变量相应的值。

例如：

```
int myAge;
int myAge=18;
double myScore, yourScore;
double myScore=89.5, yourScore=98;
string myName="John Smith";
bool myBool=false;
```

如果在声明变量时并未对其初始化，可以在后续代码中对其赋值，例如：

```
int x;
x=200;
```

注意：不管用哪种方式，在没有赋予变量值之前，不可以在程序中使用该变量，否则编译器会生成错误。

2.2.3　运算符与表达式

运算符用于对操作数实施各种运算。运算符和操作数的有序组合构成了特定的表达式。C#运算符按照功能划分可以分为算术运算符、字符串运算符、关系运算符、逻辑运算符、条件运算符、赋值运算符等。按照操作数的个数划分，又可分为一元运算符（仅有一个操作数）、二元运算符（两个操作数）和三元运算符（三个操作数）。

1．算术运算符

算术运算符主要用来进行加、减、乘、除、取余等运算。

（1）一元算术运算符

-（负号）、+（正号）、++（增一）、--（减一）

这四个运算符都只能作用于一个操作数。其中++、--是两个特别的运算符，可以出现在操作数左边（前缀），也可以出现在操作数右边（后缀）。++x（--x）表示先对 x 自身增一（减一），再参加表达式运算；x++（x--）则表示先用 x 的原值参加表达式的运算，之后 x 自身再增一（减一）。

例如：声明 int x=3, y; 之后，如果计算表达式 y=++x; 则 x、y 的值均为 4。而如果计算 y=x++; 则 x 的值为 4，y 的值为 3。

（2）二元算术运算符

*（乘法）、/（除法）、%（取余）、+（加法）、-（减法）

上述运算符均作用于两个操作数。其中，*、/、%三个运算符处于同一运算级别，比+、-运算级别高。%只能作用于整型数据。

2．字符串运算符

C#的字符串运算符只有一个，就是"+"。对于字符串，"+"的作用就是将两个字符串首尾相接，合并成新字符串。

例 2.1　字符串运算符"+"应用示例。

代码如下：

```
using System;
public class StringOperator
{
public static void Main( )
{
    string s="Hello!";
    s=s+"World";
    Console.WriteLine("使用字符串运算符的结果是："+s);
}
}
```

程序运行结果如图 2-1 所示。

图 2-1   字符串运算符"+"应用示例运行结果

说明：通过利用 Visual Studio 2008 创建一个控制台应用程序可以实现本例。控制台应用程序的创建方法详见本章实验 2.9.1。

3．关系运算符

C#关系运算符包括：>（大于）、<（小于）、>=（大于等于）、<=（小于等于）、= =（等于）、!=（不等于），共六个运算符。

其中>、<、>=、<= 四个运算符的级别高于= =和!=。

由关系运算符组成的表达式的值为布尔型，即用 true 表示关系为真，用 false 表示关系为假。例如，'a'= ='A'的值为 false。

4．逻辑运算符

C#的逻辑运算符共有三个：!、&&、||。

其中，!为一元逻辑运算符，运算级别最高，表示逻辑非。即"非真为假、非假为真"。例如，!（'a'= ='A'）的值为 true。

&&为二元逻辑运算符，运算级别居于三者之间，表示逻辑与。其运算规则是，两个操作数都为真时结果为真，有一个操作数为假结果就为假。例如，a&&!a，结果为 false。

||为二元逻辑运算符，运算级别三者中最低，表示逻辑或。其运算规则是，两个操作数都为假时结果为假，有一个操作数为真结果就为真。例如，a||!a，结果为 true。

5．条件运算符

C#中的条件运算符是"? :"，它是 C#中唯一一个三元运算符。由该运算符组成的表达式的格式为：

表达式 1? 表达式 2：表达式 3

该运算符要求表达式 1 必须为布尔表达式。该运算符首先判断表达式 1 的值，若其值为 true，则整个条件表达式的结果就是表达式 2 的值；否则，若表达式 1 的值为 false，则整个条件表达式的结果就是表达式 3 的值。例如，a>b?a:b 的结果将是 a 和 b 中较大的那一个。

6．赋值运算符

赋值运算符把其右边的表达式的值赋予左边的变量。

C#中最常见的赋值运算符是"="。

其基本格式为：变量=表达式；

使用赋值运算符的要求是，"="左边一定是变量，右边的表达式必须可以隐式转换为左边变量的类型。例如：

```
int x,y,z;
double p;
x=3;
```

　　　　　y=x+5;
　　　　　p=x+y;

除了 "=" 之外，C#还包含若干复合的赋值运算符：+=、-=、*=、/=、%=、<<=、>>=、&=、^=、|=。例如，x=x+5 等同于 x+=5，x=x%y 可以写为 x%=y。

7. 其他运算符

（1）new 运算符：用于创建对象（实例）并调用构造函数。

（2）typeof 运算符：用于获取指定表达式的数据类型。

（3）sizeof 运算符：用于获取值类型所占内存字节大小。该运算符仅适用于值类型。例如，sizeof（double），结果为 8。

（4）??（空接合）运算符：

其用法是：表达式 1??表达式 2

其含义为，若表达式 1 的值不为空（null），则整个条件表达式结果就是表达式 1 的值，否则取表达式 2 的值作为整个??条件表达式的值。例如，

假设 str1 中存放的是一个空串，则 str1??"normal" 表达式的值就是字符串"normal"。

除上述运算符之外，C#还包含诸如位运算等很多运算符，在此不再一一列出，需要时请查阅相关文档。

8. 运算符的优先级别

当多种运算符同时出现在一个表达式中时，会遵循各种运算符的优先顺序进行运算。C#中各级运算符的优先顺序如表 2-4 所示。

表 2-4　C#运算符及其优先级别

运算符类别	级别	运算符
基本	1	. 、（）、[ ]、x++、x--、new、typeof、checked、unchecked、->
一元	2	+、-、!、~、++x、--x、(T)x、True、False、&、sizeof
乘、除、取余	3	*、/、%
加减法	4	+、-
移位	5	<<、>>
关系和类型检测	6	<、>、<=、>=、is、as
相等	7	= =、!=
位逻辑 "与"	8	&
位逻辑 "异或"	9	^
位逻辑 "或"	10	|
逻辑 "与"	11	&&
逻辑 "或"	12	||
条件	13	? :
赋值	14	=、+=、-=、*=、/=、%=、&=、|=、^=、<<=、>>=
null 合并	15	??
Lambda	16	=>运算符

2.2.4 类型转换

在实际应用中，常常需要在一个表达式中完成不同类型数据之间的运算。此时，需要把数据从一种类型转换为另一种类型，此即类型转换。

C#中的数据类型转换可以分为两类：隐式转换和显式转换。

1．隐式转换

当两个不同类型的操作数进行运算时，系统会自动地、无须加以声明地将它们转换为同一种类型，再进行运算，这种转换称为隐式转换。隐式转换的原则是低类型转换为高类型，这种转换通常是安全的、保值的，不会造成数据精度的损失。例如，有如下声明：

    int a=3;

    double b=5.6;

则表达式 a+b 的类型隐式转换为 double 类型。

C#支持的隐式类型转换如表 2-5 所示。

表 2-5　C#支持的隐式类型转换

源类型	目　标　类　型
sbyte	short、int、long、float、double、decimal
byte	short、ushort、int、uint、long、ulong、float、double、decimal
short	int、long、float、double、decimal
ushort	int、uint、long、ulong、float、double、decimal
int	long、float、double、decimal
uint	long、ulong、float、double、decimal
long	float、double、decimal
ulong	float、double、decimal
char	ushort、int、uint、long、ulong、float、double、decimal
float	double

注意：① int 类型的常数表达式可转换为 sbyte、byte、short、ushort、uint 或 ulong，前提是常数表达式的值处于目标类型的范围之内。② 不存在其他类型到 char 类型的隐式转换。

2．显式转换

显式转换又称为强制转换。显式转换需要明确地指出转换的目的类型，因而需要强制转换运算符。类型强制转换运算符是一个一元运算符，其外观为"（强制转换的目的类型名）"。

其使用格式为：（目的类型名）表达式

例如，

    double x=389l.65;

    int a;

    a=（int）x;

很显然，显式转换存在数据丢失的风险。

C#支持的显式类型转换如表 2-6 所示。

表 2-6　C#支持的显式类型转换

源类型	目标类型
sbyte	byte、ushort、uint、ulong、char
byte	sbyte、char
short	sbyte、byte、ushort、uint、ulong、char
ushort	sbyte、byte、short、char
int	sbyte、byte、short、ushort、uint、ulong、char
uint	sbyte、byte、short、ushort、int、char
long	sbyte、byte、short、ushort、int、uint、ulong、char
ulong	sbyte、byte、short、ushort、int、uint、long、char
char	sbyte、byte、short
float	sbyte、byte、short、ushort、int、uint、long、ulong、char、decimal
double	sbyte、byte、short、ushort、int、uint、long、ulong、char、float、decimal
decimal	sbyte、byte、short、ushort、int、uint、long、ulong、char、float、double

在显式转换的执行过程中，如果转换结果超出目标类型的取值范围，可能会导致溢出错误。

3．装箱与拆箱

装箱与拆箱是 C#类型系统提出的一个核心概念。通过装箱与拆箱，可以实现值类型与引用类型之间的相互转化。

（1）装箱

装箱是指将值类型的变量转换为 object 类型的隐式转换。也可以换一种说法：将一个值类型的值装箱，就是创建一个 object 实例，并将这个值赋值给这个实例。例如：

```
int a=10;
object object1=a;
```

（2）拆箱

与装箱相反，拆箱是指将 object 实例显式地转换为值类型的过程。拆箱时，首先检查 object 实例与对应的值类型是否类型兼容，再把此实例的值赋值给相应的值类型变量。例如：

```
int b=（int）object1;
```

2.2.5　数组

前已述及，数组是一种包含若干相同类型数据的数据结构。这些相同类型的数据被称做数组元素，数组元素存储在相邻的内存单元中。在 C#中，数组属于引用类型。

1．数组的定义

一维数组的定义格式如下：

数据类型[ ] 数组名；

其中，[ ]中可以指明数组中包含的元素个数。

二维数组的定义格式为：

数据类型[,] 数组名；

三维数组的定义格式依此类推：数据类型[,,] 数组名；

例如，声明一个包含五个整数的数组 intArray，格式为：int [5] intArray；

也可以在声明数组时，不指定数组大小，写为：int [ ] intArray； 而在后面的程序代码中再为数组指定大小。

使用上述定义方式声明数组后，并没有真正在内存的堆区为数组开辟内存空间。要想使用该数组，还要对其进行实例化。使用关键字 new 可以实现数组的实例化工作。格式如下（以一维数组为例）：

数据类型[ ] 数组名=new 数据类型[数组元素个数]；

例如，int[ ] intArray=new int[5]；

或者分两步完成：

int[ ] intArray；

intArray=new int[5]；

以下代码声明了一个三行四列的二维整型数组 myArray：

int[,] myArray = new int[3,4]；

2．数组的初始化

声明一个数组时，可以为每一个数组元素赋予一个初始值。例如，下面的语句对一个包含五个整数的一维数组进行了初始化：

int[ ] arr1=new int[5]{1,3,5,7,9}；

类似的初始化例子还有：

string[ ] Staff=new string[3] {"Tom", "Mary", "John"}；

int[,] myArray=new int[3,4] {{1,2,3,4},{5,6,7,8},{9,10,11,12}}；

如果初始值给得饱满，没有缺省的情况，数组的大小也可以不予给出：

int[ ] arr1=new int[ ]{1,3,5,7,9}；

string[ ] Staff=new string[ ] {"Tom", "Mary", "John"}；

int[,] myArray=new int[,] {{1,2,3,4},{5,6,7,8},{9,10,11,12}}；

如果有初始化的数据，甚至可以省去关键字 new，如下：

int[ ] arr1= {1,3,5,7,9}；

string[ ] Staff= {"Tom", "Mary", "John"}；

int[,] myArray={{1,2,3,4},{5,6,7,8},{9,10,11,12}}；

3．数组元素的访问

通过数组的下标或者索引，可以指明所要访问的具体数组元素。

注意：数组的索引是从 0 开始的。

例如，声明数组为：int[ ] arr1= new int[5]；

则   arr1[0]=3;   //把 3 放入 arr1 的起始成员中
                     arr1[4]=6;   //把 6 放入 arr1 的末尾成员中

注意：对于 arr1，其最大的索引号为 4。

再如，声明数组为：int[ ] arr2= new int[3] {3,7,9}；

System.Console.WriteLine (arr2[1]);   //输出结果为 7

2.2.6 编写 C#控制台程序

1. 一个简单的 C#程序及其结构

本小节通过经典的"Hello World!"程序讲解一个 C#程序的基本结构。

（1）创建控制台程序的基本方法

● 使用记事本创建：打开记事本，输入源程序代码，另存为后缀为.cs 的文件。

● 使用 Visual Studio 2008 创建：文件/新建/项目/Visual C#（控制台应用程序），之后，在主窗口会自动生成相关代码框架，找到相应位置输入源代码。按 Ctrl+F5 键或者选择"调试/开始执行"菜单操作执行程序。

例 2.2 "Hello World!"程序示例。

程序基本代码如下：

```
using System;
class HelloWorld
{
public static void Main( )
{
Console.WriteLine("Hello World!");          //输出"Hello World!"
}
}
```

（2）C#控制台程序结构

可以看出，C#程序由代码块组成，代码块用一对花括号"{}"来界定。代码块中包含若干语句，每个语句都以分号结束。花括号"{}"后面不带分号。

一个基本 C#应用程序具备如下基本结构：

命名空间、类、Main 方法（程序入口）。

程序的第一行，用 using 指明本例将用到 System 命名空间中的类。

命名空间将在后续部分讲述，它是同类型类的集合，要使用命名空间中的类，首先应该使用 using 关键字在程序中引用命名空间。本例中用到的 Consol 类即属于 System 命名空间，所以，程序开始给出 using System; 若缺省该句，则

Console.WriteLine("Hello World!");

应改写为 System.Console.WriteLine("Hello World!");

程序第二行定义了一个名为 HelloWorld 的类。在 C#中，所有的程序代码都必须包含在类中。关于类的概念，将在后面详细介绍。

在 HelloWorld 类中，有一个 Main 方法。Main 方法是程序的入口点，每一个 C#程序都有一个 Main 方法。作为程序入口点，该方法要求必须为静态的（static），以保证它是 HelloWorld 类的方法，而不是此类的实例的方法。本例中，Main 方法使用 void 修饰，说明在本例中该方法没有返回值。同时，本例中 Main 方法后面的小括号中没有内容，表明本例的 Main（）没有使用参数。在今后的应用中，Main 方法既可以使用参数，也可以有返回值。

示例中用到了 Console 类及其 WriteLine 方法。Console 类是.NET Framework 专门为开发控制台应用程序封装的一个类，表示控制台应用程序的标准输入、输出流和错误流，对从控制台读取、写入字符串提供基本支持。本例中用到的 WriteLine 方法即是向控制台中写入字

符串"Hello World!"。

　　示例中出现的"//"代表本行其后的内容为注释部分。C#中的单行注释使用"//"，与"//"同在一行且位于其后的内容将被视作注释。C#还支持多行注释。多行注释以"/*"开始，以"*/"结束，可以跨越若干行，介于它们之间的所有内容都将被视为注释内容。

　　2．ReadLine（）方法和 WriteLine（）方法

　　Console.ReadLine（）方法：从控制台读取一行字符（回车键停止）。

　　Console.WriteLine（）方法：将指定的数据（后跟回车换行符）写入标准输出流（即控制台窗口）。

　　与 Console.WriteLine（）方法相似的还有一个 Console.Write（）方法。该方法唯一的不同之处在于它不输出换行符。

　　例 2.3　ReadLine（）方法和 WriteLine（）方法应用示例。

```
using System;
class ConsoleExercise
{
public static void Main( )
{
    string name;
    Console.Write ("Good Morning. ");
    Console.WriteLine ("Your name, please…");
    name= Console.ReadLine();
    Console.WriteLine ("Glad to meet you! "+name);
}
}
```

假设输入为：Jane 回车

运行结果如图 2-2 所示。

图 2-2　ReadLine（）方法和 WriteLine（）方法应用示例

2.2.7　控制语句

　　控制语句用于控制程序的流程。C#共有三类流程控制语句：选择语句、循环语句和跳转语句。下面分别予以介绍。

　　1．选择语句

　　选择语句又称为条件语句或者分支，主要用来根据条件选择执行程序的哪一个分支。C#

选择语句包括 if 语句和 switch 语句。if 语句可以实现常见的二分支结构和多分支结构，而 switch 语句主要用于实现多分支结构。

（1）if 语句

if 语句有三种常见的应用格式，开发人员可以根据需要进行选择。

格式一：

if（条件表达式）

语句；或者{复合语句}

这是 if 语句最简单的应用格式。其含义为：如果条件表达式的值为 true，则执行指定语句或复合语句，然后执行后续语句。如果条件表达式的值为 false，则跳过指定语句或复合语句，直接执行后续语句。执行流程如图 2-3 所示。

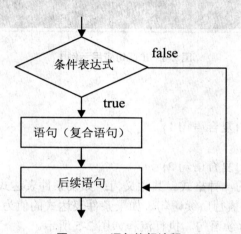

图 2-3　if 语句执行流程

注意：多于一句的语句块称为复合语句，复合语句必须用花括号括起来。

例 2.4　从键盘输入两个整数，输出其中较大的整数。

```
using System;
class IfExercise1
{
public static void Main( )
{
    int a, b, max;
    a = int.Parse(Console.ReadLine());
    b = int.Parse(Console.ReadLine());
    max = a;
    if (a < b)
        max = b;
    Console.WriteLine("两个数中的较大者为：{0}",max);
}
}
```

变量 max 用于存放 a、b 中较大的数。先假定 a 为较大者，再比较 a 与 b 的大小，如果

a<b，b 为较大者，则把 b 放入 max。本例中的 int.Parse（）方法用于将数字字符串转换为对应的 32 位有符号整数。Console.WriteLine（）中的"{0}"代表","后面的第 1 个表达式的值，即 max 的值，如果还有第二个表达式需要输出，使用"{1}"表示。

假定输入 10 回车

　　　　　　20 回车

输出结果如图 2-4 所示。

图 2-4　if 语句应用示例 1

格式二：

if（条件表达式）

　　　　语句 1；或者{复合语句 1}

　　else

　　　　语句 2；或者{复合语句 2}

这是 if 语句最为常用的一种格式。其含义为：如果条件表达式的值为 true，则执行语句 1 或第一个复合语句，然后执行后续语句。如果条件表达式的值为 false，则执行语句 2 或第二个复合语句，然后执行后续语句。执行流程如图 2-5 所示。

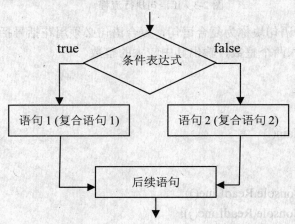

图 2-5　if…else 语句执行流程

例 2.5　从键盘输入两个整数，输出其中的较大者。用 if…else 形式可以写为：

```
using System;
class IfExercise2
{
public static void Main( )
```

```
{
    int a, b, max;
    a = int.Parse(Console.ReadLine());
    b = int.Parse(Console.ReadLine());
    if (a > b)
        max = a;
    else
        max=b;
    Console.WriteLine("两个数中的较大者为：{0}",max);
}
}
```

例 2.6　从键盘输入一个字母，判断其大小写情况并输出。

```
using System;
class IfExercise3
{
    public static void Main( )
    {
        Console.Write("请输入一个字母: ");
        char c = (char)Console.Read();
        if (char.IsLetter(c))
        {
            if (char.IsUpper(c))
                Console.WriteLine("是大写字母。");
            else
                Console.WriteLine("是小写字母。");
        }
        else
            Console.WriteLine("输入的不是字母。");
    }
}
```

本例中，Console.Read（）用于从标准输入流（键盘）读取一个字符，该方法的返回类型默认为 int，而本例需要读取一个字符型数据，所以需要用强制类型转换"（char）"将其转换为字符型。char.IsLetter（）和 char.IsUpper（）分别用于判定字符是否为字母，以及是否为大写字母。

假定输入：A 回车

程序执行结果如图 2-6 所示。

图 2-6   if 语句应用示例 2

格式三（if 语句的嵌套形式）：

        if（条件表达式 1）

        语句 1；或{复合语句 1}

        else if（条件表达式 2）

        语句 2；或{复合语句 2}

        else if（条件表达式 3）

        语句 3；或{复合语句 3}

          ⋮

        else

        语句 n；或{复合语句 n}

上述格式实际上是 if 语句的嵌套形式。通过 if 语句的嵌套可以解决多分支问题。由于随意的多层嵌套容易导致代码的可读性差和易出错等情况，所以 if 的嵌套常常使用上述规整的 if-else-if 结构。

其具体执行过程是，先判断条件表达式 1 的值，如果为 true，执行语句 1 或复合语句 1，否则，如果为 false，再判断条件表达式 2 的值，依此类推。如果给定的条件表达式都为 false，则执行语句 n 或复合语句 n。

注意：①在 if 的嵌套形式中，else 与 if 的搭配原则是，else 总是与其上面的、相距最近的、且尚未与其他 else 搭配的 if 搭配。②本格式中的 else 及其后的部分可以视具体情况省略。

例 2.7   从键盘输入任一数 x，编程计算 $y = \begin{cases} 2x+5 & x > 10 \\ 3x^2 & 5 < x \leqslant 10 \\ x+18 & 0 < x \leqslant 5 \\ 6-2x & x \leqslant 0 \end{cases}$

```
using System;
class IfExercise4
{
    static void Main( )
    {
        double x, y;
        Console.WriteLine("请输入一个任意数");
        x = double.Parse(Console.ReadLine());
        if (x > 10)
            y = 2 * x + 5;
```

```
        else if (x > 5)
            y = 3 * x * x;
        else if (x > 0)
            y = x + 18;
        else
            y = 6 - 2 * x;
        Console.WriteLine("y={0}", y);
    }
}
```

对于 5<x≤10 这个条件，因为它出现在第一个 else 后面，意味着 x 肯定小于等于 10，所以只需要判别 x 是否>5，所以此处写为 else if（x>5）。后面的情况依此类推。double.Parse（）方法用于将数字字符串转换为对应的双精度数。

（2）switch 语句

switch 语句又称为开关语句，是专门用于实现多分支选择的一种控制语句。switch 语句的格式为：

switch（条件表达式）

{

case　常量表达式 1：

语句 1; break;

case　常量表达式 2：

语句 2 ; break;

⋮

case　常量表达式 n：

语句 n ; break;

　　default:

语句 n+1; break;

}

说明：switch 语句的执行过程是：判断 switch 后面的条件表达式的值，将它依次与每一个 case 后面的常量表达式进行比较，与哪一个 case 后面的常量表达式匹配，就执行哪一个 case 块中的语句，执行后跳离 switch 结构，流程结束。如果与任何一个 case 后面的常量表达式都不匹配，则执行 default 后面的语句，之后结束整个 switch。

注意：① switch 中条件表达式只能是整型、字符（串）、枚举型数据。② case 后面必须跟常量表达式，不可以出现变量。③ 每一个 case 块都必须有跳转语句 break，除非该 case 块内的语句为空。如果某一个 case 块的语句为空，则该 case 块与其后相邻的非空 case 块执行相同的语句代码。④ default 部分可以缺省。如果存在，也应该包含 break 语句。

例 2.8　输入 1~12 之间的一个整数，根据数字大小决定是哪一个季节。

```
using System;
class SwitchExercise
{
    static void Main( )
```

```
    {
        int i;
        Console.WriteLine("请输入一个 1~12 之间的整数：");
        i = int.Parse(Console.ReadLine());
        switch (i)
        {
            case 3:
            case 4:
            case 5:
                Console.WriteLine("Spring");
                break;
            case 6:
            case 7:
            case 8:
                Console.WriteLine("Summer");
                break;
            case 9:
            case 10:
            case 11:
                Console.WriteLine("Autumn");
                break;
            case 12:
            case 1:
            case 2:
                Console.WriteLine("Winter");
                break;
            default:
                Console.WriteLine("输入的数字无效");
                break;
        }
    }
}
```

输入：5 回车

程序运行如图 2-7 所示。

图 2-7　switch 语句应用示例

2．循环语句

任何一种编程语言都会提供循环控制结构，以达到反复执行某个语句块的目的。C#支持四种循环控制结构，分别是 for 循环、while 循环、do…while 循环以及 foreach 循环。下面进行逐一介绍。

（1）for 语句

当循环次数已知时，常常用到 for 语句。

语法格式如下：

　　　　for（表达式 1；表达式 2；表达式 3）
　　　　　　循环体代码

说明：表达式 1 是初值表达式，只在循环开始时计算一遍，以后不再涉及；表达式 2 是循环条件表达式，用于判断是否满足循环条件；表达式 3 为增量表达式，在执行完循环体后进行计算，其结果会影响循环条件发生变化。三个表达式均可缺省，但是";"不能省略。

for 语句的执行流程是：先计算表达式 1 的值，然后据此计算表达式 2 的值为 true 还是 false。若为 true，则执行循环体，之后计算表达式 3 的值，再重新计算表达式 2，如此往复；若为 false，则跳离 for 循环，执行 for 的后续语句。

注意：如果循环体代码超过一条语句，则应写成复合语句的形式，即用一对花括号把循环体括起来。

例 2.9　利用 for 语句编程计算 1+2+3+…+100 的值。

其核心代码为：

```
int sum=0;
for( int i=1;i<=100;i++)
    sum+=i;
System.Console.WriteLine(sum);
```

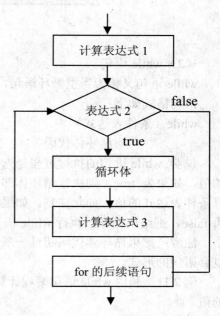

图 2-8　for 语句执行流程

例 2.10　编程计算欧拉数 $e=1+1/1!+1/2!+1/3!+…$，直到最后一项的值小于 1e-8（科学计数法，表示 1×10^{-8}）。

其核心代码如下：

```
double r = 1, e = 1;
int n = 1;
for (; r >= 1e-8; n++)
{
    r /= n;
    e += r;
}
System.Console.WriteLine("e 的值为:{0}",e);
```

写成完整的控制台程序后，运行结果如图 2-9 所示。

图 2-9　for 语句应用示例

（2）while 语句

while 语句又称为当型循环语句，用于不知循环次数，但已知循环结束条件的情况。语句格式如下：

while（条件表达式）
　　　　循环体代码

说明：while 语句的执行过程是先计算条件表达式的值，如果为 true，则执行循环体部分，之后重新计算条件表达式的值，如此往复。如果条件表达式的值为 false，则结束循环，执行 while 语句的后续语句。

注意：如果循环体代码超过一条语句，则应写成复合语句的形式。

例 2.11　利用 while 语句编程计算 1+2+3+…+100 的值。

其核心代码为：

```
int sum = 0, i = 1;
while (i <= 100)
{
    sum += i;
    i++;
}
System.Console.WriteLine（sum）;
```

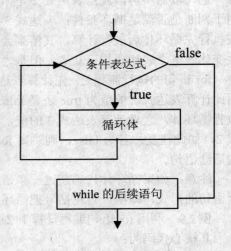

图 2-10　while 语句执行流程

将本例与 for 语句中代码进行比较，可以发现，for 语句与 while 语句是可以互换的。本例中，写在 while 上面的"i=1；"相当于 for 语句中的初值表达式，而 for 语句中的增量表达式"i++"则写进了 while 的循环体。for 语句小括号里的三个表达式在 while 中被沿纵向写出来，二者异曲同工。

例 2.12　编程计算欧拉数 e=1+1/1!+1/2!+1/3!+…（用 while 语句），直到最后一项的值小于 1e-8（科学计数法，表示 1×10^{-8}）。

其核心代码如下：

```
double r = 1, e = 1;
int n = 1;
while ( r >= 1e-8)
{
    r /= n;
```

```
    e += r;
    n++;
}
System.Console.WriteLine("e 的值为:{0}",e);
```

写成完整的程序后，运行结果如图 2-11 所示。与用 for 语句写出的程序结果完全相同。

图 2-11 while 语句应用示例

（3）do…while 语句

do…while 语句与 while 语句极为相似，所不同的
是：while 语句是先判断循环条件，再根据情况进入循
环体，而 do…while 语句则是先无条件执行一遍循环
体代码，再判断循环条件是否为 true。

语句格式如下：

do

循环体代码

while（条件表达式）；

说明：do…while 语句的执行过程是，先执行循环
体代码，再计算条件表达式的值，如果为 true，则重
新执行循环体部分，如此往复。如果条件表达式的值
为 false，则结束循环，执行 do…while 语句的后续语
句。

注意：① 在 do…while 语句的格式中，while（条
件表达式）后面必须有一个 "；"，以表示 do…while 语句结束。这一点与 while 语句的情形不
同。②如果循环体代码超过一条语句，则应写成复合语句的形式。

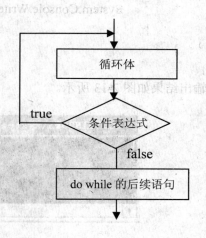

图 2-12 do…while 语句执行流程

例 2.13　利用 do…while 语句编程计算 1+2+3+…+100 的值。

其核心代码为：

```
int sum = 0, i = 1;
do
{
    sum += i;
    i++;
}
while (i <= 100);
System.Console.WriteLine(sum);
```

（4）foreach 语句

　　foreach 语句是 C#新引入的循环语句，通常用于遍历一个数组或集合中的每个元素。其语句格式如下：

foreach（数据类型　标识符　in　数组名或集合名）

　　　　　循环体代码

说明：foreach 语句的语义是，对指定数组或集合中的每一个元素执行一遍循环体。

例 2.14　使用 foreach 语句输出数组 myArray 中的每一个元素。

```
class ForEachExercise
{
    static void Main( )
    {
        int[ ] myArray= {1, 3, 5, 7, 9};
        foreach (int i in myArray)
        {
            System.Console.WriteLine(i);
        }
    }
}
```

输出结果如图 2-13 所示。

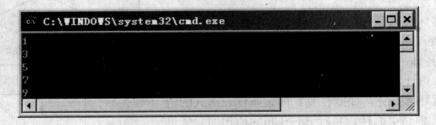

图 2-13　foreach 语句应用示例

（5）循环的嵌套

　　如果一个循环体内包含另一个完整的循环结构，称为循环的嵌套。内嵌的循环中还可以嵌套循环，这就是多重循环。上述几种循环语句之间可以相互嵌套使用。

例 2.15　编程求 100~200 之间的所有素数。

```
using System;
class PrimeNumbers
{
    static void Main( )
    {
        int m,i,n=0;
        for(m=101;m<=200;m+=2)
        {
            for(i=2;i<=m/2;i++)
```

```
            if(m%i= =0)
                break;
        if(i>m/2)
        {
            Console.Write("{0} ",m);
            n++;
        }
        if(n%10= =0)
            Console.WriteLine();
    }
    Console.WriteLine();
    }
}
```
执行结果如图 2-14。

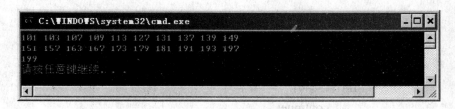

图 2-14　循环嵌套的应用示例

3．跳转语句

跳转语句的作用是使程序的流程控制无条件地转移到新的位置。C#中共有 5 个跳转语句：break 语句、continue 语句、goto 语句、return 语句和 throw 语句。

goto 语句将程序控制直接传递给标记语句。该语句的特点是异常灵活，可用于跳出深层嵌套循环。但正是因为它过于灵活，因而不易于控制，建议实际编程时尽量少用。

return 语句将终止当前的执行并将控制权返回给调用函数。

throw 语句将在本章后续的"异常处理"部分予以介绍。

这里重点介绍 break 语句和 continue 语句。

（1）break 语句

break 语句可用于上述四种循环语句或 switch 语句。其作用为退出当前所在的循环（如果是多重循环，只退出当前它所在的那重循环），或者退出 switch 语句。

该语句格式为：　　break;

例 2.16　使用 for 语句和 break 语句计算 1+2+3+…+100 的值。

其核心代码为：

```
int sum=0, i=1;
for(; ;i++)
{
    if(i>100)
```

```
        break;
    sum+=i;
}
System.Console.WriteLine(sum);
```

程序中省略了表达式 2（条件表达式），表明循环条件恒为真，此时必须在循环体内出现能够控制循环正常结束的语句：if（i>100） break; 否则，程序会进入死循环。

（2）continue 语句

continue 语句只可能出现在上述四种循环语句中。其作用是提前结束本次循环，但不退出当前循环，而是返回到下一次循环开始的地方。

该语句格式为： continue;

例 2.17 请自行分析下列程序的运行结果。

```
class ContinueExercise
{
    static void Main( )
    {
        int i=1;
        for (;i<=20; i++)
        {
            if (i%3!=0)
                continue;
            System.Console.WriteLine(i);
        }
    }
}
```

从代码可知，如果 i 不是 3 的倍数，则提前结束本次循环，i 值增 1，进入下一次 for 循环，如果 i 是 3 的整数倍，则输出 i 值。因此该程序的输出结果应为输出 20 以内 3 的倍数。

2.3 类与对象

类是 C#中最重要，也是功能最强大的数据类型。它是面向对象程序设计的基本构成模块。所谓类是将不同类型的数据和与这些数据有关的操作方法封装在一起的集合体。

类与对象的关系：类是对一系列具有相同性质对象的抽象，是对对象共同特征的描述。对象是类的实例。

2.3.1 类的定义

如同现实世界中，将具有相同特性的一类事物称做某个类。例如，路上行驶的各种各样的汽车具有相同的特征，将这些相同的特征提取出来，就是汽车类。任何一辆真实的汽车都是汽车类中的一个实体，或叫做实例，这就是对象。汽车类与某一辆具体的汽车的关系就如同面向对象技术中类与对象的关系。

在 C#中使用关键字 class 定义类，具体格式如下：

　　　　[访问修饰符]　class　类名[：父类名]
　　　　{
　　　　　　　类的成员描述
　　　　}

关于访问修饰符的说明：没有嵌套在其他类中的类可以是 public，或是 internal。声明为 public（公共）的类可由任何其他类访问。声明为 internal（内部）的类只能由同一程序集中的类访问。如果不指定访问修饰符，则默认为 internal。嵌套的类也可以声明为 private，表明只有同一类中的代码可以访问该类。

2.3.2　类的成员

类具有表示其数据和行为的成员。这些成员包括：字段、属性、方法和事件等。每个成员都有相应的访问控制权限。具体的成员访问控制权限有如下五种：

public：表明所有类对象都可以访问。

protected internal：表明同一个程序集内的对象，或者该成员所属类的对象以及其派生类对象可以访问。

protected：表明只有该成员所属类对象及其从该类派生出的派生类对象可以访问。

internal：表明只有同一个程序集的对象可以访问。

private：表明只有该成员所属类对象可以访问。

当类成员声明中不包括访问修饰符时，默认为 public 访问。

1．字段

字段，也叫成员变量，是直接在类中声明的任何类型的变量。其主要作用是保存数据信息。通常将字段的访问权限设定为私有的或受保护的。需要类向客户端代码公开的数据应通过方法、属性等间接访问字段来获取，从而达到数据保护的目的。例如：

　　　　class Student
　　　　{
　　　　　　　private string name;
　　　　　　　private int age;
　　　　}

类 Student 定义了两个私有字段：name 和 age。

2．属性

属性也是一种类成员。实际上，它们是称做"访问器"的特殊方法。它们提供了灵活的机制来读取或修改私有字段的值。这使得类中的数据变量可以被轻松访问，同时提高了安全性。属性的声明涉及两个关键字：get 和 set。

　　　　get：表示对属性的读操作

　　　　set：表示对属性的写操作

可以用一个名为 value 的隐式参数通过 set 为属性赋值。不实现 set 方法的属性是只读的。

例 2.18　类的属性应用示例。

class Student
{

```
        private string name;
        public string Name
        {
              get { return name; }        //获取属性值
              set { name= value; }        //设置属性值
        }
}
class Program
{
        static void Main()
        {
              Student s = new Student( );
              // 为 Name 属性赋值致使 set 被调用
              s.Name ="张三";
              // 读取 Name 属性致使 get 被调用
              System.Console.WriteLine("该学生的姓名为： " + s.Name);
        }
}
```

输出结果为：该学生的姓名为：张三

3．方法

方法是一种重要的类成员。使用方法可以实现需要由对象或类完成的计算或操作。一个方法实际上是一个程序模块。通过调用类或对象的方法，可以获得一个计算的结果或者实现某项功能。每一个方法都具有一个形参表（可以是空的）和一个返回值（除非方法的返回类型为 void）。定义方法的语法格式为：

```
        [访问修饰符]   返回类型   方法名   ([参数列表])
        {
              实现代码
        }
```

说明：① 返回类型是指调用方法时，方法的返回值类型。方法通过使用 return 语句将值返回。若方法仅仅实现了某种功能，而没有向调用方返回值，则返回类型应为 void，此时，方法中可以使用没有值的 return 语句，或者不出现 return。② 参数列表中可以包含多个参数，被称做形参。参数之间用逗号分隔，每个参数包括参数类型和参数名称两部分。调用代码在调用方法时，将为每个形参提供称为"实参"的具体值。实参必须与形参类型兼容，但调用代码中使用的实参名称不必与方法中定义的形参名称相同。参数列表允许为空。

例 2.19   方法示例。

```
class Area_and_Perimeter
    {
        public double Area(double x, double y)
        {
              return x * y;
```

```
        }
        public double Perimeter(double x, double y)
        {
            return 2 * (x + y);
        }
    }
```

　　很多时候，在一个类中存在这样一种情况：某些方法的功能是相同的，但是所基于的数据类型不同。C#允许在一个类中定义具有相同名称的几个方法，前提是这些方法的参数类型或参数个数不完全相同。上述情况称为方法重载。方法重载为方法调用者带来了很大便利。

　　例 2.20　方法的重载。

```
class Area_and_Perimeter
    {
        public int Area(int x, int y)
        {
            return x*y;
        }
        public double Area(double x, double y)
        {
            return x * y;
        }
        public int Area(int x)
        {
            return x*x;
        }
        public double Area(double x)
        {
            return x*x;
        }
    }
```

　　上述代码中，共有四个 Area 方法。前两个 Area 方法用于计算矩形面积，但二者处理的数据类型不同。后两个 Area 方法用于计算正方形面积，二者处理的数据类型也不同。将来在调用 Area 方法时，根据所传递过来的参数个数和参数类型就可以判断出调用哪一个 Area 方法。

　　4．事件

　　事件是一种类成员，对象或类能够通过它发送通知。类通过提供事件声明来定义事件。事件声明需要使用 event 关键字。在通常的 Web 应用程序开发过程中，可以不必过多关心如何声明一个事件，而更经常需要的是学会当某一个常用控件引发某一事件后，如何作出相应的反映和处理，即如何编写引发事件时调用的自定义代码。

2.3.3　对象

类的实例被称做对象，它是使用 new 运算符创建的。例如，前文定义了一个 Student 类，那么 Student s=new Student（）；用于创建 Student 类型的一个实例 s，即一个 Student 类的对象 s。

访问对象的成员是通过运算符"."完成的。通常情况下，

访问对象属性的格式为：对象名.属性名

访问对象方法的格式为：对象名.方法名（实参表）

例 2.21　简单对象应用示例：定义一个简易矩形类及其实例。

```
using System;
public class Rect
{
    private int x;
    private int y;
    public int X          //定义 X 属性
    {
      get{return x;}
      set{x=value;}
    }
    public int Y          //定义 Y 属性
    {
      get{return y;}
      set{y=value; }
    }
    public int Area()          //定义计算面积的方法
    {
        return x * y;
    }
    public void Print()        //定义显示边长的方法
    {
        Console.WriteLine("一条边长{0},另一条边长{1}", x, y);
    }
}


class Program
{
    static void Main()
    {
        Rect r= new Rect();        //创建一个 Rect 类的实例 r
        r.X=10;                    //设置实例 r 的 X 属性
```

```
        r.Y=16;                //设置实例 r 的 Y 属性
        r.Print();
        Console.WriteLine("面积是{0}",r.Area());
    }
}
```

2.4　构造函数与析构函数

构造函数和析构函数是两种特殊的方法。构造函数用于初始化类型和创建类型的实例。析构函数用于析构类的实例，或者讲用于清除操作以释放资源。

2.4.1　构造函数

构造函数是一种特殊的方法。它通常分为两种，即类型构造函数和实例构造函数。类型构造函数用于初始化类型中的静态数据，它是一种静态方法，不能带任何参数。实例构造函数的主要作用是，在创建类的实例（即对象）时对实例中的成员变量进行初始化。下面提及的构造函数主要是指实例构造函数。

构造函数名与类名相同，其定义格式为：

[访问修饰符] 类名（参数表）
{
构造函数体
}

构造函数具有以下特征：

● 构造函数名与类同名。
● 构造函数没有返回值，也即定义构造函数时不必指出其返回类型。
● 构造函数可以有一个或多个参数，也可以没有参数。
● 构造函数可以重载。
● 使用 new 运算符创建对象时会自动调用构造函数。

不带参数的构造函数称为"默认构造函数"。无论何时，只要使用 new 运算符实例化对象，并且不为 new 提供任何参数，就会调用默认构造函数。

如果没有为某个类提供构造函数，则默认情况下 C# 将创建一个公共的默认构造函数，该构造函数实例化对象，并将成员变量设置为默认值。

例 2.22　定义一个 Student 类及其构造函数，观察构造函数的定义和调用。

```
using System;
public class Student
{
    private string name;
    private int age;
    public string Name
    {
        get { return name; }
```

```
        set { name = value; }
    }
    public int Age
    {
        get{return age;}
        set{age=value;}
    }
    public Student()                //无参数的默认构造函数
    {
        Name = "匿名";
        Age = 0;
    }
    public Student(string name)        //带有一个参数的构造函数
    {
        Name = name;
        Age = 18;
    }

    public Student(string name, int age)        //带有两个参数的构造函数
    {
        Name = name;
        Age = age;
    }
}
class Program
{
    static void Main()
    {
        //创建对象 stu1，调用无参数的默认构造函数：
        Student stu1 = new Student();
        Console.WriteLine("学生 1 姓名为：  {0}，年龄为  {1}", stu1.Name, stu1.Age);

        //创建对象 stu2，调用带两个参数的构造函数：
        Student stu2 = new Student("张三", 16);
        Console.WriteLine("学生 2 姓名为：  {0}，年龄为  {1}", stu2.Name, stu2.Age);

        //创建对象 stu3，调用带一个参数的构造函数：
        Student stu3=new Student("李四");
        Console.WriteLine("学生 3 姓名为：  {0}，年龄为  {1}", stu3.Name, stu3.Age);
    }
```

```
}
```
运行结果如图 2-15 所示。

图 2-15　Student 类及其构造函数

说明：该程序中针对 Student 类，分别定义了一个默认构造函数（无参数）、带一个参数的构造函数和带两个参数的构造函数。在创建 Student 类的三个对象时，分别调用了上述三种构造函数。

2.4.2　析构函数

析构函数是另一种特殊的方法。它是用于指定清理对象时执行的指令。析构函数与构造函数的作用刚好相反，当对象结束其生存期时，系统自动调用析构函数来释放该对象。其定义的格式为：

```
~类名( )
{
        析构函数体
}
```

析构函数具有以下特征：
- 析构函数既没有修饰符，也没有参数。
- 一个类只能有一个析构函数，析构函数不能被重载。
- 析构函数只能由系统自动调用。

例 2.23　析构函数应用示例。

```
using System;
public class Student
{
    private string name;
    private int age;
    public string Name
    {
        get { return name; }
        set { name = value; }
    }
    public int Age
    {
        get{return age;}
```

```
        set{age=value;}
    }

    public Student(string name, int age)
    {
        Name = name;
        Age = age;
    }
    ~Student( )              //定义析构函数
    {
        Console.WriteLine("清理对象{0}", Name);
    }
}
class Program
{
    static void Main()
    {
        Student stu1 = new Student("张三", 16);
        Console.WriteLine("学生 1 姓名为：  {0}，年龄为  {1}", stu1.Name, stu1.Age);
        Student stu2 = new Student("李四", 20);
        Console.WriteLine("学生 2 姓名为：  {0}，年龄为  {1}", stu2.Name, stu2.Age);
        //代码结束前会自动调用程序创建的两个对象 stu1 和 stu2 所对应的类的析构函
数，请注意析构顺序，后建立的对象先被析构
    }
}
```

运行结果如图 2-16 所示。

图 2-16 析构函数应用示例

从程序运行结果可以看出，析构函数是在对象结束其生命期时被自动调用的，后创建的
对象先被析构。本例中，先析构"李四"这个学生对象，再析构"张三"这个学生对象。

2.5 类的继承

继承是面向对象技术中一个非常重要的概念。通过继承机制，新类无需从头开始构造，

而是在已有类的基础上，保留其原有的属性和方法，并对已有类的功能进行扩展，增加属于自己的新的属性和方法成员。继承的过程，其实就是在重用基类代码的基础上，实现从一般到特殊的过程。也可以理解为派生类扩展了基类的功能。

在继承关系中，我们称已有类为基类或者父类，称在基类基础上生成的新类型为派生类或者子类。派生类和基类的关系是：派生类继承了基类的属性和方法，同时它具有属于自己的新的属性和方法。

现实世界中的很多事物之间体现着继承的关系。如图 2-17 所示为一例。

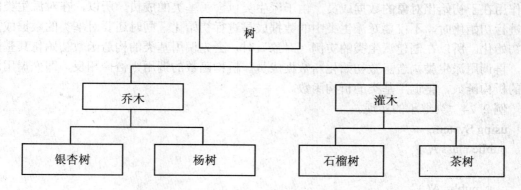

图 2-17　事物之间的继承关系示例

图 2-17 中，"乔木"类可以在"树"类的基础上通过继承建立。因为，"乔木"类具有"树"类的一切特征，同时它又具有自己的特性。在这个例子中，"树"类称做基类，"乔木"类称做"派生类"。

2.5.1　定义派生类

在定义派生类时，可以通过在派生类名后面加"：基类名"的格式实现继承，如：
public class A
{
　　public A( ) { }　　　//基类 A 的构造函数
　　//基类其他成员
}
public class B : A
{
　　public B( ) { }　　　//派生类 B 的构造函数
　　//派生类其他新成员
}

在上述表述中，A 是 B 的基类，B 是 A 的派生类。派生类 B 既继承了基类 A 的成员，又拥有属于自己的新成员。

C#中，继承具有如下特征：

（1）派生类可以获取基类的所有非私有成员以及派生类为自己定义的新成员。

（2）继承是可传递的。若类 C 从类 B 派生，而类 B 从类 A 派生，则类 C 会同时获得类

B 和类 A 的成员。

（3）派生类可以在基类的基础上添加新成员，但是它不能删除从基类继承的成员的定义。

（4）基类的构造函数和析构函数不能被继承。

（5）C#只支持单继承，即一个类只能有一个父类。（C#可以通过接口解决多继承问题，参见 2.5.3 节。）

上述表述中需要特别说明的是：关于派生类构造函数的调用问题。前已提及，构造函数的作用在于初始化对象的数据成员。由于派生类包含了基类的成员，所以，在对派生类的实例进行初始化时，不仅要对派生类中的数据成员进行初始化，同时还要对基类的数据成员进行初始化。所以在创建派生类的实例（对象）时，会先调用基类的构造函数初始化其基类成员，再调用派生类构造函数初始化新数据成员。析构函数的调用则恰恰相反，即先调用派生类的析构函数，再调用基类的析构函数。

例 2.24 类继承的实现。

```
using System;
public class A
{
    public A( )
    {
        Console.WriteLine("基类 A 的构造函数");
    }
    public void Display()
    {
        Console.WriteLine("调用基类成员函数");
    }
}
public class B : A
{
    public B( )
    {
        Console.WriteLine("派生类 B 的构造函数");
    }
    public static void Main( )
    {
        B b = new B( );
        b.Display( );
    }
}
```

运行结果如图 2-18 所示。

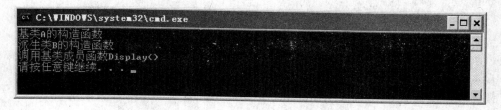

图 2-18　类继承的实现

2.5.2　虚方法与多态

假设某一个基类对应几个派生类。基类中定义了一个方法，不同的派生类在继承这个方法时，希望其产生不同的行为或实现。此时就要用到虚方法。

简单地说，虚方法就是可以被派生类重新定义的基类方法。如果在派生类中重写了基类的虚方法，那么运行派生类实例时将使用重写后的方法；如果没有重写，则使用基类中的虚方法。

这种在同一基类中定义的属性或方法被不同的继承类继承后可以具有不同的实现的情况，可以理解为面向对象技术中多态的概念。

具体而言，在基类中使用 virtual 关键字定义虚方法，在派生类中使用 override 关键字重写虚方法，由此可以实现 C#中类的继承体现出的多态性。

注意：① 只有基类用 virtual 修饰的虚方法才可以在派生类中重写。重写（使用 override 关键字）的方法必须具有和虚方法相同的名称及各项参数。② virtual 修饰符不能与 static、abstract、private 或 override 修饰符一起使用。

例 2.25　关于虚方法及其重写的演示示例。

```csharp
using System;
namespace VirtualOverrideExercise
{
    class Program
    {
        public class Basis
        {
            public virtual void JustDemo()
            {
                Console.WriteLine("这是基类中的虚方法！");
            }
        }
        public class A : Basis
        {
            public override void JustDemo()
            {
                Console.WriteLine("这是派生类 A 中的重写方法！");
            }
        }
```

```
public class B : Basis
{
    public override void JustDemo()
    {
        Console.WriteLine("这是派生类 B 中的重写方法！");
    }
}
public class C : Basis
{
    public override void JustDemo()
    {
        Console.WriteLine("这是派生类 C 中的重写方法！");
    }
}
static void Main()
{
    Basis p = new Basis();
    Basis a = new A();
    Basis b = new B();
    Basis c = new C();
    // 显示结果:
    p.JustDemo();
    a.JustDemo();
    b.JustDemo();
    c.JustDemo();
}
}
```

运行结果如图 2-19 所示。

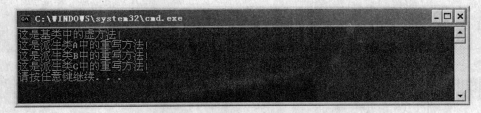

图 2-19　虚方法及其重写示例

2.5.3　接口

每一个类都有属于自己的属性和方法。但在实际应用中，通常会出现这样的情况，类 A 和类 B 都具有某一个或几个相同的属性或方法。为了使这些相同的属性、方法或事件不论出现在哪个类中，都能在形式上保持一致，C#引入了接口概念。接口中描述了在许多类中都会出现的一组相同的行为和功能，通过让类继承这些接口，可以使得实现这些接口的类在形式上保持一致，从而使程序代码更具条理性以及通用性。

接口就是一组公共属性或者方法的集合。接口可以被其他类或者其他接口继承。接口与继承的概念紧紧相连。只有通过继承才能实现接口中的成员，因此，接口中没有实现部分，也即接口中成员的函数体为空。接口中的成员必须是公共的（public）。由于默认成员的访问修饰符为 public，因此通常不允许显式指定接口成员的可访问性。声明接口的关键词为 interface。

1．接口的声明

接口的定义格式为：

[接口修饰符] interface 接口名称 [：基类接口名]

{

　　　　　接口成员描述

}

例如，定义一个接口，该接口包含了一个属性和一个方法：

```
public interface IStudent
{
    string Name
    {
        get;
        set;
    }
    void Display( );
}
```

2．接口的实现

声明接口之后，类可以通过继承接口来实现接口中的公共成员。类继承接口的语法与定义派生类的语法类似，其方式为在类名后面加冒号和要继承的接口名称，具体格式如下：

[访问修饰符]　class　类名：继承的接口名

　　　　{

　　　　　　　类及其接口成员描述

　　　　}

类继承接口与类继承类的不同之处在于，类继承类只能是单继承，即类的父类只能有一个，但类可以同时继承多个接口，同时，一个接口也可以继承多个接口。通过接口可以在 C# 中实现多继承。实现类同时继承多个接口的格式如下：

[访问修饰符]　class　类名：[基类名][，接口 1][，接口 2]…[，接口]

　　　　{

　　　　　　　类及其接口成员描述

　　　　}

例 2.26　声明、实现接口，并通过类的实例调用接口中的方法和属性。

using System;

```
public interface IStudent
{
    string Name
    {
        get;
        set;
    }
    void Display();
}
public class Student : IStudent
{
    private string name;
    public string Name
    {
        get { return name; }
        set { name = value; }
    }
    public void Display()
    {
        Console.WriteLine("姓名：{0}", Name);
    }
}

class InterfaceExercise
{
    static void Main()
    {
        Student s=new Student();              //定义类的实例
        Console.WriteLine("请输入学生姓名（类实例）：");
        s.Name = Console.ReadLine();          //通过类的实例调用接口的属性和方法
        s.Display();
        IStudent ss = new Student();          //定义接口的实例
        Console.WriteLine("请输入学生姓名（接口实例）：");
        ss.Name = Console.ReadLine();         //通过接口的实例调用接口的属性和方法
        ss.Display();
    }
}
```
程序运行结果如图 2-20 所示。

图 2-20 接口应用示例

说明：本例声明的接口 IStudent 中定义了一个属性和一个方法。类 Student 继承了 IStudent 接口并实现了接口中定义的成员。由于 C#支持从派生类到父类的隐式安全转换，而 Student 可以看做是接口 IStudent 的派生类，因此，IStudent ss = new Student(); 是安全的。

2.6 命名空间

命名空间是用来组织类的。简单地说，命名空间就是一组具有相互关联的类的集合。大多数 C#应用程序从一个 using 指令开始，通过该指令列出应用程序将会频繁使用的命名空间，避免程序员在每次使用其中包含的方法时都要指定完全限定的名称。

2.6.1 什么是命名空间

.NET Framework 使用命名空间来组织它的众多类。实际上，命名空间是对类的一种逻辑上的分组，即将众多的类按照某种关系或联系划分到不同的命名空间中。在较大的编程项目中，声明自己的命名空间可以保障位于其中的各程序要素与其他命名空间的内容相互独立。简而言之，使用命名空间可以实现大型程序的各程序要素具有唯一的名称。

可以暂且将命名空间与类的关系理解为文件夹与文件的关系：命名空间就像一个文件夹，其内的对象就像一个个文件，正如不同文件夹内的文件可以重名一样，不同的命名空间中的类型同样可以重名，从而有效避免了程序员在对类型命名时由于重名而产生的冲突。

命名空间采用层次模型组织结构。一个命名空间又可以包含其他命名空间，在将来引用时，中间用"."分隔。例如 System.Windows.Forms，是指 System 命名空间下有 Windows 命名空间，Windows 命名空间下有 Forms 命名空间。

在一个命名空间中，可以容纳下列类型，包括：另一个命名空间、类、接口、结构、枚举、委托。

表 2-7 列出了若干常用的命名空间。

表 2-7   .NET Framework 类库常用的命名空间

命名空间	说　　明
System	该命名空间包含基本类和基类，这些类定义常用的值和引用数据类型、事件和事件处理程序、接口、属性和异常处理
System.Collections	该命名空间包含接口和类，这些接口和类定义各种对象（如列表、队列、位数组、哈希表和字典）的集合
System.ComponentModel	该命名空间提供用于实现组件和控件运行时和设计时行为的类
System.Data	该命名空间提供对表示 ADO.NET 结构的类的访问
System.Drawing	该命名空间提供了对 GDI+ 基本图形功能的访问
System.IO	该命名空间包含允许读写文件和数据流的类型以及提供基本文件和目录支持的类型
System.Net	该命名空间为当前网络上使用的多种协议提供了简单的编程接口
System.Text	该命名空间包含表示各种字符编码的类；用于将字符块与字节块互换的抽象基类；以及操作和格式化 String 对象而不创建 String 的中间实例的 Helper 类
System.Web	该命名空间提供使得可以进行浏览器与服务器通信的类和接口
System.Xml	该命名空间为处理 XML 提供基于标准的支持

2.6.2　命名空间的定义

在编写较大的程序时，程序员自己可以定义命名空间，以便对名称相似的类型提供有效的管理和控制。

定义命名空间使用关键字 namespace，其定义格式如下例所示：

```
namespace    nspExample1
{
    class A
    {
        类体
    }
}
```

nspExample1 是一个自定义的命名空间名称。上例中，在定义类 A 的时候，将其放入了命名空间 nspExample1 中。

命名空间是可扩充的。例如，希望将 class B 也作为命名空间 nspExample1 的成员，可以在上述代码的基础上，继续写如下代码：

```
namespace    nspExample1
{
    class B
    {
        类体
```

```
        }
    }
```

以上为同一个命名空间声明了两个类成员，其完全限定名分别为 nspExample1.A 和 nspExample1.B。

命名空间也可以嵌套定义，如下例所示：

```
namespace    nspExample1
{
        nspExample2
        {
                class A
                {
                        类体
                }
        }
}
```

此时，类 A 的完全限定名为 nspExample1.nspExample2.A。上述嵌套定义可以用另外一种形式取代如下：

```
namespace    nspExample1.nspExample2
{
        class A
        {
                类体
        }
}
```

例 2.27　观察如下两个嵌套的命名空间及其使用。

```
namespace nspExample1
{
    class A
    {
        public void Display()
        {
            System.Console.WriteLine("命名空间 nspExample1 中的类 A 及其 Display 方法");
        }
    }
    namespace nspExample2
    {
        class A
        {
            public void Display()
```

```
            {
                System.Console.WriteLine("命名空间 nspExample1 中的命名空间
nspExample2 中的类 A 及其 Display 方法");
            }
        }
    }
    class Program
    {
        static void Main(string[] args)
        {
            A a = new A();
            a.Display();
            nspExample1.A aa = new nspExample1.A();
            aa.Display();
            nspExample2.A aaa = new nspExample2.A();
            aaa.Display();
        }
    }
}
```

程序运行结果如图 2-21 所示。

图 2-21　嵌套的命名空间示例

2.6.3　命名空间的引用

引用命名空间中的各种类型时，通常有如下两种方式：

（1）使用包含命名空间的完全限定名，如：

System.Console.WriteLine（"Hello,World!"）;

（2）使用 using 指令简化命名空间的引用。具体做法是，将要用到的命名空间使用 using 指令插入到 C#源文件的开头，如：

using System;

这样，其后的代码就可以写成：

Console.WriteLine（"Hello, World!"）;

2.7　异常处理

任何程序在运行时都难免发生错误，.NET 将之称做异常。异常通常包括系统产生的异常和应用程序自身产生的异常。C#使用 try-catch-finally 关键字对异常进行捕获和处理，从而使程序运行更加可靠。

只要在程序执行过程中出现错误，.NET Framework 公共语言运行时（CLR）就会创建一个 Exception 对象详细描述此错误。

表 2-8 列出了在基本操作失败时由 .NET Framework 公共语言运行时自动引发的一些常见异常。

表 2-8　CLR 自动引发的常见异常

异常名称	说　　明
ArithmeticException	在算术运算期间发生的各种异常的基类
ArrayTypeMismatchException	当数组存储给定的元素时，由于该元素的类型与数组的实际类型不兼容而导致存储失败，则引发此异常
DivideByZeroException	在除数为零时引发的异常
IndexOutOfRangeException	在为数组设置小于零或超出数组界限的索引时引发
InvalidCastException	当从基类型到接口或派生类型的显式转换在运行时失败时引发
NullReferenceException	在引用值为 null 的对象时引发
OutOfMemoryException	在使用 new 运算符分配内存的尝试失败时引发
OverflowException	在算术运算溢出时引发的异常

2.7.1　异常的引发

首先需要了解的是，在 C#中，所有的异常都是用一个从 System.Exception 类派生出的类的实例表示的。异常可以被显式或隐式地引发。所谓隐式地引发，是指程序运行中，某个操作不能被成功执行，则将自动引发一个异常。例如，当一个整数除法运算中除数为零时，系统会自动引发一个 System.DivideByZeroException（当然它的基类是 System.Exception）异常。所谓显式地引发，则是指由 C#中的 throw 语句无条件地引发一个异常。

throw 语句的语法格式：

throw 异常对象；

说明：异常对象既可以是.NET Framework 预定义的异常，也可以是用户自定义的异常。但不管怎样，异常必须属于 System.Exception 类类型或从 System.Exception 派生的类类型。

System.Exception 类是其他异常类的基类。它有两个直接子类：SystemException 和 ApplicationException。 SystemException 是由运行时环境抛出的异常基类，而用户定义的异常应从 ApplicationException 派生，以便区分运行时错误和应用程序错误。

throw 语句本身只负责引发一个异常，而不能处理这个异常。当一个异常由 throw 引发之后，控制将自动转到相应的 try-catch-finally 结构中能够处理该异常的的第一个 catch 子句。如果没有找到匹配的 catch 语句，则系统另行处理。

所以特别需要注意的是，throw 语句实际是一个跳转语句，紧跟在 throw 后面的语句将永远不会被执行。

throw 语句的用法请参阅后续的 try-catch-finally 语句。

2.7.2 异常的捕获和处理

C#中，无论由哪种方式引发的异常，都可以由 try-catch-finally 语句进行捕获和处理。

1．try-catch 语句

异常的捕获和处理可以使用 try-catch 语句。该语句由一个 try 块后面跟一个或多个 catch 块构成。try 块中包含可能产生异常的代码，catch 块则用于提供不同的异常处理程序。如果 try 块中的代码发生异常（可能是由于语句错误而由运行时抛出的异常，也可能是由 throw 语句人为抛出的异常），则控制权将转到一个与之匹配的 catch 块中进行处理，如果没有错误发生，则会跳过 catch 块。

需要注意的是，对于所引发的每一个异常，都只执行一个 catch 块。所以，使用多个 catch 块时，捕捉到的异常必须按照普遍性递增的顺序放置。这是因为只有与引发的异常相匹配的第一个 catch 块将被执行。

try-catch 语句的语法格式：

```
try
{
    可能产生异常的代码
}
catch ( Exception e)
{
    处理异常的代码
}
//catch 块可以有连续的多个
```

说明：一个 try 语句后面可以对应多个 catch 语句。catch 可以带一个异常类型参数，用以指明所捕获的异常类型，也可以不带参数，用以捕获所有类型的异常。

例 2.28 捕捉一个类型转换异常。该实例试图将一个非数字字符串强制转换成整型数据，引发异常。

```
using System;
namespace TryCatchExercise1
{
    class Program
    {
        static void Main()
        {
            string s = "Not numbers";
            int i;
            try
            {
```

```
                        i=int.Parse(s);
                }
                catch (Exception e)
                {
                        Console.WriteLine("试图将非数字字符串转换成整型导致异常发生");
                }
        }
    }
}
```

上述代码系统将自动抛出一个由于类型转换出现的异常，这个异常由 try 捕捉到，并由 catch 语句进行处理。

运行结果如图 2-22 所示。

图 2-22　捕捉类型转换异常示例

例 2.29　捕捉一个由 throw 显式引发的异常。

```
using System;
namespace TryCatchExercise2
{
    public class Program
    {
    static void Main()
    {
            try
            {
                    string s = null;
                    if (s= =null)
                    {
                        throw new ArgumentNullException();
                        //显式引发一个参数为空时的系统异常
                    }
            }
            catch (ArgumentNullException e)
            {
                    Console.WriteLine(e.Message);
            }
    }
```

```
        }
    }
```

上述代码中，ArgumentNullException 类为当将空引用传递给不接受它作为有效参数的方法时引发的异常。本例人为抛出这个异常，目的是检测 try-catch 和 throw 语句的使用。

运行结果如图 2-23 所示。

图 2-23 捕捉一个由 throw 显式引发的异常示例

2．try-catch-finally 语句

在异常处理过程中，对于那些不管是否会引发异常都要执行的代码，可以放在 finally 块中。finally 为一个可选的语句，紧接在 try 块或者 try 块之后的最后一个 catch 块之后。无论是否引发异常或者是否找到与异常类型匹配的 catch 块，与 try 块关联的那个 finally 块中的代码始终会被执行。

当 try、catch、finally 共同使用时，由 try 块获取并使用资源，catch 块处理异常，finally 块则用于清除 try 块中分配的任何资源，以及运行任何即使在发生异常时也必须执行的代码。

try-catch-finally 语句的语法格式：

```
try
{
    可能产生异常的代码
}
catch ( Exception e)
{
    处理异常的代码
}
//catch 块可以有连续多个
 finally
{
    清除 try 块中分配的任何资源
}
```

例 2.30 使用 try-catch-finally 语句解决数组越界问题。

```
using System;
namespace TryCatchFianllyExercise
{
    class Program
    {
        static void Main()
```

```
    {
        int[] intArr = {0,1,2,3,4};
        try
        {
            for (int i = 0; i <=5; i++)        //当 i 等于 5 时，会有一个数组越界的异常
            {
                Console.WriteLine(intArr[i]);
            }
        }
        catch (Exception e)
        {
            Console.WriteLine(e.Message);
        }
        finally
        {
            Console.WriteLine("无论是否出现异常，finally 块的内容都会被执行！");
        }
    }
}
```

上述代码中，定义了一个包含 5 个元素的整型数组。在访问该数组的过程中，由于数组下标越界而抛出异常，其后的 catch 块捕获此异常并进行了处理，最后执行 finally 块中的代码。程序运行结果如图 2-24 所示。

图 2-24　使用 try-catch-finally 语句解决数组越界问题示例

2.8　本章小结

本章主要介绍了 C#的特点，所支持的数据类型、运算符和表达式，C#基本程序设计方法，关于 C#中类和对象的概念、构造函数与析构函数、继承和接口问题，以及命名空间和异常处理等 C#基础知识。由于 C#是在 C/C++基础上发展而来，又与 Java 有很多共性，如果之前对于 C/C++或者 Java 有所了解，则会很快接受 C#并掌握它。同时因为它是随着微软.NET 技术的推出而量身定做的一门全新语言，语法简洁且功能强大，所以即使没有编程基础也会很容易接受。希望通过本章的学习，对 C#有一个基本了解，为今后的 Web 程序开发打下扎实的

基础。

2.9　本章实验

2.9.1　使用 C#编写控制台应用程序

【实验目的】

熟悉使用 Visual Studio 2008 编写 C#语言控制台源程序的环境及编译运行过程。

掌握控制台应用程序的编写、编译及运行方法。

【实验内容和要求】

编写控制台应用程序，计算从键盘输入的任意两数的和。要求重点掌握创建 C#控制台应用程序的方法。

【实验步骤】

（1）启动 Visual Studio 2008/"文件"/"新建"/"项目"，在"新建项目"对话框左边"项目类型"区中选择"Visual C#"，在右边的"模板"区选择"控制台应用程序"。在"名称"框中输入"conApp1"，选择保存"位置"并单击"确定"按钮。如图 2-25 所示。

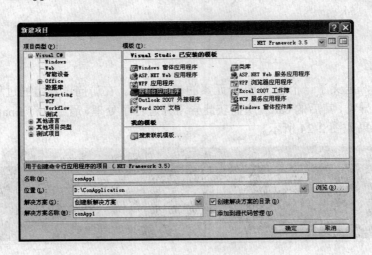

图 2-25 "新建项目"对话框

（2）观察"解决方案资源管理器"窗口，右击"Program.cs"，在快捷菜单中选择"重命名"命令，将其改名为"AddTwoNumbers.cs"，按回车键后，在弹出的"是否对'Program'的所有引用项目执行重命名"的对话框中单击"是"按钮。如图 2-26 所示。

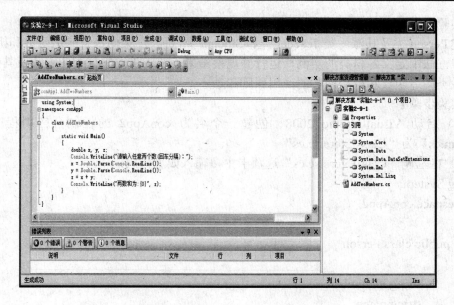

图 2-26　AddTwoNumbers 编辑画面

（3）在左侧"AddTwoNumbers.cs"选项卡中，输入如下代码：

```csharp
using System;
namespace conApp1
{
        class AddTwoNumbers
    {
        static void Main()
        {
            double x,y,z;
                Console.WriteLine("请输入任意两个数(回车分隔)：");
            x=Double.Parse(Console.ReadLine());
            y=Double.Parse(Console.ReadLine());
            z=x+y;
            Console.WriteLine ("两数和为:{0}",z);
        }
    }
}
```

（4）按 Ctrl+F5 键运行程序，观察结果。

2.9.2　类的定义及其继承

【实验目的】

掌握类与对象的概念及其定义方式。

理解类的继承。

掌握构造函数和析构函数的定义和使用。

【实验内容和要求】

创建 Person 类及其派生类 Teacher 类和 Student 类，每一个类均包含构造函数和析构函数。在 Main 方法中定义各自类的实例，运行并观察结果。要求重点掌握类的继承及其继承中基类与派生类构造函数和析构函数的调用原则和顺序。

【实验步骤】

（1）启动 Visual Studio 2008，创建一个名为 conApp2 的控制台应用程序并修改"Program.cs"为"ClassExercise.cs"。

（2）在左侧"ClassExercise.cs"选项卡中，输入如下代码：

```csharp
using System;
namespace conApp2
{
    public class Person
    {
        string idNumber;
        string name;
        int age;
        public Person()
        {
            idNumber = "";
            name = "";
            age = 0;
            Console.WriteLine("调用基类无参构造函数");
        }
        public Person(string myID, string myName, int myAge)
        {
            idNumber = myID;
            name = myName;
            age = myAge;
            Console.WriteLine("调用基类带参数的构造函数");
        }
        public void Display()
        {
            Console.Write("编号:{0}  姓名:{1}  年龄:{2} ",idNumber,name,age);
        }
        ~Person()
        {
            Console.WriteLine("调用基类析构函数");
        }
    }
    public class Teacher : Person
```

```
    {
            string department;
            public Teacher()
            { }
            public Teacher(string myID, string myName, int myAge, string myDepartment)
                    : base(myID, myName, myAge)          //base 代表基类，即先调用基类相应的
带参构造函数
            {
                    department = myDepartment;
                    Console.WriteLine("调用 Teacher 类带参数的构造函数");
            }
            new public void Display()     //new 用于覆盖基类中同名的方法
            {
                    base.Display();        //base 用于访问基类中的方法或成员
                    Console.Write("所在院系:{0}", department);
            }
            ~Teacher()
            {
                    Console.WriteLine("调用 Teacher 类析构函数");
            }
    }
    public class Student : Person
    {
            string major;
            public Student()
            { }
            public Student(string myID, string myName, int myAge, string myMajor)
                    : base(myID, myName, myAge)
            {
                    major = myMajor;
                    Console.WriteLine("调用 Student 类带参数的构造函数");
            }
            new public void Display()
            {
                    base.Display();
                    Console.Write("所学专业:{0}", major);
            }
            ~Student()
            {
                    Console.WriteLine("调用 Student 类析构函数");
```

```
        }
    }
    class ClassExercise
    {
        static void Main( )
        {
            Person p = new Person("11111","张三",30);
            Teacher t = new Teacher("22222", "李一", 45, "金融学院");
            Student s = new Student("33333", "王一", 18, "自动化专业");
            p.Display(); Console.WriteLine();
            t.Display(); Console.WriteLine();
            s.Display(); Console.WriteLine();
        }
    }
}
```

（3）按 Ctrl+F5 键运行程序，观察结果。

（4）注意体会关键字 base 的两个功能：①在派生类构造函数函数体前出现，用于指明调用基类的构造函数以完成对基类成员的初始化工作；②在派生类中访问基类成员。

（5）理解创建派生类的对象时，会先调用基类的构造函数初始化其基类成员，再调用派生类构造函数初始化新数据成员。析构函数的调用顺序则恰恰相反。

2.10   思考与习题

1．简述 C#语言的特点。

2．什么是值类型？什么是引用类型？它们分别包含哪些类型？

3．简述装箱和拆箱的概念。

4．什么是隐式和显式类型转换？

5．简述 C#语言的各控制语句的格式及作用。

6．什么是类？什么是对象？简述类成员的访问控制权限。

7．简述构造函数及析构函数的作用及特征。

8．简述 C#中继承的特征以及接口的概念和作用。

9．什么是命名空间？它有什么作用？它的定义格式是什么？

10．C#使用什么语句对异常进行捕获和处理？该语句的格式是什么？

11．编写控制台应用程序：输入圆的半径，计算其周长和面积并输出。

12．编程判断某年是否为闰年（判断某年是否为闰年的条件是：如果该年份能被 400 整除则是闰年，或者该年份能被 4 整除但不能被 100 整除则是闰年，否则不是）。

13．分别使用 if 和 switch 编写程序：输入一名学生的成绩 result，若 90≤result≤100,显示"优"；80≤result<90 显示"良"；70≤result<80 显示"中"；60≤result<70 显示"及格"；若 0≤result<60 则显示"不及格"。如果是其他范围的数，则显示输入有误。

14．编写一个程序，计算 1000 之内的奇数之和。

15．编写一个程序，求出 1 到 10 的平方之和。

16．编写一个程序，将键盘输入的任意正整数逆序输出。如，输入 3127，则输出 7213。

17．编程输出如下图形：

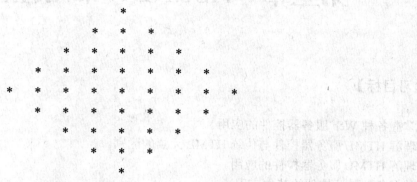

18．编写程序，求 1000 之内的所有"完全数"。所谓"完全数"是指一个数恰好等于它的因子（除去自身）之和。例如，28=1+2+4+7+14，所以 28 是完全数。

19．中国古代著名数学家张邱建在《张邱建算经》中提出了著名的"百钱买百鸡"问题，大意为：鸡翁一，值钱五，鸡母一，值钱三，鸡雏三，值钱一，百钱买百鸡，问鸡翁、母、雏各几何？编程求解百钱买百鸡问题。

20．编写一个程序，定义一个简易矩形类 MyRectangle，该类包含两个私有数据成员 length 和 width，以及两个属性 Length 和 Width。同时定义该类的两个构造函数，一个没有参数，不产生任何动作，一个带有两个参数，用于初始化两个数据成员。类中还包括两个方法：Perimeter 和 Area 分别用于求矩形的周长和面积。通过在 Main 方法中创建该类对象并调用响应属性、方法予以测试。

第三章　ASP.NET 常用控件

【学习目标】

掌握各种 Web 服务器控件的应用。

理解 HTML 服务器控件与传统 HTML 元素的区别。

理解 HTML 服务器控件的应用。

掌握各种验证控件的基本应用。

ASP.NET 控件是可重用的组件或对象，它们拥有各自的外观、属性、方法和事件，具有一定的功能。借助各种控件，用户能够与页面程序进行交互。比如经常在页面中见到的按钮、文本框、下拉列表框等，都是 ASP.NET 控件。

3.1　Web 服务器控件

ASP.NET Web 服务器控件在服务器端创建，属于 System.Web.UI.WebControls 命名空间，它的出现使得编写 Web 应用程序如同编写 Windows 应用程序一样方便，为 Web 编程人员带来了极大便利。

Web 服务器控件包括标准控件（如文本框控件、按钮控件等）、数据控件（与数据库访问有关的控件）、验证控件、导航控件、登录控件等。其在 ASP.NET 页面上有 asp 标记前缀，基本格式为 <asp:控件名称 id="控件 ID 名"…runat="server">。例如 <asp:Button id="Button1" runat="server" />。本节将详细介绍其中较为常用的标准 Web 服务器控件以及验证控件。有关数据控件将在第五章详细介绍。

3.1.1　文本控件

文本控件是一类经常用到的 Web 服务器控件，主要包括 Label（标签）控件和 TextBox（文本输入）控件。

1．Label（标签）控件

Label 控件用于在页面上显示文本。可以通过修改 Label 控件的 Text 属性改变该控件显示的文本内容。

（1）基本语法

<asp: Label ID="控件 ID 名"Text="要显示的文本内容"runat="server"/>　或者

<asp: Label ID="控件 ID 名"runat="server"> 要显示的文本内容 </asp: Label>

（2）添加步骤（每个控件的添加方式基本一致，以后不再叙述）

从工具箱的"标准"选项卡中，将 Label 控件拖拽到页面上（或者双击工具箱中的 Label

控件）。

选中"设计"页中的 Label 控件，在"属性"窗口将该控件的 Text 属性设置为要显示的文本。

可以通过"属性"窗口中的外观及字体等属性设置文本的外观。

（3）常用属性

Text：设定或读取 Label 控件的文本内容。

例 3.1　利用 Label 控件在页面显示"欢迎进入本网站"。运行结果如图 3-1 所示。

● 新建一个名为 3-1 的 ASP.NET 网站，具体步骤为：在 Visual Studio 2008 中单击"文件"菜单中的"新建"命令，在随后的级联菜单中选择"网站"，出现"新建网站"对话框。选取对话框中的"ASP.NET 网站"，并指定相应的保存位置及名称，单击"确定"按钮。

● 在 Default.aspx 设计页，双击工具箱中"标准"选项卡的 Label 控件或者用鼠标将其拖拽到页面。

● 在设计页面的空白处双击鼠标，进入代码页 Default.aspx.cs，在 Page_Load 事件函数中写入如下代码：

```
protected void Page_Load(object sender, EventArgs e)
        {
                Label1.Text = "欢迎进入本网站";
        }
```

● 按 Ctrl+F5 键运行程序，观察运行结果。

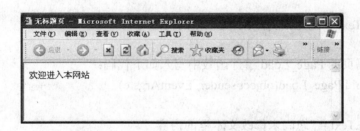

图 3-1　Label 控件应用示例

说明：当页面被加载时，ASP.NET 将自动触发 Page_Load 事件，并自动调用 Page_Load 函数程序，运行其内部的代码。本例中，当页面被加载时，自动执行 Page_Load 函数程序中的代码：Label1.Text = "欢迎进入本网站"; 因而看到如图 3-1 所示的效果。

2．TextBox（文本输入）控件

TextBox 控件用于向 Web 页面输入文本信息。通过修改该控件的 TextMode 属性可以设定允许用户输入单行文本、多行文本或者屏蔽文本显示的密码输入格式。通过访问该控件的 Text 属性可以读取或者设定 TextBox 控件中的文本。

（1）基本语法

<asp:TextBox ID="控件 ID 名" runat="server"> </asp:TextBox>

（2）常用属性

AutoPostBack：用于设置当 TextBox 控件文本被修改并失去焦点时，是否向服务器自动回发。

MaxLength：用于规定 TextBox 控件中最多允许的字符数。默认值为 0，表示字符数没有限制。

ReadOnly：用于规定能否更改 TextBox 控件的内容。默认值为 False，表示可以修改。

Text：用于读取或设定 TextBox 控件中的文本。

TextMode：用于指定文本输入模式。共有三个值：SingleLine（单行文本框）、MultiLine（多行文本框）、PassWord（密码文本框）。

Wrap：在多行文本方式中，用于指定文本到达行末时是否自动换行。默认值为 True，表示自动换行。

（3）常用事件

TextChanged 事件：当文本框的内容被更改并向服务器回发时激发该事件。（注意：只有当修改的文本被回发到服务器时才触发该事件。可以通过设置 AutoPostBack 属性为 True，促使在每次退出 TextBox 控件时触发该事件。）

例 3.2 使用 TextBox 控件的 TextChanged 事件进行编程。

● 新建一个名为 3-2 的 ASP.NET 网站。

● 在 Default.aspx 设计页，按如图 3-2 所示布局，添加一个 TextBox 控件和一个 Label 控件，设置 TextBox 控件的 AutoPostBack 属性为 True。

● 双击文本框，进入代码页 Default.aspx.cs，在 TextBox1_TextChanged 事件函数中写入如下代码：

```
protected void TextBox1_TextChanged(object sender, EventArgs e)
{
    Label2.Text = "您已经修改了文本框的内容";
}
```

● 在代码页的 Page_Load 事件函数中写入如下代码：

```
protected void Page_Load(object sender, EventArgs e)
{
    Label1.Text = "您尚未修改文本框的内容";
}
```

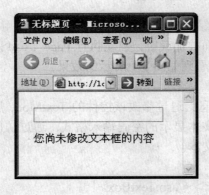

图 3-2 TextBox 控件应用示例

● 按 Ctrl+F5 键运行，在文本框中输入文本后按回车键，观察提示信息的变化。

3．HyperLink（超级链接）控件

HyperLink 控件用于创建到其他页面的链接。与大多数 Web 服务器控件不同，单击 HyperLink 控件并不触发事件，该控件仅执行导航。使用 HyperLink 控件可以通过代码动态设置链接目标。

（1）基本语法

<asp:HyperLink ID="控件 ID 名" runat="server" Text="超级连接文字" NavigateUrl="链接的目标 URL"> </asp:HyperLink>

（2）常用属性

ImageUrl：当创建一个图形链接时，使用该属性读取或设置 HyperLink 控件所显示的图片路径。

NavigateUrl：HyperLink 控件所链接到的目标 URL。

Target：用于规定链接页所显示的目标位置。其取值和含义分别为：_blank 表示将目标页内容呈现在一个没有框架的新窗口中；_parent 表示将目标页内容呈现在父框架中；_self 表示将目标页内容呈现在当前的框架或窗口中；_top 表示将目标页内容呈现在当前的整个浏览器窗口中。

Text：用于读取或设定 HyperLink 控件中的超级链接文字。

例 3.3　在页面上设置 HyperLink 控件。

● 新建一个名为 3-3 的 ASP.NET 网站。

● 在 Default.aspx 设计页，按图 3-3 布局：添加两个 HyperLink 控件，设置其中一个控件的 Text 属性为"百　度"，NavigateUrl 属性为："http://www.baidu.com"，设置另一个 HyperLink 控件的 ImageUrl 属性为一幅指定的图片，NavigateUrl 属性为希望访问的网站的 URL。

● 按 Ctrl+F5 键运行，观察运行结果。

图 3-3　HyperLink 控件练习

3.1.2　按钮控件

按钮控件是另外一类经常用到的 Web 服务器控件，借助于对按钮的单击事件编程，可以使用户通过单击按钮完成确认、提交等功能。按钮服务器控件主要包括 Button（标准按钮）控件、ImageButton（图片按钮）控件和 LinkButton（超链接按钮）控件。三种按钮控件功能类似，但外观不同。

1．三种按钮控件的区别

如图 3-4 所示，三种按钮控件呈现出不同的外观。其中 Button 控件呈现标准的命令按钮外观，ImageButton 控件以图像形式显示，而 LinkButton 控件则与 HyperLink 控件的外观类似，呈现为页面的一个超链接。

图 3-4　三种按钮控件

对应于外观描述的属性不同。Button 控件和 LinkButton 控件通过 Text 属性赋予按钮上的文字内容，而 ImageButton 控件则通过 ImageUrl 属性指定外观图像的位置。

此外，ImageButton 控件还提供有关图形内已单击位置的 X、Y 坐标信息。而 LinkButton 控件需要客户端脚本来支持其页面回发行为。

三种按钮控件对应的基本语法分别为：

`<asp:Button runat="server" ID="控件 ID 名" Text="标准按钮文本" />`

`<asp:ImageButton runat="server" ID="控件 ID 名" ImageUrl="所显示的图片路径" />`

`<asp:LinkButton runat="server" ID="控件 ID 名" Text="超链接按钮文本"/>`

2．三种按钮控件的共性

三种按钮控件在功能上极为相似。当用户单击这三种类型按钮中的任何一种时，当前页面将回发到服务器，从而使得在基于服务器的代码中，网页被处理，任何挂起的事件被引发。同时，按钮自身的 Click 事件和 Command 事件将被触发，因此，可以为这些事件编写事件处理程序。

三种按钮控件的常用事件为：Click 事件和 Command 事件。

（1）　Click 事件

当用户单击上述三种按钮中的任何一种按钮时，该事件被触发。用户可以将单击按钮时需要执行的代码写入 Click 事件处理程序。以 Button 按钮为例，其对应的代码框架为：

```
protected void Button1_Click(object sender, EventArgs e)
    {   }
```

可以直接在这个函数内编写所要执行的代码。

（2）Command 事件

同样在用户单击上述三种按钮中的任意一种时触发。当页面需要放置多个按钮，且单击这些按钮的任务非常相似时，Command 事件会显示出比 Click 事件更为便利的功能。与 Click 事件相比，Command 事件允许用一个公共的处理程序来实现每个按钮的单击任务，而不必为每一个按钮单独编写 Click 事件处理程序。

其间，要用到两个重要的属性：CommandName 和 CommandArgument。

CommandName：命令名属性。当有多个按钮共享一个 Command 事件处理程序时，通过 CommandName 来区别针对哪一个按钮执行相应操作。

CommandArgument：可选参数，可以与相关的 CommandName 一起被传递到 Command 事件。

其对应的代码框架为：

```
protected void Button_Command(object sender, CommandEventArgs e)
{
switch (e.CommandName)
{
        case…:
            ⋮
}
}
```

3．两个示例

例 3.4　Click 事件响应示例。

● 新建一个名为 3-4 的 ASP.NET 网站。

● 在 Default.aspx 设计页，按图 3-5 布局：添加一个 Label 控件，设置其 ID 为 lblDisplay；添加一个 TextBox 控件，设置其 ID 为 txtName；添加一个 Button 控件，设置其 ID 为 btnOk，其 Text 属性为"提交"。

● 双击 btnOk 按钮，进入代码页 Default.aspx.cs，在 btnOk_Click 事件函数中写入如下代码：

```
protected void btnOk_Click(object sender, EventArgs e)
{
    lblDisplay.Text = "欢迎你，" + txtName.Text+"！";
}
```

● 在代码页的 Page_Load 事件函数中写入如下代码：

```
protected void Page_Load(object sender, EventArgs e)
{
    if (!IsPostBack)
        lblDisplay.Text = "请输入姓名：";
}
```

● 按 Ctrl+F5 键运行，在文本框输入任一姓名，单击"提交"按钮，观察结果。

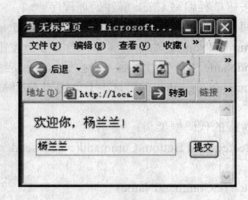

图 3-5　Button 控件 Click 事件响应示例

说明：IsPostBack 属性（Page.IsPostBack）返回一个布尔值，用于判断此次页面的刷新（加载）是客户端的首次加载，还是客户端做出了什么请求的动作，为了响应此动作而再次加载页面。若为首次加载，则其值为 false，否则为 true。Page_Load 函数程序在每次页面加载的时候都会运行。如果只想在第一次加载页面的时候执行 Page_Load 中的代码，可以使用 Page.IsPostBack 属性。

例 3.5　Command 事件响应示例：设计一个简易计算器。

● 新建一个名为 3-5 的 ASP.NET 网站。

● 在 Default.aspx 设计页，按如图 3-6 所示布局，其中"简易计算器"、"数字 1"、"数字 2"、"结果为"均为静态文本；添加两个 Label 控件，其 ID 分别为 lblOperator 和 lblResult；并将其 Text 属性设置为空，其中，lblOperator 用于显示运算方式，lblResult 用于显示运算结果；添加两个 TextBox 控件，设置其 ID 分别为 txtNumber1 和 txtNumber2；lblResult 用于显示运算结果；添加四个 Button 控件，设置其 ID 分别为 btnAdd、btnSubtract、btnMultiply 和 btnDivide，其对应的 CommandName 属性分别设置为"Add"、"Subtract"、"Multiply"和"Divide"，其对应的 Text 属性分别为"+"、"-"、"×"和"÷"，Width 属性均为"25px"。

● 分别选中上述四个运算符按钮，在右边的属性窗中找到 Command 事件，在其后输入同样的内容：btnCommand 回车。此时，在对应的 HTML 源代码中，四个按钮的定义描述里均加入了事件响应属性 OnCommand="btnCommand"。进入代码页 Default.aspx.cs，在四个按钮的共享事件函数 btnAdd_Command 中写入如下代码：

```
protected void btnAdd_Command(object sender, CommandEventArgs e)
{
if (txtNumber1.Text != "" && txtNumber2.Text != "")
{
    int op1 = Convert.ToInt32(txtNumber1.Text);
    int op2 = Convert.ToInt32(txtNumber2.Text);
    double result = 0;
    switch (e.CommandName)
    {
        case "Add":
```

```
                    result = op1 + op2;
                    lblOperator.Text = "相加";
                    break;
                case "Subtract":
                    result = op1-op2;
                    lblOperator.Text = "相减";
                    break;
                case "Multiply":
                    result = op1 * op2;
                    lblOperator.Text = "相乘";
                    break;
                case "Divide":
                    if (op2 != 0)
                        result =(double)op1 / op2;
                    lblOperator.Text = "相除";
                    break;
            }
            lblResult.Text = result.ToString();
        }
    }
```

● 在代码页的 Page_Load 事件函数中写入如下代码：

```
protected void Page_Load(object sender, EventArgs e)
{
    if (!IsPostBack)
        txtNumber1.Focus();        //第一个文本框获得焦点
}
```

● 按 Ctrl+F5 键运行，在文本框输入两个任意数，单击运算符按钮，观察结果。

说明：上述代码中，switch（e.CommandName）中的 e.CommandName 表示所单击的按钮的 CommandName 属性的值。代码中的 ToString ()方法的作用是将数据转换成字符串类型。

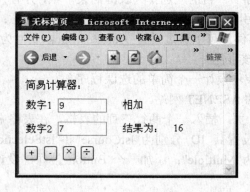

图 3-6   Button 控件 Command 事件响应示例

3.1.3　列表类控件

列表类控件常见的有 ListBox（列表框）控件和 DropDownList（下拉列表框）控件等，通过该类控件可以使用户从多个选项列表中选取所需项目。通过数据绑定，可以将数据库中的数据绑定到相关的列表类控件。关于数据绑定的内容参见第五章。

1．ListBox（列表框）控件

ListBox 控件可以实现从预定义的多个选项中选取一项或多项。从外观看，ListBox 控件可以同时显示出多个选项。

（1）基本语法

```
<asp: ListBox ID="控件 ID 名" runat="server" Width="宽度" Height="高度">
    <asp:ListItem Value="与第一个项关联的值"> 第一个列表项内容</asp:ListItem>
    <asp:ListItem Value="与第二个项关联的值"> 第二个列表项内容</asp:ListItem>
    <asp:ListItem Value="与第三个项关联的值"> 第三个列表项内容</asp:ListItem>
        ⋮
</asp:ListBox>
```

（2）常用属性

AutoPostBack：指示当用户更改列表中的选定内容时是否自动产生向服务器的回发。

Items：为列表框控件中所有项的集合。ListBox 控件的 Items 集合是一个标准集合，可以通过 Items[列表项索引号] 的格式访问列表中的每一个选项。列表中第一项的索引号为 0。

Items 列表项集合中的每个列表项都是一个 ListItem 类型的对象，这些对象又具有如下属性：Text，指定在列表项中显示的文本。Value，指定与某个列表项相关联的值。设置此属性可以将该值与特定的项关联而不显示该值。Selected，其值为 True 或 False，指示当前是否已选定此项。

SelectedIndex：用于读取或设置列表中所选定项的最低的序号索引。

SelectedItem：获取列表控件中索引最小的选定项。

SelectedValue：获取列表控件中选定项的值，或选择列表控件中包含指定值的项。

SelectionMode：用于控制是否支持多项选择。共有两个值：Single（一次只能选取一个选项）和 Multiple（一次允许选取多个选项）。

（3）常用事件

SelectedIndexChanged 事件：当用户选择列表框的某一项，并且列表控件的选定项向服务器回发时，ListBox 控件将引发 SelectedIndexChanged 事件。（注意：只有当列表项的选定被回发到服务器时才触发该事件。可以通过设置 AutoPostBack 属性为 True，促使在每次选取 ListBox 控件列表项后触发该事件）。

例 3.6　利用 ListBox 控件设计一个简单的选课程序。

● 新建一个名为 3-6 的 ASP.NET 网站。

● 在 Default.aspx 设计页，插入一个两行三列的表格，在表格中按如图 3-7 所示布局：添加两个 ListBox 控件，设置其 ID 分别为"lstCourse"和"lstSelection"，将两个列表控件的 SelectionMode 属性均设置为"Multiple"；添加一个 Button 控件，设置其 ID 为 btnSelect，其 Text 属性为"添加"。

● 双击 btnSelect 按钮，进入代码页 Default.aspx.cs，在 btnSelect_Click 事件函数中写入

如下代码：

```
protected void btnSelect_Click(object sender, EventArgs e)
{
    int i;
    for( i=0; i<=lstCourse.Items.Count-1;i++)
        if(lstCourse.Items[i].Selected)
            lstSelection.Items.Add(lstCourse.Items[i]);
}
```

● 在代码页的 Page_Load 事件函数中写入如下代码：

```
protected void Page_Load(object sender, EventArgs e)
{
    if (!IsPostBack)
    {          //如果是第一次加载网页，执行下列语句：
        lstCourse.Items.Add("大学语文");
        lstCourse.Items.Add("政治经济学");
        lstCourse.Items.Add("高等数学");
        lstCourse.Items.Add("大学英语");
    }
}
```

● 按 Ctrl+F5 键运行，在左边的列表框中选择课程，单击"添加"按钮，观察结果。

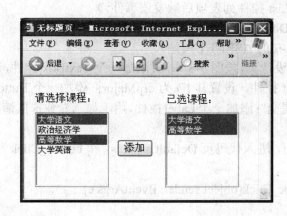

图 3-7 ListBox 控件应用示例

2．DropDownList（下拉列表框）控件

DropDownList 控件可以实现从预定义的下拉列表中选取某一个列表选项。在许多方面，DropDownList 与 ListBox 控件存在着相似的地方。与 ListBox 控件不同的是，从外观上看，其列表项在用户单击下拉按钮之前一直保持隐藏状态。此外，DropDownList 控件不支持多重选择模式。

（1）基本语法

`<asp: DropDownList ID="控件 ID 名" runat="server">`

```
<asp:ListItem Value="与第一个项关联的值"> 第一个列表项内容</asp:ListItem>
<asp:ListItem Value="与第二个项关联的值"> 第二个列表项内容</asp:ListItem>
<asp:ListItem Value="与第三个项关联的值"> 第三个列表项内容</asp:ListItem>
    ⋮
</asp: DropDownList >
```

（2）常用属性

AutoPostBack：指示当用户更改列表中的选定内容时是否自动产生向服务器的回发。

Items：与 ListBox 控件一样，为下拉列表框控件中所有列表项的集合。DropDownList 控件的 Items 集合是一个标准集合，可以通过"Items[列表项索引号]"的格式访问列表中的每一个选项。列表中第一项的索引号为 0。

SelectedIndex：用于读取或设置选定项的索引号。

SelectedItem：获取 DropDownList 控件中的选定项。

SelectedValue：获取 DropDownList 控件中选定项的值，或选择列表控件中包含指定值的项。

注意：与 ListBox 控件不同的是，DropDownList 控件不支持多项选择，因此没有 SelectionMode 属性。

（3）常用事件

SelectedIndexChanged 事件：当用户选择 DropDownList 控件的某一项，并且将该选定项向服务器回发时，DropDownList 控件将引发 SelectedIndexChanged 事件。（注意：只有当列表项的选定被回发到服务器时才触发该事件。可以通过设置 AutoPostBack 属性为 True，促使在每次选取 DropDownList 控件列表项后触发该事件。）

例 3.7　利用 DropDownList 控件选择所学专业。

● 新建一个名为 3-7 的 ASP.NET 网站。

● 在 Default.aspx 设计页，按图 3-8 布局：添加一个 TextBox 控件，设置其 ID 为 txtName；添加一个 DropDownList 控件，设置其 ID 为 drpMajor；添加一个 Button 控件，设置其 ID 为 btnOk，其 Text 属性为"提交"；添加一个 Label 控件，用于显示专业选取情况，其 ID 为 lblDisplay，其 Text 属性为空。

● 双击 btnOk 按钮，进入代码页 Default.aspx.cs，在 btnOk_Click 事件函数中写入如下代码：

```
protected void btnOk_Click(object sender, EventArgs e)
{
    lblDisplay.Text = txtName.Text + ",您好！您选择的专业是: " + drpMajor.SelectedItem.-Text;
}
```

● 在代码页的 Page_Load 事件函数中写入如下代码：

```
protected void Page_Load(object sender, EventArgs e)
{
    if (!IsPostBack)
    {        //如果是第一次加载网页，执行下列语句：
        drpMajor.Items.Add("国际金融");
```

```
        drpMajor.Items.Add("软件技术");
        drpMajor.Items.Add("商务英语");
        drpMajor.Items.Add("物流管理");
        drpMajor.Items.Add("广告学");
        txtName.Focus();          //姓名文本框获得焦点
    }
}
```

● 按 Ctrl+F5 键运行，在文本框输入任一姓名，并选择所学专业，单击"提交"按钮，观察结果。

图 3-8　DropDownList 控件应用示例

3.1.4　选择类控件

选择类控件可以从选项列表中选择一个或多个选项。主要包含 RadioButton（单选按钮）控件、CheckBox（复选框）控件、RadioButtonList（单选按钮列表）控件、CheckBoxList（复选框列表）控件等。

1．RadioButton（单选按钮）控件

RadioButton 控件用于在 Web 页面创建单选按钮。其创建的单选按钮很少单独进行，通常成组出现，并且在组中提供互斥的选项，即用户在一组单选按钮中必须并且最多只能选择一项。通过为每一个单选按钮设置相同的 GroupName 属性，可以实现将多个单选按钮分为一组进行互斥的选择。

（1）基本语法

<asp: RadioButton ID="控件 ID 名 1" runat="server" GroupName="组名" Text="单选按钮文本 1" />

<asp: RadioButton ID="控件 ID 名 2" runat="server" GroupName="组名" Text="单选按钮文本 2" />

⋮

（2）常用属性

AutoPostBack：指示在单击 RadioButton 控件时该控件状态是否自动回发到服务器。

Checked：其值为 True 或者 False。用于指示或判断是否已选中 RadioButton 控件。

GroupName：用于读取或设置单选按钮所属的组名，通过设置相同的组名，可以将多个单选按钮归并为一个互斥组。

Text：设置或读取与 RadioButton 控件相关联的文本。

TextAlign：设置或读取关联文本的对齐方式。

（3）常用事件

CheckedChanged 事件：当用户单击某一个单选按钮，使其 Checked 属性的值发生改变，并且这种改变向服务器回发时，RadioButton 控件将引发 CheckedChanged 事件。（注意：只有当单选按钮发生改变的状态被回发到服务器时才触发该事件。可以通过设置 AutoPostBack 属性为 True，使得在用户单击单选按钮后触发该事件。）

例 3.8　编程获取 RadioButton 控件的信息。

● 新建一个名为 3-8 的 ASP.NET 网站。

● 在 Default.aspx 页，按图 3-9 布局：输入静态文本"请发表看法："，添加三个 RadioButton 控件，设置其 ID 分别为 rad1、rad2、rad3，对应的 Text 属性分别为"支持"、"反对"、"无所谓"，设置三个单选按钮的 GroupName 属性为 radView，添加一个 Button 控件，设置其 ID 为 btnOk，其 Text 属性为"提交"，添加一个 Label 控件，设置其 ID 为 lblResult，其 Text 属性为空。

● 双击 btnOk 按钮，进入代码页 Default.aspx.cs，在 btnOk_Click 事件函数中写入如下代码：

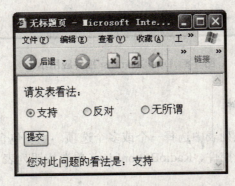

图 3-9　adioButton 控件应用示例

```
protected void btnOk_Click(object sender, EventArgs e)
{
        string answer;
        if (rad1.Checked)
            answer = rad1.Text;
        else if (rad2.Checked)
            answer = rad2.Text;
        else
            answer = rad3.Text;
        lblResult.Text="您对此问题的看法是："+answer;
}
```

● 按 Ctrl+F5 键，观察运行结果。

2．CheckBox（复选框）控件

CheckBox 控件用于在页面中创建复选框，复选框允许用户对具有 True、False 状态的选项进行选择。

（1）基本语法

<asp:CheckBox ID="控件 ID 名" runat="server" Text="复选框关联文本" />

（2）常用属性

AutoPostBack：指示在单击 CheckBox 控件时该控件状态是否自动回发到服务器。

Checked：其值为 True 或者 False。用于指示或判断是否已选中 CheckBox 控件。

Text：设置或读取与 CheckBox 控件关联的文本。

TextAlign：设置或读取关联文本的对齐方式。

（3）常用事件

CheckedChanged 事件：当用户单击某复选框，使其 Checked 属性的值发生改变，并且这种改变向服务器回发时，CheckBox 控件将引发 CheckedChanged 事件。（注意：只有当复选框的状态发生改变并被回发到服务器时才触发该事件。可以通过设置 AutoPostBack 属性为 True，使得在用户单击复选框后触发该事件。）

例 3.9　通过反复单击复选框致使一个会议详细信息的显示与消失。会议的详细信息放在一个文本框中，通过文本框的 Visible 属性控制其可见性。

● 新建一个名为 3-9 的 ASP.NET 网站。

● 在 Default.aspx 页，按图 3-10 布局：添加静态文本"通知：明天上午九点开会"，设置为粗体；添加一个 CheckBox 控件，设置其 ID 为 chkDetail，设置其 AutoPostBack 属性为 True；添加一个 TextBox 控件，设置其 ID 为 txtNote，其 TextMode 属性为 MultiLine。

● 双击 chkDetail 按钮，进入代码页 Default.aspx.cs，在 chkDetail_CheckedChanged 事件函数中写入如下代码：

```
protected void chkDetail_CheckedChanged(object sender, EventArgs e)
{
        if (chkDetail.Checked)
            txtNote.Visible=true;
        else
            txtNote.Visible=false;
}
```

● 在代码页的 Page_Load 事件函数中写入如下代码：

```
protected void Page_Load(object sender, EventArgs e)
{
        if (!IsPostBack)            //如果是第一次加载网页，执行下列语句：
        {
            txtNote.Text= "会议通知：\r\n 时间：明天上午九点\r\n 地点：九楼会议中心\r\n 参加人：全体教职工\r\n 内容：年度工作总结";
            txtNote.Visible=false;
        }
}
```

● 按 Ctrl+F5 键运行程序，反复单击复选框，观察结果。

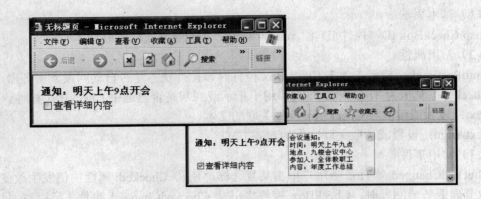

图 3-10   CheckBox 控件应用示例

3．RadioButtonList（单选按钮列表）控件

RadioButtonList 控件将一组 RadioButton 控件放在一起使用，便于用户在其中进行单项选择。简单地讲，该控件是一组单选按钮列表控件。当页面中需要同处一组的单选按钮数量较多时，使用 RadioButtonList 控件将带来很大便利。

RadioButtonList 控件各单选按钮选项可以直接添加，也可以通过数据绑定动态生成。关于数据绑定的内容请参见 5.4 节。

（1）基本语法

```
<asp:RadioButtonList ID="控件 ID 名" runat="server" >
    <asp:ListItem Value="与第一个单选按钮关联的值">单选按钮文本 1</asp:ListItem>
    <asp:ListItem Value="与第二个单选按钮关联的值">单选按钮文本 2</asp:ListItem>
    ⋮
</asp:RadioButtonList>
```

（2）常用属性

AutoPostBack：指示当用户更改单选按钮选项时是否自动产生向服务器的回发。

Items：为 RadioButtonList 控件中所有选项的集合。同其他列表类控件一样，RadioButton-List 控件的 Items 集合是一个标准集合，可以通过"Items[列表项索引号]"的格式访问列表中的每一个选项。

RepeatColumns：读取或设置要在 RadioButtonList 控件中显示的列数。

RepeatDirection：读取或设置组中单选按钮的显示方向。有两个值，其中 Horizontal 表示水平排列，Vertical 表示垂直排列。

SelectedIndex：用于读取或设置单选按钮列表中所选定项的最低的序号索引。

SelectedItem：获取单选按钮列表控件中索引最小的选定项。

SelectedValue：获取单选按钮列表控件中选定项的值，或选择单选按钮列表控件中包含指定值的项。

（3）常用事件

SelectedIndexChanged 事件：同其他列表类控件一样，当用户选择某一选项，并且向服务器回发时，RadioButtonList 控件将引发 SelectedIndexChanged 事件。可以通过设置 AutoPostBack 属性为 True，促使在每次选取某项后触发该事件。

例 3.10 编程获取 RadioButtonList 控件的信息（注意与 RadioButton 控件进行比较）。

● 新建一个名为 3-10 的 ASP.NET 网站。

● 在 Default.aspx 页，按图 3-11 布局：输入静态文本"请发表看法："，添加一个 RadioButtonList 控件，设置其 ID 为 radViewList，向其中添加三个编辑项："支持"、"反对"、"无所谓"，设置其 RepeatDirection 属性为 Horizontal；添加一个 Button 控件，设置其 ID 为 btnOk，其 Text 属性为"提交"；添加一个 Label 控件，设置其 ID 为 lblResult，其 Text 属性为空。

● 双击 btnOk 按钮，进入代码页 Default.aspx.cs，在 btnOk_Click 事件函数中写入如下代码：

```
protected void btnOk_Click(object sender, EventArgs e)
{
    if(radVeiwList.SelectedIndex>-1)    //确保对 radViewList 的选取不为空
        lblResult.Text="您对此问题的看法是："+ radVeiwList.SelectedItem.Text;
}
```

● 按 Ctrl+F5 键，观察运行结果。

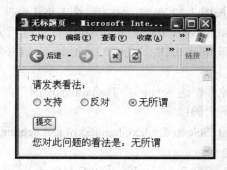

图 3-11 RadioButtonList 控件应用示例

4．CheckBoxList（复选框列表）控件

CheckBoxList 控件将一组 CheckBox 控件放在一起使用，便于用户在其中进行选择。该控件实际是一组复选框列表控件。当页面中需要较多的复选框时，使用 CheckBoxList 控件较为方便。

同 RadioButtonList 控件一样，各复选框可以直接添加，也可以通过数据绑定动态生成。

（1）基本语法

```
<asp: CheckBoxList ID="控件 ID 名" runat="server" >
    <asp:ListItem Value="与第一个复选框关联的值">复选框文本 1</asp:ListItem>
    <asp:ListItem Value="与第二个复选框关联的值">复选框文本 2</asp:ListItem>
    ⋮
</asp: CheckBoxList >
```

（2）常用属性

AutoPostBack：指示当用户更改复选框选项时是否自动产生向服务器的回发。

Items：为 CheckBoxList 控件中所有选项的集合。CheckBoxList 控件的 Items 集合同其他列表类控件的 Items 集合一样，可以通过"Items[列表项索引号]"的格式访问列表中的每一个选项。

RepeatColumns：读取或设置要在 CheckBoxList 控件中显示的列数。

RepeatDirection：读取或设置组中复选框的显示方向。有两个值，Horizontal 表示水平排列，Vertical 表示垂直排列。

SelectedIndex：用于读取或设置复选框列表中所选定项的最低的序号索引。

SelectedItem：获取复选框列表控件中索引最小的选定项。

SelectedValue：获取复选框列表控件中选定项的值，或选择复选框列表控件中包含指定值的项。

（3）常用事件

SelectedIndexChanged 事件：同其他列表类控件一样，当用户选择某一选项，并且向服务器回发时，CheckBoxList 控件将引发 SelectedIndexChanged 事件。可以通过设置 AutoPostBack 属性为 True，将复选框选项的更改自动回发到服务器。

例 3.11 使用 CheckBoxList 控件控制文字的外观变化。

● 新建一个名为 3-11 的 ASP.NET 网站。

● 在 Default.aspx 页，按图 3-12 布局：添加一个 Label 控件，设置其 ID 为 lblDisplay，添加一个 CheckBoxList 控件，设置其 ID 为 chkFontList，设置其 AutoPostBack 属性为 True，利用 ListItem 集合编辑器（即 Items 属性）向 chkFontList 添加三个复选框："粗体"、"斜体"、"下划线"。

● 双击 CheckBoxList 控件，进入代码页 Default.aspx.cs，在 chkFontList_SelectedIndex-Changed 事件函数中写入如下代码：

```
protected void chkFontList_SelectedIndexChanged(object sender, EventArgs e)
{
    lblDisplay.Font.Bold = chkFontList.Items[0].Selected;
    lblDisplay.Font.Italic = chkFontList.Items[1].Selected;
    lblDisplay.Font.Underline = chkFontList.Items[2].Selected;
}
```

● 在代码页的 Page_Load 事件函数中写入如下代码：

```
protected void Page_Load(object sender, EventArgs e)
{
    lblDisplay.Text = "请观察文字外观的变化";
    lblDisplay.Font.Size = 18;
}
```

● 按 Ctrl+F5 键，观察运行结果。

图 3-12   CheckBoxList 控件的应用

3.1.5 图像类控件

图像类控件用于在页面上显示图像以及针对图像执行相应操作。本节介绍两个图像类控件，Image 控件和 ImageMap 控件。

1．Image（图像）控件

Image 控件用于在 Web 页面显示指定图像，同时可以通过代码编程对图像进行管理。从某种意义上讲，Image 控件与 Label 控件有着相似的地方，只不过 Label 控件用于显示文本，而 Image 控件用于显示图像。

（1）基本语法

<asp:Image ID="控件 ID 名" runat="server" ImageUrl="所显示的图片路径" />

（2）常用属性

AlternateText：当指定图像不可用时 Image 控件所显示的替换文本。

ImageAlign：用于指定 Image 控件相对于网页中其他元素的对齐方式。

ImageUrl：用于指定 Image 控件所显示图片的位置。

例 3.12　Image 控件应用示例。

● 新建一个名为 3-12 的 ASP.NET 网站。

● 在网站中添加一个名为"图片"的文件夹，将本例中用到的五幅图片 img1.jpg~img5.jpg 放入其中。

● 在 Default.aspx 页，按图 3-13 布局：添加一个 Image 控件，设置其 ID 为 imgScenery，调整其大小；添加两个按钮控件，分别设置其 ID 为 btnPrevious 和 btnNext，其 Text 属性分别为"上一页"和"下一页"；添加一个 Label 控件，用于显示图片的标号，设置其 ID 为 lblCount，设置其 Text 属性为空。

图 3-13　Image 控件应用示例

● 进入代码页，在 Page_Load 事件函数中写入如下代码：

```
protected void Page_Load(object sender, EventArgs e)
{
    if (!IsPostBack)
    {
        //第一次加载时，显示第一张图片，同时"上一页"按钮不可用
        lblCount.Text = "1";
        imgScenery.ImageUrl = "~/图片/img1.jpg";
```

```
                btnPrevious.Enabled = false;
                btnNext.Enabled = true;
            }
        }
```

- 在 btnPrevious_Click 事件函数中写入如下代码：

```
protected void btnPrevious_Click(object sender, EventArgs e)
{
    if (int.Parse(lblCount.Text) > 1)
    {
        int n= int.Parse(lblCount.Text) - 1;
        lblCount.Text = n.ToString();
        imgScenery.ImageUrl = "~/图片/img" + lblCount.Text + ".jpg";
        btnNext.Enabled = true;
    }
    if(int.Parse(lblCount.Text)= =1)    //如果到达第一页，"上一页"按钮变灰
        btnPrevious.Enabled = false;
}
```

- 在 btnNext_Click 事件函数中写入如下代码：

```
protected void btnNext_Click(object sender, EventArgs e)
{
    if (int.Parse(lblCount.Text) < 5)
    {
        int n = int.Parse(lblCount.Text) + 1;
        lblCount.Text = n.ToString();
        imgScenery.ImageUrl = "~/图片/img" + lblCount.Text + ".jpg";
        btnPrevious.Enabled = true;
    }
    if (int.Parse(lblCount.Text) = = 5)        //如果到达第五页，"下一页"按钮变灰
        btnNext.Enabled = false;
}
```

- 按 Ctrl+F5 键运行，单击"上一页"、"下一页"按钮，观察运行结果。

2．ImageMap（图像热区）控件

ImageMap 控件同样在页面上显示一个图像，但与 Image 控件不同，该图像包含许多用户可以单击的热点区域，每一个热点区域都可以对应一个单独的超链接或回发事件。

实际上，ImageMap 控件由两部分组成：一是图像本身，二是若干 HotSpot（热区）控件的集合。每个热区控件可以是圆形热区（CircleHotSpot）、矩形热区（RectangleHotSpot）或者多边形热区（PolygonHotSpot）。对于每一个热区，都要定义该热区的位置和大小。例如，如果创建一个 CircleHotSpot 控件，则需要定义圆的半径以及圆心的 x 和 y 坐标。

可以根据需要为图像设置多个热区，但不是非得使所有热区覆盖整个图形。

例如，电子地图可以看做是 ImageMap 控件较为典型的应用。可以在电子地图图像上设

置若干热点区域。用户在地图上某个区域点击后，即可查看该地区的相关信息。

（1）基本语法

<asp:ImageMap ID="控件 ID 名" runat="server" ImageUrl="所显示图片的路径" HotSpot-Mode="热区模式">

    <asp:CircleHotSpot Radius="半径" X="x 坐标" Y="y 坐标" />

</asp:ImageMap>

（2）常用属性

其 AlternateText、ImageAlign、ImageUrl 属性的含义与 Image 控件相同。

HotSpotMode：设置热区模式。其可能取值及对应的含义如表 3-1 所示。

表 3-1 HotSpotMode 的可能取值

值	含　　义
Interactive	图像上无热区，不具有任何操作行为
NotSet	相对于 ImageMap 控件，HotSpot 对象将导航到相应的 URL，如果是本身的 HotSpotMode 属性设置为该值，则表示 HotSpot 对象使用 ImageMap 控件的 HotSpotMode 属性值所确定的行为
Navigate	HotSpot（热区）对象导航到 URL
PostBack	单击热区后，响应 Click 事件，进行服务器回发操作

注意：ImageMap 控件及其对应其上的每个 HotSopt（热区）对象都具有 HotSpotMode 属性。如果 ImageMap 控件和其上 HotSopt 对象的 HotSpotMode 属性都被设置，则针对每个单个 HotSpot 对象指定的 HotSpotMode 属性将优先于 ImageMap 控件的 HotSpotMode 属性。

对于 ImageMap 控件，其 HotSpotMode 属性的 NotSet 值和 Navigate 值具有相同的行为，即都导航到指定的 URL。当为单个 HotSpot 对象的 HotSpotMode 属性指定 NotSet 时，HotSpot 对象根据 ImageMap 控件的 HotSpotMode 属性的值确定其行为。

HotSpots：用于在图像上添加热区，指定热区的形状、位置及大小、热区对应的导航地址（NavigateUrl）以及热区反应模式（HotSpotMode）等。单击如图 3-14 所示的"添加"按钮右侧的小箭头，可以选择不同的热区形状。

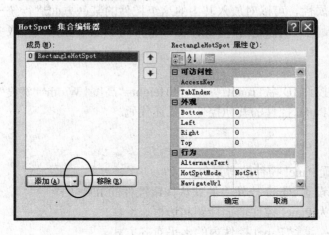

图 3-14 HotSpot 集合编辑器

（3）常用事件

Click 事件：当 HotSpotMode 属性值为 PostBack 时，单击热区对象，将触发该事件。

例 3.13　定义图片的热区，如图 3-15 所示。

图 3-15　ImageMap 控件应用示例

- 新建一个名为 3-13 的 ASP.NET 网站。
- 在网站中添加一个名为"图片"的文件夹，将本例中用到的图片放入其中。
- 在 Default.aspx 页，添加一个 ImageMap 控件，设置其 ImageUrl 属性为"图片"文件夹中的图片，HotSpotMode 属性为 Navigate，进入 HotSpot 集合编辑器，添加一个 CircleHotSpot 热区和一个 RectangleHotSpot 热区，设定相应的热区大小及 NavigateUrl 等其他属性。
- 按 Ctrl+F5 键运行，观察运行结果。

3.1.6　其他控件

除了前面几节介绍的基本 Web 服务器控件之外，ASP.NET 还包含许多可在 ASP.NET 网页上选用的其他 Web 服务器控件。本节仅有选择地介绍。

1．Panel（面板）控件

Panel 控件的主要作用是用作其他控件的容器。放入其中的控件将被视为同一组控件。通过 Panel 控件的某些属性，可以对放入其中的这组控件的某些方面进行统一设置，例如显示/隐藏、使用/禁用、设置默认按钮等。Panel 控件常常用于以编程方式生成多个控件或者隐藏/显示一组控件。

（1）基本语法

```
<asp:Panel ID="控件 ID 名" runat="server" Height="高度" Width="宽度">
        <加入 Panel 控件的其他控件的描述代码/>
</asp:Panel>
```

（2）常用属性

BackColor：设置 Panel 控件的背景色。

DefaultButton：设置 Panel 控件中的默认按钮控件的 ID。

GroupingText：为 Panel 控件增加标题和边框。

HorizontalAlign：设置 Panel 控件内的水平对齐方式。

ScrollBars：设置 Panel 控件中滚动条的状态。

Visible：用于设定 Panel 控件及其内部所有控件是否可见。

此外，Panel 控件支持 Controls 属性，该属性包含 Panel 控件中的控件集合。

（3）在 Panel 控件中添加其他控件

方法一：先在页面添加 Panel 控件，再从工具箱将其他控件拖入其中。

方法二：通过代码动态添加。代码格式如下：

　　　　Panel 控件 ID.Controls.Add（欲添加的控件实例名）；

例 3.14　使用 Panel 控件控制某一组控件的可见性，如图 3-16 所示。

● 新建一个名为 3-14 的 ASP.NET 网站。

● 进入 Default.aspx 页的"源"视图，直接在其中写入如下代码：

```
<%@ Page Language="C#" AutoEventWireup="true" CodeFile="Default.aspx.cs" Inherits="_Default" %>
<!DOCTYPE html PUBLIC "-//W3C//DTD XHTML 1.0 Transitional//EN" "http://www.w3.org/TR/xhtml1/DTD/xhtml1-transitional.dtd">
<html xmlns="http://www.w3.org/1999/xhtml" >
<head id="Head1" runat="server">
    <title>无标题页</title>
</head>
<body>
    <form id="form1" runat="server">
    <div>
        请发表意见：<br/><br/>
        <asp:RadioButton ID="radApprove" runat="server" Text="赞成" GroupName="Viewpoint" AutoPostBack="True" Checked="True" OnCheckedChanged="radButton_CheckedChanged" />
        <asp:RadioButton ID="radAgainst" runat="server" AutoPostBack="True" Text="反对" OnCheckedChanged="radButton_CheckedChanged"   GroupName="Viewpoint" /><br/><br/>
        <asp:Panel ID="panApprove" runat="server" Height="50px" Width="350px">
        赞成理由：<br />
            <asp:TextBox ID="txtApprove" runat="server" Width="300px"> </asp:TextBox>
        </asp:Panel>
        <asp:Panel ID="panAgainst" runat="server" Height="50px" Width="350px" Visible="False">
        反对理由：<br />
        <asp:TextBox ID="txtAgainst" runat="server" Width="300px"> </asp:TextBox>
        </asp:Panel>
    </div>
    </form>
</body>
```

```
</html>
```
● 进入代码页，写入如下函数代码：

```
protected void radButton_CheckedChanged(object sender, EventArgs e)
    {
        if (radApprove.Checked)   //选择赞成，则显示"赞成理由"框
        {
            panApprove.Visible = true;
            panAgainst.Visible = false;
        }
        else //选择反对，则显示"反对理由"框
        {
            panApprove.Visible = false;
            panAgainst.Visible = true;
        }
    }
```

● 按 Ctrl+F5 键运行，单击"赞成"、"反对"单选按钮，观察运行结果。

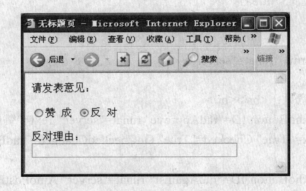

图 3-16 Panel 控件应用示例

说明：本例分别使用两个 Panel 控件 panApprove 和 panAgainst，存放两组静态文本+文本框控件，其显示特性与上面的两个单选按钮对应。当单击"赞成"铵钮时，显示 panApprove 中的"赞成理由"，对应的文本框为 txtApprove，当单击"反对"按钮时，显示 panAgainst 中的"反对理由"，对应的文本框为 txtAgainst。

注意：两个单选按钮的 GroupName 属性必须为同一个值，以保证它们为一组互斥的选择。其 AutoPostBack 属性均设置为 True，表示单击时两个单选按钮的状态自动回发到服务器，并触发 OnCheckedChanged 属性对应的 radButton_CheckedChanged 事件处理函数。

2．MultiView 及 View 控件

MultiView 及 View 控件事实上也是容器控件。此二控件及其与其他控件的关系是：一个 View 控件可以包含任意标记和控件的组合，而一个 MultiView 控件又是多个 View 控件的父容器。View 控件不能脱离 MultiView 控件而单独使用。

MultiView 控件实际起到一组选项卡的作用，而 View 控件就是其中的一张选项卡。

（1）基本语法

```
<asp:MultiView ID="控件 ID 名" runat="server">
        <asp:View ID="View1" runat="server"> </asp:View>
        <asp:View ID="View2" runat="server"> </asp:View>
             ⋮
</asp:MultiView>
```

（2）常用属性

ActiveViewIndex：用于设定 MultiView 控件中当前活动的 View 控件的索引号（第一个 View 控件的索引号为 0）。其默认值为-1，表示当前没有 View 控件被激活。

与 Panel 控件相似，每一个 View 控件都包含 Controls 属性，该属性包含 View 控件中的所有控件集合。

（3）常用属性

ActiveViewChanged 事件：在 MultiView 控件中切换当前活动的 View 控件时激发该事件。

例 3.15　MultiView 及 View 控件应用示例。

● 新建一个名为 3-15 的 ASP.NET 网站。

● 在 Default.aspx 页（图 3-17），按图 3-17 布局：添加一个 RadioButtonList 控件，设置其 ID 为 viewRadioList，设置其 AutoPostBack 属性为 True，RepeatDirection 属性为 Horizontal，并利用 ListItem 集合编辑器为其添加如图 3-17 所示的三个项目。

图 3-17　MultiView 控件应用示例的 Default.aspx 页

● 添加一个 MultiView 控件，并在其中添加三个 View 控件，每一个 View 控件中添加如图 3-17 所示的内容。

● 双击 viewRadioList 控件，进入代码页 Default.aspx.cs，在 viewRadioList_SelectedIndex-Changed 事件函数中写入如下代码：

```
protected void viewRadioList_SelectedIndexChanged(object sender, EventArgs e)
```

```
    {
        MultiView1.ActiveViewIndex = viewRadioList.SelectedIndex;
    }
```

● 在代码页的 Page_Load 事件函数中写入如下代码：

```
protected void Page_Load(object sender, EventArgs e)
{
        if(!IsPostBack)
        {
            viewRadioList.SelectedIndex = 0;
            MultiView1.ActiveViewIndex = 0;
        }
}
```

● 按 Ctrl+F5 键，观察运行结果。

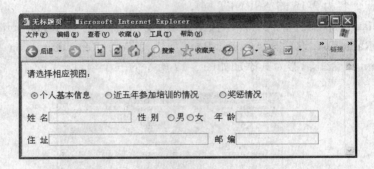

图 3-18　MultiView 控件应用示例

3.2　HTML 服务器控件

　　HTML 服务器控件是在 HTML 标记的基础上演变而来的。传统的 HTML 标记元素只能被作为静态文本传递到浏览器上，而不能在服务器端的代码中被引用。在 ASP.NET 中，为了使这些标记元素能以编程方式进行访问，需要将 HTML 元素转换为 HTML 服务器控件。具体做法是：在 HTML 元素中添加 runat="server"属性。经过这个简单转换，HTML 元素就能以 HTML 服务器控件的身份通过服务器端的代码来控制了。

　　事实上，通过 runat="server"属性，HTML 元素被对象化为 HTML 服务器控件，具有了控件的特征，在服务器端可见，因而拥有了属性，并且可以响应事件。这些对象化的 HTML 元素可以被程序直接控制，简化了动态页面程序的编写及维护工作。

　　通常，为了便于在程序代码中引用 HTML 服务器控件，应该为其指定一个 ID 属性，其格式为，id="控件标识名"。

　　例如，<input type="Text"id="Text1"runat="server"/ >

　　如上，创建了一个 HtmlInputText 控件，与原来的 HTML 文本域元素不同的是，现在可以通过代码访问该控件的属性。例如，可以通过如下代码修改该控件的文本显示内容：

Text1.value="新的文本内容";

注意：HTML 服务器控件必须包含在具有 runat="server" 属性的 form 标记中。

1．在 Web 页面添加 HTML 服务器控件

可以通过代码和 Web 窗体设计器两种方式向 Web 窗体添加 HTML 服务器控件。

代码方式：

直接在"源"视图的 HTML 文档中的 form 标记：<form id="form1" runat="server">…</form>中写入 HTML 服务器控件描述性代码。如加入一个按钮 BtnOk，按钮文字信息为"确定"，并响应单击事件：

<input type="button" id="BtnOk" runat="server" onserverclick="BtnOk_ServerClick" value="确定" />

使用 Web 窗体设计器：

（1）从工具箱的"HTML"选项卡中，将所需的 HTML 元素拖动到设计页。（注意，此时的 HTML 元素并非服务器控件。）

（2）右击 HTML 元素，在快捷菜单中选择"作为服务器控件运行"。之后，在该元素左上角会出现一个标志符号▣，表明该元素已转化成 HTML 服务器控件。可以在 HTML 代码页中观察到该控件中 runat="server"的属性描述。

（3）通过属性窗口设置 HTML 服务器控件相应属性。

（4）进入程序代码页编写事件响应等函数程序。

2．常见的 HTML 服务器控件及其对应标记

HTML 服务器控件隶属于 System.Web.UI.HtmlControls 命名空间。这些控件在服务器端运行，并且映射到标准 HTML 标记。表 3-2 列出一些常见的 HTML 服务器控件及其对应的 HTML 标记。有关 HTML 服务器控件的详细信息请参阅 MSDN Library 中有关 System.Web.UI.HtmlControls 命名空间的内容。

表 3-2　常见 HTML 服务器控件及其映射的 HTML 标记

控　件	HTML 标记
HtmlAnchor	<a>
HtmlButton	<button>
HtmlForm	<form>
HtmlImage	<img>
HtmlInputButton	<input type="button">
HtmlInputCheckBox	<input type="check">
HtmlInputFile	<input type="file">
HtmlInputHidden	<input type="hidden">
HtmlInputImage	<input type="image">
HtmlInputPassword	<input type="password">
HtmlInputRadioButton	<input type="radio">
HtmlInputSubmit	<input type="submit">

控 件	HTML 标记
HtmlInputText	\<input type="text"\>
HtmlTable	\<table\>
HtmlSelect	\<select\>
HtmlTextArea	\<textarea\>

3．HTML 服务器控件应用举例

例 3.16　利用 HtmlAnchor 控件在加载页面时建立超链接，运行结果如图 3-19 所示。

步骤如下：

● 打开记事本，直接在其中写入如下代码：

```
<html>
<script language="C#" runat="Server">
void Page_Load(object sender, EventArgs e)
{
    Anchor1.HRef = "http://www.baidu.com";
    Anchor1.InnerText = "进入百度";
}
</script>
<head>
<title>Html 服务器控件练习 1</title>
</head>
<body>
<form id="form1" runat="server">
<a id="Anchor1" runat="server">这是超级链接</a>
</form>
</body>
</html>
```

● 将该文件保存为 3-16.aspx。

● 通过 IIS 浏览其运行结果。

说明：建立了 HtmlAnchor 服务器控件之后，可以通过代码设置其属性值。此例中，"HRef" 属性用于指定 Html \<a\>元素链接的 URL 目标，"InnerText"属性用于设置任一 HTML 服务器 控件的开始标记和结束标记之间的文本，在这里即是设置标记\<a\>……\</a\>之间的文本。

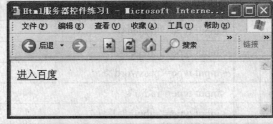

图 3-19　HtmlAnchor 控件应用示例

例 3.17 利用 HTML 服务器控件制成用户身份验证页面，如图 3-20 所示。

步骤如下：

● 利用记事本直接建立一个名为 3-17.aspx 的文件，其中包含如下代码：

```
<html>
<script language="C#" runat="server">
protected void Button1_ServerClick(object sender, EventArgs e)
    {
            if (Text1.Value == "user1" && Password1.Value == "aaa")
                Response.Write("输入信息有效，欢迎进入!");
            else
            {
                Response.Write("用户名或密码错误，请重新输入!");
            }
    }
protected void Button2_ServerClick(object sender, EventArgs e)
    {
            Text1.Value = "";
            Password1.Value = "";
    }
</script>
<head>
<title>Html 服务器控件练习 2</title>
</head>
<body>
<form id="form1" runat="server">
<table>
    <tr><td>用户名:</td><td> <input id="Text1" type="text" style="width:120px;" runat="server"/></td>
    <tr><td>密 码:</td><td> <input id="Password1" type="password" style="width:120px;" runat="server" /></td>
    <tr><td><input id="Button1" type="button" value="确定" runat="server" onserverclick="Button1_ServerClick" /></td>
    <td><input id="Button2" type="button" value="重置" runat="server" onserverclick="Button2_ServerClick" /></td>
</table>
</form>
</body>
</html>
```

● 通过 IIS 浏览其运行结果。

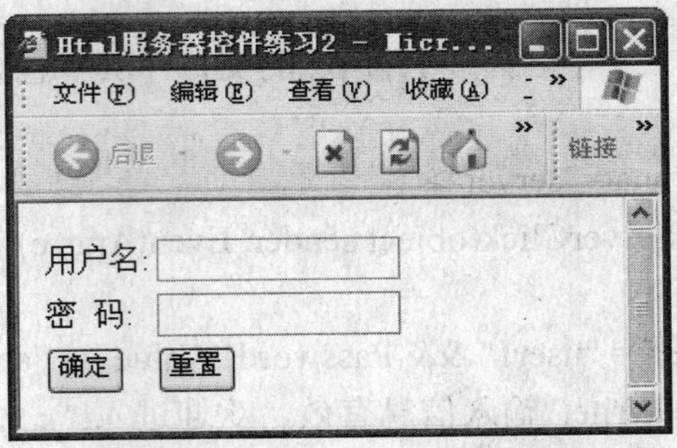

图 3-20　利用 HTML 服务器控件进行用户身份验证

说明：本例中用到了 HtmlInputText、HtmlInputPassword 和 HtmlInputButton 控件。代码中访问了 HtmlInputText 控件和 HtmlInputPassword 控件的 Value 属性。Html 标记中的 onserverclick 是 HtmlInputButton 控件所支持的事件（与原 HTML 元素不同，按钮触发事件不再是 onclick，而是 onserverclick，表明事件发生在服务器端，而不是客户端），本事件用户单击按钮时触发。该属性值表示按钮发生鼠标单击事件时要执行哪个事件程序，属性值等于 Button1_ServerClick 表示当用户单击按钮时，执行 Button1_ServerClick 函数程序。

3.3　验证控件

在创建 ASP.NET 的交互页面时，一个非常重要的方面就是对用户输入的数据进行验证。ASP.NET 提供了一组用于验证用户输入信息有效性的服务器控件，称之为验证控件。这些控件提供了一套简便实用的功能，用于检查用户输入时是否存在错误。

ASP.NET 提供如表 3-3 所示的 6 种验证控件。

表 3-3　ASP.NET 验证控件

验证控件名称	作用描述
RequiredFieldValidator	使关联的输入控件成为一个必选字段，确保用户不会跳过某项输入。通常用于对不能为空的字段进行验证
CompareValidator	将输入控件的值与一个常数值或者另一个控件值进行比较，判断是否满足条件
RangeValidator	检查用户的输入是否在指定的范围之内。可以检查数字对、字母对和日期对限定的范围
RegularExpressionValidator	用于检查输入的内容与正则表达式所定义的模式是否匹配。例如，电子邮件地址是否满足指定样式等
CustomValidator	使用自定义的验证规则验证用户的输入
ValidationSummary	将网页上所有验证控件的错误信息以摘要形式显示

通过合理使用这些控件，可以轻松地在页面上实现验证功能。验证通常包含客户端验证和服务器端验证。ASP.NET 验证控件能够根据浏览器的状况自行决策验证在客户端进行还是在服务器端进行，因而简化了程序员的工作。

Web 验证控件的基本属性：

（1）ControlToValidate 属性：用于指定需要进行验证的控件 ID。

（2）Display 属性：用于指定验证控件关于错误消息的显示方式。显示方式有三种：Static、Dynamic 和 None。

Static：在页面布局中为错误消息的显示分配固定的空间（仅在客户端验证生效时起作用，否则等同于 Dynamic）；

Dynamic：如果验证失败，将用于显示错误消息的空间动态添加到页面；

None：验证失败后，不显示错误消息。默认值为"Static"。

（3）ErrorMessage 属性：验证失败时所显示的错误消息的文本内容。

（4）IsValid 属性：只能在代码中使用。用于表明与验证控件关联的输入控件是否通过验证。

3.3.1　RequiredFieldValidator 控件

RequiredFieldValidator 控件是最为常用的验证控件之一。例如，当需要在页面进行注册时，用户名和密码字段不能为空，是必须填写的信息。通过与上述两个字段关联的 RequiredFieldValidator 控件，可以验证用户的输入是否为空，确保用户输入数据时不会跳过必填字段。

1．功能

该验证控件使关联输入控件成为一个必选字段。当输入控件失去焦点时其内容为空，将不能通过验证。

2．基本语法

<asp:RequiredFieldValidator ID="RequiredFieldValidator1" runat="server"
ControlToValidate="需要验证的控件 ID"
Display="Static | Dynamic | None"
ErrorMessage="未通过验证时显示的错误消息">
</asp:RequiredFieldValidator>

3．使用方法

（1）对于每一个需要验证是否为空的控件，在需要显示验证错误消息的位置，添加 RequiredFieldValidator 控件。

（2）设置该 RequiredFieldValidator 控件的属性：将其 ControlToValidate 属性设置为需要进行验证的控件的 ID；将其 ErrorMessage 属性设置为没有通过验证时显示的错误消息。

例 3.18　验证用户名和密码输入是否为空。

● 新建一个名为 3-18 的 ASP.NET 网站。

● 按图 3-21 布局：设置 Textbox1 的 ID 为 txtUserName，Textbox2 的 ID 为 txtPassword，textbox2 的 TextMode 属性为 password。设置 Button1 的 ID 为 btnOk，其 Text 属性设置为"提交"，btnOk 按钮下方添加一个 Label 控件，用于显示用户名和密码是否输入正确，其 ID 设为 lblResult。

● 设置 RequiredFieldValidator1 的 ID 为 userNameValidator，其 ControlToValidate 属性设置为 txtUserName，其 ErrorMessage 属性设置为"用户名不能为空"；设置 RequiredFieldValid-ator2 的 ID 为 passwordValidator，其 ControlToValidate 属性设置为 txtPassword，其 ErrorMessage

属性设置为"密码不能为空"。

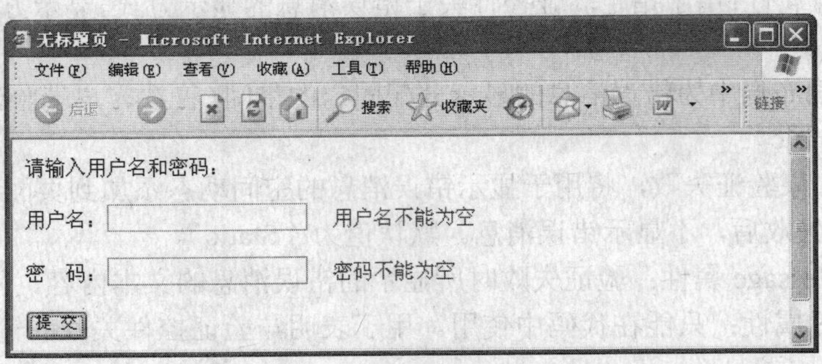

图 3-21   RequiredFieldValidator 控件应用示例

● 进入代码页，在按钮的单击事件过程中写入如下代码：

```
protected void btnOk_Click(object sender, EventArgs e)
{
    if (txtUserName.Text == "user1" && txtPassword.Text == "123")
            lblResult.Text="输入信息有效，欢迎进入!";
    else
    {
            lblResult.Text="用户名或密码错误! 请重新输入";
            txtUserName.Text = "";
    txtPassword.Text = "";
    }
}
```

● 按 Ctrl+F5 键运行，检验运行结果。

说明：用户名和密码原则上应当保存在数据库中，检验正确性时应从数据库中提取信息。由于相关知识后续章节才能涉及，所以在代码中用户名和密码分别暂时指定为"user1"和"123"。

3.3.2   CompareValidator 控件

当需要将用户输入的数据与另一方进行比较时，需要用到 CompareValidator 控件。例如，密码与确认密码之间的比较问题。

1．功能

该验证控件主要用于将用户输入的值与输入到其他输入控件的值或常数值进行比较，用以检查用户输入的数据是否满足指定条件。

2．基本语法

<asp:CompareValidator ID=" CompareValidator1" runat="server"
ControlToValidate="被验证的控件 ID"
ControlToCompare="用于比较的控件 ID"
ValueToCompare="用于比较的值"

ErrorMessage="未通过验证时显示的错误消息"

Type="String | Integer | Double | Date | Currency"

Operator="Equal | NotEqual |GreaterThan | GreaterTanEqual | LessThan | LessThanEqual | DataTypeCheck"

Display="Static | Dymatic | None">

</asp: CompareValidator>

其中：ControlToValidate 指明被验证的控件 ID；ControlToCompare 指明被用于比较的控件 ID；ValueToCompare 指明被用于比较的常数值；Type 指明用于比较的数据类型；Operator 指明 7 种比较关系或方式。具体含义见下表：

表 3-4　Operator 属性的取值及其含义

Operator 属性取值	含　　义
Equal	ControlToValidate 等于 ControlToCompare
NotEqual	ControlToValidate 不等于 ControlToCompare
GreaterThan	ControlToValidate >ControlToCompare
GreaterThanEqual	ControlToValidate >=ControlToCompare
LessThan	ControlToValidate <ControlToCompare
LessThanEqual	ControlToValidate <=ControlToCompare
DataTypeCheck	仅比较 ControlToValidate 指定的控件的数据类型与 Type 属性所指明的数据类型是否一致，此时无需指定 ControlToCompare 属性或者 ValueToCompare 属性

3．使用方法

（1）对于需要进行验证的控件，在需要显示验证错误消息的位置，添加 CompareValidator 控件。

（2）设置该 CompareValidator 控件的属性：将其 ControlToValidate 属性设置为被验证的控件的 ID，ControlToCompare 属性设置为作为比较参照的控件 ID（或者 ValueToCompare 属性设置为用于比较的常数值），Type 属性设置为比较的数据类型，Operator 属性设置为相应的比较关系，ErrorMessage 属性设置为没有通过验证时显示的错误消息。

例 3.19　验证"确认密码"输入和"密码"输入是否一致（相等）。

● 新建一个名为 3-19 的 ASP.NET 网站。

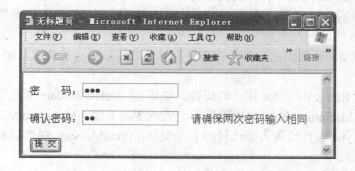

图 3-22　CompareValidator 控件应用示例

● 按图 3-22 布局：设置 Textbox1 的 ID 为 txtPassword，其 TextMode 属性为"password"，Textbox2 的 ID 为 txtRePassword，其 TextMode 属性为"password"。设置 Button1 的 ID 为 btnOk，其 Text 属性设置为"提交"

● 设置 CompareValidator1 的 ID 为 rePasswordValidator，其 ControlToValidate 属性设置为 txtRePassword，ControlToCompare 属性设置为 txtPassword，Type 属性设置为 string，Operator 属性设置为 Equal，其 ErrorMessage 属性设置为"请确保两次密码输入相同"。

● 进入代码页，在按钮的单击事件过程中写入如下代码：

```
protected void btnOk_Click(object sender, EventArgs e)
{
            Response.Write("通过验证!");
}
```

● 按 Ctrl+F5 键运行，检验运行结果。

3.3.3 RangeValidator 控件

实际应用中，往往需要用户输入的值介于一个规定的下限和上限之间，RangeValidator 控件可以很好地解决这样的验证问题。

1．功能

该验证控件检查用户的输入是否在指定的范围之内。通常范围可以是一个数字对、字母对或者日期对。

2．基本语法

```
<asp: RangeValidator ID="RangeValidator1" runat="server"
ControlToValidate="需要验证的控件 ID"
MinimumValue="最小值"
MaximumValue="最大值"
Type="String | Integer | Double | Date | Currency"
ErrorMessage="未通过验证时显示的错误消息"
Display="Static | Dynamic | None">
</asp: RangeValidator>
```

其中：ControlToValidate 指明被验证的控件 ID；MinimumValue 指明有效范围的最小值；MaximumValue 指明有效范围的最大值；Type 用于指明要比较的值的数据类型。

3．使用方法

（1）对于需要验证范围的控件，在需要显示验证错误消息的位置，添加 RangeValidator 控件。

（2）设置该 RangeValidator 控件的属性：将其 ControlToValidate 属性设置为需要进行验证的控件的 ID，MinimumValue 属性设置为有效范围的下限，MaximumValue 属性设置为有效范围的上限，Type 属性设置为要比较的数据类型，ErrorMessage 属性设置为没有通过验证时显示的错误消息。

例 3.20   验证用户输入的年龄值是否介于 18（包含 18）至 60（包含 60）之间。

● 新建一个名为 3-20 的 ASP.NET 网站。

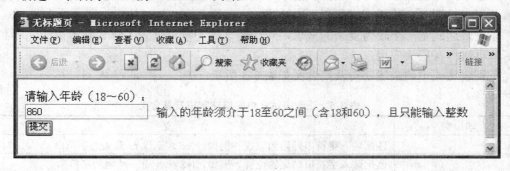

图 3-23 RangeValidator 验证控件应用示例

● 按图 3-23 布局：设置 Textbox1 的 ID 为 txtAge，设置 Button1 的 ID 为 btnOk，其 Text 属性设置为"提交"，在按钮下面添加一个 Label 控件，用于显示年龄是否输入有效，其 ID 设为 lblDisplay，其 Text 属性设置为空。

● 设置 RangeValidator1 的 ID 为 ageValidator，其 ControlToValidate 属性设置为 txtAge，其 ErrorMessage 属性设置为"输入的年龄须介于 18 至 60 之间（含 18 和 60），且只能输入整数"，其 MinimumValue 属性设置为 18，其 MaximumValue 属性设置为 60，其 Type 属性设置为 Integer。

● 进入代码页，在按钮的单击事件过程中写入如下代码：

```
protected void btnOk_Click(object sender, EventArgs e)
{
    if (ageValidator.IsValid)
        lblDisplay.Text="输入值有效!";
}
```

● 按 Ctrl+F5 键运行程序，检验运行结果。

3.3.4 RegularExpressionValidator 控件

实际应用中，往往需要用户输入的内容符合一定的格式，例如，电子邮件地址中必须含有@，邮政编码必须为 6 位数字等。这种更为细致的输入格式验证可以借助于 RegularExpressionValidator 控件完成。

1. 功能

该验证控件验证相关输入控件的值是否与指定的输入模式相匹配，输入模式由 RegularExpressionValidator 控件的正则表达式（ValidationExpression）来指定。

2. 基本语法

```
<asp: RegularExpressionValidator ID=" RegularExpressionValidator 1" runat="server"
ControlToValidate="需要验证的控件 ID"
ValidationExpression="描述验证规则的正则表达式"
ErrorMessage="未通过验证时显示的错误消息"
Display="Static | Dynamic | None">
</asp: RegularExpressionValidator >
```

对于 RegularExpressionValidator 控件，ValidationExpression 属性是其最重要的一个属性，该属性用于设置确定验证模式的正则表达式。

正则表达式是一个较为复杂的概念，对于初学的同学可以先了解其基本用法，等到巩固之后，再进行深层次应用。

正则表达式中的描述字符及其含义如表 3-5 所示。

表 3-5　正则表达式中的描述字符及其含义

字　符	含　义
^	匹配输入字符串开始的位置。例如，^re 表示以 re 开头的字符串
$	匹配输入字符串结尾的位置。例如，ly$表示以 ly 结尾的字符串
*	匹配前面的子表达式零次、一次或多次。例如，"tre*"可以匹配"tr"、"tre"、"tree"等。 相当于{0,}
+	匹配前面的子表达式一次或多次。例如，"tre+"可以匹配"tre"、"tree"、"treee"，但不匹配"tr"。相当于{1,}
?	匹配前面一个字符零次或一次。例如，"abc?"可以匹配"ab"或者"abc"。相当于{0,1}
.	匹配除换行符"\n"之外的任何字符
（模式表达式）	与( )中指定的模式子表达式匹配。若要匹配括号字符 ( )，请使用"\("或者"\)"
x|y	匹配 x 或 y。例如 "z|food" 可匹配 "z" 或 "food"。"(z|f)ood" 匹配 "zood" 或 "food"
{n}	n 为非负的整数。匹配前面的字符恰好 n 次。例如，"e{3}"，匹配"eee"
{n,}	n 为非负的整数。匹配前面的字符至少 n 次。例如，"e{3,}"，与"eee"、"eeee"、"eeeee"等匹配，但与"e"、"ee"不匹配。注意，"e{1,}"等价于"e+"。"e{0,}"等价于"e*"
{n,m}	m 和 n 为非负的整数，n≤m。匹配前面的字符至少 n 次，至多 m 次。例如，"e{1,3}" 匹配 "e"、"ee"、"eee"
[xyz]	一个字符集。匹配方括号中字符集的任一字符。例如，"[abc]" 匹配"a"或者"b"或者"c"
[^xyz]	反向字符集。匹配不在此括号中的任一字符。例如，"[^abc]" 可以匹配除"a"、"b"、"c"之外的任一字符
[a-z]	匹配指定范围之内的任一字符。例如，"[a-z]"匹配"a"与"z"之间的任何一个小写字母
[^a-z]	反向范围字符。匹配不在指定的范围内的任一字符。例如，"[^E-P]"表示与不在"E"到"P"之间的任一字符匹配
\b	与单词的边界匹配，即匹配单词的开头或结尾。例如，"\ba\w\w\b" 匹配以字母"a"开头包含三个字符的任意单词
\B	与非单词边界匹配。例如，"\w\Boo\B\w "匹配有四个字母数字下划线构成，且中间两个字符为"oo"的所有单词
\d	与任一数字字符匹配，等价于[0-9]
\D	与任一非数字字符匹配，等价于[^0-9]
\f	与换页符匹配
\n	与换行符匹配
\r	与回车符匹配

续表

字　符	含　义
\s	与任一空白字符匹配，包括空格、制表符、分页符等，等价于"[\f\n\r\t\v]"
\S	与任一非空白的字符匹配，等价于"[^ \f\n\r\t\v]"
\t	与制表符匹配
\v	与垂直制表符匹配
\w	与任一单词字符匹配，包括下划线。等价于"[A-Za-z0-9_]"
\W	与任一非单词字符匹配，等价于"[^A-Za-z0-9_]"

　　例如，"[0-9]{6}"或者"\d{6}"，可以对邮政编码进行验证（要求包含六位数字）；".+@ .+"可以验证邮箱地址中是否包含"@"；"^[a-zA-Z0-9_]{6,15}$"，可以对用户名必须为 6 至 15 位的字母数字下划线的情况进行验证；"\d{18}|\d{15}"可用于验证身份证是否为 15 位数字或者 18 位数字。对于某些 18 位身份证号末尾是英文字母 x 的情况，可以写成如下表达式：(\d{17}[\dx])|\d{15}。

　　3．使用方法

　　（1）对于需要验证范围的控件，在需要显示验证错误消息的位置，添加 RegularExpressionValidator 控件。

　　（2）设置该 RegularExpressionValidator 控件的属性：将其 ControlToValidate 属性设置为需要进行验证的控件的 ID，ValidationExpression 属性设置为所需要的正则表达式，ErrorMessage 属性设置为没有通过验证时显示的错误消息。

　　例 3.21　验证用户输入的是否是有效的身份证号码（要求 15 至 18 位数字），运行效果如图 3-24 所示。

图 3-24　RegularExpressionValidator 验证控件应用示例

● 新建一个名为 3-21 的 ASP.NET 网站。

● 设置 Textbox1 的 ID 为 txtID，设置 Button1 的 ID 为 btnOk，其 Text 属性设置为"提交"。

● 设置 RegularExpressionValidator1 的 ID 为 idValidator，其 ControlToValidate 属性设置为 txtID，其 ErrorMessage 属性设置为"无效身份证号码"，其 ValidationExpression 属性设置为 "\d{18}|\d{15}"。

● 进入代码页，在按钮的单击事件过程中写入如下代码：

```
protected void btnOk_Click(object sender, EventArgs e)
    {
```

```
        if (idValidator.IsValid)
            Response.Write("通过验证!");
    }
```

● 按 Ctrl+F5 键运行程序，检验运行结果。

3.3.5　CustomValidator 控件

如果使用前述控件仍然无法满足用户的验证要求，可以使用 CustomValidator 控件进行验证。CustomValidator 控件通过自定义验证函数对输入控件执行用户定义的验证。

1．功能

该验证控件使用用户自己编写的验证函数对用户输入进行验证。

2．基本语法

<asp: CustomValidator ID=" CustomValidator1" runat="server"

ControlToValidate="需要验证的控件 ID"

OnServerValidate="验证函数名"

ErrorMessage="未通过验证时显示的错误消息"

Display="Static | Dynamic | None">

</asp: CustomValidator >

其中：ControlToValidate 指明被验证的控件 ID；OnServerValidate 触发用于服务器端验证的事件函数，其一般默认函数格式为：

void CustomValidtor1_ServerValidate(object source, ServerValidateEventArgs args)

{

　　函数体

}

触发该验证事件函数时，需要验证的控件 ID 被作为实际参数传递到该事件处理程序的 ServerValidateEventArgs 对象，也即 args 中。通过 args 对象的 Value 属性可以访问要验证的输入控件中的字符串，判断 args 对象的 IsValid 属性可以判断验证是否通过。当被调用的验证程序返回 true 时表示验证成功，返回 false 则表示验证失败。

3．使用方法

（1）对于需要验证范围的控件，在需要显示验证错误消息的位置，添加 CustomValidator 控件。

（2）设置该 CustomValidator 控件的属性：将其 ControlToValidate 属性设置为需要进行验证的控件的 ID，OnServerValidate 属性设置为验证函数名（如设置为"CustomValidator1_ServerValidate"），ErrorMessage 属性设置为没有通过验证时显示的错误消息。

例 3.22　使用自定义验证控件 CustomValidator 验证用户输入的数值是否为偶数，效果如图 3-25 所示。

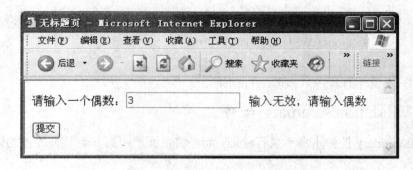

图 3-25 CustomValidator 验证控件应用示例

● 新建一个名为 3-22 的 ASP.NET 网站。

● 设置 Label1 的 ID 为 lblEven，Text 属性为"请输入一个偶数"，设置 Textbox1 的 ID 为 txtEven，设置 Button1 的 ID 为"btnOk"，其 Text 属性设置为"提交"。

● 设置 CustomValidator1 的 ID 为 evenValidator，其 ControlToValidate 属性设置为 "txtEven"，其 ErrorMessage 属性设置为"输入无效，请输入偶数"，其事件属性 ServerValidate （即 OnServerValidate 属性）设置为 evenValidator_ServerValidate。

● 进入代码页，在自定义验证函数 evenValidator_ServerValidate( )中写入如下代码：

```csharp
protected void evenValidator_ServerValidate(object source,
ServerValidateEventArgs args)
    {
        try
        {
            int num = Int32.Parse(args.Value);     //将文本框输入的内容转换成整型
                if (num % 2 = = 0)          //输入是否为偶数
                {
                    args.IsValid = true;        //验证通过
                    return;
                }
                else
                args.IsValid = false;        //验证未通过
            }
        catch (Exception e)            //出错异常处理
            {
                evenValidator.ErrorMessage = e.Message;
                args.IsValid = false;
            }
        }
```

在按钮的单击事件过程中写入如下代码：

```csharp
protected void btnOk_Click(object sender, EventArgs e)
```

```
        {
            if (evenValidator.IsValid)
                Response.Write("通过验证!");

        }
```

● 按 Ctrl+F5 键运行程序，检验运行结果。

3.3.6　ValidationSummary 控件

ValidationSummary 控件本身不执行验证，而是将页面上所有其他验证控件的错误信息显示出来。

1．功能

该验证控件收集当前页面的所有验证错误信息，并将它们汇总后显示出来。

2．基本语法

```
<asp: ValidationSummary ID="ValidationSummary1" runat="server"
HeaderText="错误汇总摘要上方的标题"
ShowMessageBox="True | False"
ShowSummary="True | False"
Display="List | BulletList | SingleParagraph">
</asp: ValidationSummary>
```

其中：HeaderText 用于设置显示在摘要上方的标题文本。ShowMessageBox 用于指示是否在一个消息对话框中显示验证摘要。ShowSummary 用于指示是否在页面相应位置显示验证摘要。Display 用于设置验证摘要的显示模式，共有三种：List 模式，以普通列表方式显示错误信息摘要；BulletList 模式（默认模式），以项目符号列表方式显示错误信息摘要；SingleParagraph 模式，以单个段落形式显示错误信息摘要。

3．使用方法

（1）在需要显示验证错误消息摘要汇总的位置，添加 ValidationSummary 控件。

（2）设置该 ValidationSummary 控件的属性：设置其 HeaderText 属性为错误信息摘要上方的标题文本，若需要以消息框的形式显示错误信息摘要，设置 ShowMessageBox 属性为 True，若只需要在页面相应位置上显示错误信息摘要，则设置 ShowSummary 属性为 True。根据摘要信息的显示方式的需要设置 Display 属性。

3.4　本章小结

本章主要介绍了 ASP.NET 的常用控件，包括 Web 服务器控件、HTML 服务器控件以及验证控件等。所有的服务器控件均在标记上包含 runat="server" 属性。各种服务器控件拥有属于自己的外观、属性、方法和事件等，其中，Web 服务器控件是 ASP.NET 推荐使用的控件。通过了解和掌握各种服务器控件的属性、方法等特征及其正确使用方式，可以很方便地设计出满足用户需求的 Web 应用程序。

3.5　本章实验

3.5.1　利用 Web 控件编写一个简易的计算器

【实验目的】

学会使用 Web 控件创建 Web 窗体的基本步骤。

学会利用 C#语言编写事件函数代码。

【实验内容和要求】

利用 TextBox 控件、DropDownList 控件和 Button 控件创建一个简易计算器，要求输入两个操作数后，单击"="按钮后能够进行基本的加减乘除运算。

【实验步骤】

（1）启动 Visual Studio 2008。

（2）新建一个名为 Calculator 的网站。

（3）在设计页进行如图 3-26 所示布局并设置相应的控件属性如表 3-26 所示。

（4）在代码页的按钮单击事件函数 btnEqual_Click 和在下拉列表框选择变更事件函数 drpOperator_SelectedIndexChanged 中添加代码。

（5）按 Ctrl+F5 键运行程序，测试结果。

图 3-26　简易计算器效果图

表 3-6　简易计算器中各控件的属性及其作用

控件	控件 ID	属性	作用
第一个 TextBox	txtOperand1		第一个运算数
第二个 TextBox	txtOperand2		第二个运算数
第三个 TextBox	txtResult	ReadOnly 为 True	运算结果
DropDownList	drpOperator	AutoPostBack 为 True Items 中添加+、-、×、÷四项	运算符选取
Button	btnEqual	Text 属性为"="	等于按钮

代码如下：

```
protected void btnEqual_Click(object sender, EventArgs e)
```

```
        {
            if (txtOperand1.Text != "" && txtOperand2.Text != "")
            {
                int op1 = Convert.ToInt32(txtOperand1.Text);
                int op2 = Convert.ToInt32(txtOperand2.Text);
                double result = 0;
                switch (drpOperator.SelectedIndex)
                {
                    case 0:
                        result = op1 + op2;
                        break;
                    case 1:
                        result = op1-op2;
                        break;
                    case 2:
                        result = op1 * op2;
                        break;
                    case 3:
                        if (op2 != 0)
                            result =(double)op1 / op2;
                        break;
                }
                if(op2==0 && drpOperator.SelectedIndex==3)
                    txtResult.Text="除零错!";
                else
                    txtResult.Text = result.ToString();
            }
        }


    protected void drpOperator_SelectedIndexChanged(object sender, EventArgs e)
    {
        txtResult.Text = "";
    }
```

3.5.2 验证控件的应用

【实验目的】

理解验证控件的作用。

学会利用验证控件验证数据的有效性。

【实验内容和要求】

利用 TextBox 控件、Button 控件和验证控件（包括 RequiredFieldValidator 控件、Compare-

Validator 控件、RegularExpressionValidator 控件以及 ValidatorSummary 控件）创建一个如图 3-27 所示的新用户注册界面，要求包含用户名、密码、确认密码和备用邮箱，四者均不可为空且确认密码必须与密码相同，备用邮箱必须符合邮箱的格式。

【实验步骤】

（1）启动 Visual Studio 2008。

（2）新建一个名为 Register 的网站。

（3）在设计页进行如图 3-27 所示布局并设置相应的验证控件属性如表 3-7 所示（确认密码和备用邮箱后面均有两个验证控件）。

（4）按 Ctrl+F5 键运行程序，测试结果。

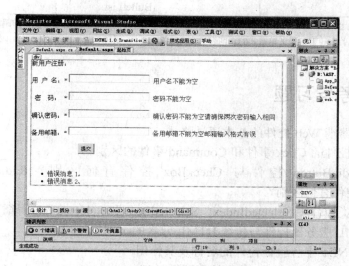

图 3-27　"新用户注册"布局

表 3-7　"新用户注册"中各验证控件的属性设置

验证控件	ID	ControltoValidate 属性	ErrorMessage 属性	其他属性	作用
RequiredFieldValidator1	userNameValidator	txtUserName	用户名不能为空	Display 属性为 Static	确保输入用户名
RequiredFieldValidator2	passwordValidator	txtPassword	密码不能为空	Display 属性为 Static	确保输入密码
RequiredFieldValidator3	rePasswordRequiredValidator	txtRePassword	确认密码不能为空	Display 属性为 Dynamic	确保输入确认密码
RequiredFieldValidator4	mailBoxRequiredValidator	txtMailBox	备用邮箱不能为空	Display 属性为 Dynamic	确保输入备用邮箱
CompareValidator	rePasswordCompareValidator	txtRePassword	请确保两次密码输入相同	Operator 属性值为 Equal，Type 属性值为 String，Controlto Co-mpare 属性值为 txt-Password	确保两次密码输入相同

续表

验证控件	ID	ControltoValidate 属性	ErrorMessage 属性	其他属性	作用
RegularExpression-Validator	mailBoxRegularVa-lidator	txtMailBox	邮箱格式输入有误	ValidationExpression 属性的值为 [A-Za-z0-9_\-\.]{1,}@[A-Za-z0-9_\-\.]{1,}\.[A-Za-z]{2,}	确保输入一个正确的邮箱格式
ValidationSummary	sumValidator		DisplayMode 的属性值为 BulletList		汇总页面所有验证控件的错误信息

注：四个文本控件的 ID 属性分别为 txtUserName、txtPassword、txtRePassword 和 txtMailBox，密码和确认密码的 TextMode 属性为 Password。另外，关于约束备用邮箱格式的正则表达式 "[A-Za-z0-9_\-\.]{1,}@[A-Za-z0-9_\-\.]{1,}\.[A-Za-z]{2,}" 的含义请自行分析。

3.6　思考与习题

1．简述服务器端 Web 控件的基本语法格式。

2．简述按钮控件的 Click 事件和 Command 事件的区别。

3．简述 RadioButton 控件与 CheckBox 控件有何区别？RadioButton 控件与 RadioButtonList 控件有何区别？

4．简述列表类控件中 SelectedIndex、SelectedItem 和 SelectedValue 属性的含义。

5．简述 HTML 服务器控件与传统 HTML 元素的区别。

6．简述 ASP.NET 中各验证控件的名称及其作用。

7．创建一个 Web 应用程序，其上放置两个按钮 Button1 和 Button2，初始状态为 Button1 可用，Button2 不可用。单击 Button1 后，Button1 不可用，Button2 可用，单击 Button2 后，Button2 不可用，Button1 可用。

8．创建一个 Web 应用程序，其上放置三个文本框，每一个文本框前带有静态文本标识，分别为"第一个数"、"第二个数"、"第三个数"，页面上设置两个按钮，其上的文字分别为"最大值"、"最小值"，单击按钮分别求出三个数中的最大数或最小数。用一个标签控件显示结果。

9．创建一个 Web 应用程序，显示"请选择专业："，其后为一个 DropDownList 控件，内容包括"计算机应用技术"、"通信技术"、"物流管理"三项内容。下拉列表框下放置一个相关课程的 ListBox 控件，当选择"计算机应用技术"专业时，ListBox 控件中显示："数据结构"、"数据库原理与应用"、"网络操作系统"三门课程；当选择"通信技术"专业时，ListBox 中显示："电子测量技术"、"数字通信原理"、"通信网络"三门课程；当选择"物流管理"专业时，ListBox 中显示："商品学概论"、"采购与仓储管理"、"供应链管理"三门课程。

10．创建一个 Web 应用程序，使用代码向 ListBox 控件中添加"实例 1"、"实例 2"……"实例 10"十个项目，选中第 n 项，单击 ListBox 控件下方的 Button 控件（"确定"），会在下方的 Label 控件中显示"您选中了实例 n"。

11．创建一个 Web 应用程序，放置一个 Label 控件，内容为"文本颜色的变化"，其下放置三个单选按钮（分别使用 RadioButton 和 RadioButtonList 两种控件实现），内容分别为"红色"、"蓝色"、"绿色"，单击相应单选按钮，对应的 Label 控件的文字颜色发生相应变化（颜色使用 System.Drawing 命名空间中 Color 结构的颜色属性表示，如红色用 System.Drawing.-Color.Red 表示）。

12．创建一个 Web 应用程序，显示"请选择您的爱好："，放置几个复选框（分别使用 CheckBox 和 CheckBoxList 两种控件实现），内容分别为"美食"、"旅游"、"摄影"、"音乐"、"读书"、"游戏"、"运动"。设置一个"提交"按钮。单击按钮后，在一个 Label 控件中显示："您的爱好为……"。

13．验证控件练习：设计一个 Web 页面，输入用户名和密码，要求用户名和密码不得为空，密码不得少于 8 位，且只能是字母、数字、下划线。

14．验证控件练习：对习题 2 加以改造。在习题 2 的每一个文本框后面各加一个 RegularExpressionValidator 控件，保证每一个文本框中输入的是数值型数据（整数或小数），如果输入有误，相应的错误提示信息为"请输入数值型数据"。

15．仿照本章实验二创建一个网站，除去实验中涉及的控件布局外，在"确认密码"下面再添加"密码提示问题"和"密码提示答案"两项，其中，"密码提示问题"后面跟一个下拉列表框，里面的内容自定，"密码提示答案"后面跟一个文本框，要求其中必须输入相关内容。

第四章　ASP.NET 常用内置对象

【学习目标】

了解 Response、Request、Application 等 ASP.NET 常用数据对象的方法和属性。

掌握 Response 对象页面导向和文件写入技术。

掌握 Request 对象页面传值并调用 Request 对象的各种属性。

掌握 Application 对象实现网上在线人数统计。

掌握 Session 对象在页与页之间实现传值功能。

掌握 Server 对象的属性和方法的使用。

掌握对 Cookie 对象的值加密及其属性的一些应用。

了解 Web.config 配置文件工作方式以及其主要元素。

了解 Global.asax 文件的使用。

4.1　Response 对象

Response 对象可形象地称为响应对象。该对象派生自 HTTPResponse 类。Response 对象用于向客户端浏览器发送数据。它提供标识服务器和性能的 HTTP 变量、发送给浏览器的信息和在 Cookie 中存储的信息。本节具体介绍该对象的常用属性和方法及在实际开发中的典型应用。

4.1.1　Response 对象的属性和方法

利用 Response 对象的相关属性和方法可以在 Page 页面上创建图像、转到网址、创建 Cookie 等，它的常用属性和方法如表 4-1 所示。

表 4-1　Response 对象的常用属性和方法

名　　称	说　　明
AppendCookie 方法	将一个 HTTPCookie 添加到内部 Cookie 集合
AppendHeader 方法	将 HTTP 头添加到输出流
BinaryWrite 方法	将二进制字字符串写入输出流
Clear 方法	清除缓冲区的所有内容输出
Close 方法	关闭客户端的联机
End 方法	将当前所有缓冲的输出发送到客户端，停止网页的执行并引发 EndRequest 事件
Flush 方法	将缓冲区的数据输出到客户端，前提是 Response.Buffer 设为 True
Redirect 方法	将网页重定向到新的 URL

名　　称	说　　明
SetCookie 方法	更新 Cookie 集合中的一个现有 Cookie
Write 方法	将数据写入 HTTP 响应输出流
WriteFile 方法	将指定的文件直接写入 HTTP 响应输出流
BufferOutput 属性	获取或设置一个值，该值指示是否缓冲输出并在处理完整个页之后发送它
Cache 属性	获取 Web 页的缓存策略（过期时间、保密性、变化子句等）
Charset 属性	设定或获取 Http 的输出字符串编码
Expires 属性	获取或设置在浏览器上缓存的页面过期之前的分钟数
Cookies 属性	获取当前请求的 Cookies 集合
IsClientConnected 属性	传回客户端是否依然和 Server 连接
SuppressContent 属性	设定是否将 Http 内容发送到客户端浏览器，若为 True，则页面将不会传回客户端

下面详细介绍常用的几个属性和方法。

（1）Expires属性：主要用于获取或设置在浏览器上缓存的页面过期之前的分钟数。如果用户在页面过期之前返回该页，则显示缓存版本。

例4.1　下面是一个通过Response对象创建Cookie，并将其添加到页的HTTP输出的代码（详细代码见光盘4-1）。

HttpCookie mycookie = new HttpCookie("visittime");　//声明一个Cookie变量

DateTime now = DateTime.Now；　//声明一个时间变量

mycookie.Value = now.ToString()；　//将时间变量的值赋值给Cookie变量

mycookie.Expires = now.AddHours(1)；　//设置Cookie变量的过期时间为1秒

Response.Cookies.Add(mycookie)；　//添加创建的mycookie变量

运行上面的例子，将会在用户机器的Cookies目录（系统默认是C:\Documents and Settings\用户名\Cookies,）下建立如下内容的文本文件：

Visittime 2009-8-10 14:00:25

（2）IsClientConnected属性：获取一个值，通过该值指示客户端是否仍连接在服务器上。其属性值为True表示客户端当前仍在连接，为False时则表示已经与服务器断开连接。例如，通过IsClientConnected属性来判断客户端是否连接在服务器上，具体代码如下：

protected void Page_Load(object sender, EventArgs e)

{

　　　　if (Response.IsClientConnted)

　　　　　　Response.Redirect("mubiao.asox", false);　//实现页面跳转

else

Response.end();　//停止当前页面的执行

}

（3）Redirect方法：将页面重定向到另一个地址。使用方法为：

Response. Redirect(string url)

其中参数url表示要跳转的网址URL。

（4）Write方法：用来将数据输出到客户端。使用方法为：

Response. Write(string str)。

（5）WriteFile方法：将指定的文件中的内容输出到客户端浏览器。其使用方法为：

Response.WriteFile(string filename)

4.1.2 Response 对象应用

1．向客户端浏览器输出数据

利用Response对象的Write( )方法可以向客户端直接输出信息（可以是字符串文本也可以是HTML文本）。

例4.2 使用Response对象的Write( )方法向客户端直接输出信息（具体代码见光盘4-2）。

主要步骤如下：

（1）打开Visual Studio 2008，建立一个名为4-2.aspx的web文件。

（2）切换到4-2.aspx的源文件窗口，在<body>标签中输入下面的内容：

```
<body>
<%
    if (!IsPostBack)    //判断页面是否第一次加载
        {    //应用脚本语言弹出对话框
            Response.Write("<script>alert('调用Response对象的Write( )方法示例')</script>");
        }
Response.Write("这是一个使用response对象的实例！");    //输出字符串文本
String  table="<table  border=1><tr><td  width=300  bgcolor='#ff22cc'>本次输出的是只含一个单元格的表格</td></tr></table>";
Response.Write(table);    //输出字符串变量中的内容
%>
</body>
```

（3）执行程序，首先弹出如图 4-1 所示的对话框，单击"确定"按钮，页面显示结果如图 4-2 所示。

图 4-1　页面弹出对话框窗口

图 4-2　页面输出信息

2．重定向页面

利用 Response.Redirect()方法可以实现页面重定向，可以转到另外一个网页地址或 URL，如 index.aspx 或者 http://www.sina.com.cn。

例 4.3　重定向到页面实现方法（详细代码见光盘 4-3）。

主要步骤如下：

（1）打开 Visual Studio 2008，建立一个名为 4-3.aspx 的 web 文件。

（2）切换到 4-3.aspx 的源文件窗口，在<body>标签中输入下面的内容：

```
<%
    Response.Redirect("4-2.aspx ");
%>
```

（3）执行程序，显示如图 4-1、图 4-2 所示的 4-2.aspx 执行效果，说明程序直接跳转到了 4-2.aspx 执行。

3．输出文件的内容

Response 对象提供了将指定的文件直接写入 HTTP 内容输出流的 WriteFile()方法，它可以将文件中的文本直接输出到客户端显示。

例 4.4　Response 对象的 WriteFile()方法的使用方法（详细代码见光盘 4-4.aspx），主要步骤如下所示。

（1）打开 Visual Studio 2008，建立一个名为 4-4.aspx 的 Web 文件。

（2）切换到 4-4.aspx 的源文件窗口，在<body>标签中输入下面的内容：

```
<%
    Response.ContentEncoding = System.Text.Encoding.GetEncoding("gb2312");
    String filename= Server.MapPath (".")+ "\\file.txt ";
    Response .WriteFile (filename);
%>
```

（3）在本程序的同一文件夹中新建一个名为file.txt的文本文件，并在其中输入以下内容："我是一个名为File的文本文件。"

（4）执行程序，页面效果如图4-3所示。

图 4-3　WriteFile()使用示例页面效果

在本例中使用Response对象的ContentEncoding（内容编码）属性指定了以GB2312（汉字）为输出内容的编码方案。若没有这一语句，可能会在浏览器中出现中文乱码。

Page对象的MapPath方法指定了输出文件在服务器端的物理路径。"\\file.txt"中需要两个"\"，因为C#语言中一个"\"表示转义符。

4．停止页面的执行

当文件执行的时候，如果遇到了Response.End()方法，就会停止页面的执行，例如：

```
<%
If UserID=" '& UserID&' "or PWD=" '&UserPwd&' " then
{
Response.Write("密码或账号输入错误！ <a herf ='index.aspx'>请重新登录</a>");
Response.Write("<p>如果您还没有注册，请先！ <a herf ='NewUser.aspx'>注册</a></p>");
Response.End();
}
End if
%>
```

如果Response对象的Buffer属性设置为True，那么End方法会立即把缓存中的内容发送到客户端，然后再清除缓存区中的数据。如果不希望把缓存中的数据发送到客户端，那么在使用End方法之前应先使用clear()方法清除缓存中的数据，然后再使用End方法。

4.2　Request 对象

Request 对象又称为请求对象，该对象派生自 HTTPResponse 类。该对象用来获取客户端在请求一个页面或者传送一个 Form 时提供的所有信息，包括能够标识浏览器和用户的 HTTP 变量、存储在客户端 Cookie 信息以及附在 URL 后面的值、查询字符串或页面中<Form>段 HTML 控件内的值、Cookie、客户端证书、查询字符串等。可以使用该对象读取浏览器已经发送的内容。

4.2.1　Request 对象的属性和方法

Request 对象的属性和方法如表 4-2 所示。

表 4-2　Request 对象的属性和方法

名　称	说　明
Application 属性	获取服务器上 ASP.NET 应用程序虚拟应用程序的根目录路径
Browser 属性	获取或设置有关正在请求的客户端浏览器的功能信息
ContentLength 属性	指定客户端发送的内容长度（以字节计）
Cookies 属性	获取客户端发送的 Cookie 集合
FilePath 属性	获取当前请求的虚拟路径
Files 属性	获取采用多部分 MIME 格式的由客户端上载的文件集合
Form 属性	获取窗体变量集合
Item 属性	从 Cookies、Form、Querystring 或 ServerVaiables 集合中获取指定的对象
QueryString 属性	获取 HTTP 查询字符串变量集合
IsLocal 属性	获取一个值，该值指示请求是否来自本地计算机
PhysicalApplicationPath	获取当前正在执行的服务器应用程序根目录的物理文件系统路径
RawUrl 属性	获取有关当前请求的原始 URL
Url 属性	获取有关当前请求的 URL 信息
UserHostAddress 属性	获取远程客户端 IP 主机地址
UserHostName 属性	获取远程客户端 DNS 名称

续表

名　称	说　明
ValidateInput 属性	通过对 Cookies、Form 和 Querystring 属性访问的集合进行验证
BinaryRead 方法	执行对当前输入流进行指定字节数的二进制读取
MapImageCoordinates 方法	将传入图像字段窗体参数映射为适当的 X 坐标值和 Y 坐标值
MapPath 方法	将当前请求的 URL 中的虚拟路径映射到服务器上的物理路径
SaveAs 方法	将 HTTP 请求保存到磁盘

下面介绍 Request 对象的几种常用属性和方法。

（1）Browser 属性：用于获取或设置有关正在请求的客户端浏览器的信息。

例 4.5　Browser 属性使用实例（详细代码见光盘 4-5）。

主要步骤如下：

● 打开 Visual Studio 2008，建立一个名为 4-5.aspx 的 Web 文件。

● 切换到 4-5.aspx 的源文件窗口，在<body>标签中输入下面的内容：

```
<%
    Response.Write("浏览器使用的平台为："+ Request.Browser.Platform + "<br>"+ "浏览
器类型" + Request.Browser.Type +"<br>"+"浏览器版本："+Request.Browser.Version );
%>
```

● 执行程序，页面效果如图4-4所示。

图 4-4　Browser 属性使用实例页面效果

（2）QueryString 属性：获取 HTTP 查询字符串变量集合，用于接收 GET 请求页面传递过来信息。该方法常用格式为：

Request.QueryString["传递的变量名"]

（3）MapPath 方法：将当前请求的 URL 中的虚拟路径映射到服务器上的物理路径。

（4）SaveAs 方法：用于将 HTTP 请求保存到硬盘上，在调试过程中非常有用。该方法常用格式为：

Request. SaveAs["硬盘上的文件路径",true/false]

例如：将客户端的请求保存到本网站虚拟目录下的 temp 文件中，可以使用下面的代码：

Request. SaveAs[Server.MapPath"temp.txt",true/false]

4.2.2 Request 对象的使用

1.使用 QueryString 属性接收页面的传值

QueryString 主要用于收集 HTTP 协议中的查询字符串变量集合，包括 URL 后面的附加信息和页面中 Get 请求的<Form>段内的值。

例如，在页面 1 中创建了一个链接：<a href="http://www.aspcn.com/show.asp?username="111">跳转到 show.aspx</a>，在该链接中传递了 username 的值，则在页面 show.aspx 中获取传递过来的值的具体操作为：

Request.QueryString["username"]

例 4.6 在一个页面中使用了 Get 请求的<Form>段，也可以使用 QueryString 属性获得其控件中的值（详细代码见光盘 4-6 和 4-7）。程序主要开发步骤如下所示：

（1）打开 Visual Studio 2008，建立一个名为 4-6.aspx 的 Web 文件。

（2）切换到 4-6.aspx 的源文件窗口，在<body>标签中输入下面的内容：

```
<form id="form1"    method ="get" action="4-7.aspx">
用户名：<input type="text" name="username" /><p />
密    码：<input type="text" name="pwd" /><p />
<input id="Submit1" type="submit" value="提交" />
</form>
```

（3）新建一个名为 4-7.aspx 的 Web 文件，在<body>标签中输入下面的内容，来接收4-6.aspx 文件传递的数据并显示：

```
<%
        String Name = Request.QueryString["username"];
        String Pwd=Request.QueryString["pwd"];
        Response.Write("欢迎" + Name + "光临!");
%>
```

（4）执行程序，页面效果如图4-5、图4-6所示。

图 4-5 传递数据页面效果

图 4-6 接收数据页面效果

2. 使用 Form 属性接收页面的传值

Form 集合属性与 QueryString 属性类似，但它用于收集<Form>段中使用 Post 方法发送的请求数据（Get 方法一般只能传递 256 字节的数据，而 Post 可以达到 2M）。Post 请求必须由 Form 表单来发送。

例 4.7 使用 Form 属性接收数据的实例（详细代码见光盘中 4-8.aspx、4-9.aspx）。

主要开发步骤如下：

（1）打开 Visual Studio 2008，建立一个名为 4-8.aspx 的 Web 文件。

（2）切换到 4-8.aspx 的源文件窗口，在<body>标签中输入下面的内容：

```
<form id="form1"method ="post" action="4-9.aspx">
    用户名： <input type="text" name="username"/><p/>
    密    码： <input type="password" name="pwd"/><p />
    <input id="Submit1" type="submit" value="提交" />
</form>
```

（3）新建文件 4-9.aspx，在该页面中不能使用 QueryString 属性获取值，只能使用 Form 属性，因此在<body>标签用输入以下语句来接收数据：

```
<%
        String Name = Request.Form["username"];
        String Pwd=Request.Form["pwd"];
        Response.Write("欢迎" + Name + "光临!");
%>
```

3. 获取客户端信息

Request 对象可以获得用户浏览器端的相关信息，如客户端浏览器版本、客户端的地址、计算机的 DNS 等信息。

例 4.8 Request 对象使用方法（详细代码见光盘 4-10）。

程序主要开发步骤如下：

（1）启动 Visual Studio 2008，建立一个名为 4-10 的网站，默认页面为 Default.aspx。

（2）拖动一标签控件到 Default.aspx 文件的 Web 页面中，并设置其 ID 属性为 Label1。

（3）切换到 Default.aspx.cs 文件，在 Page_Load 事件中输入下面的内容：

```
<%String info="浏览器使用的平台："+Request.Browser.Platform+"<br>";
info=info+"客户端主机名称："+Request.UserHostName+"<br>";
info=info+"客户端主机 IP："+Request.UserHostAddress+"<br>";
info=info+"指定页面路径："+Request.MapPath("Default.Aspx") +"<br>";
info=info +"原始 URL："+Request.RawUrl+"<br>";
info=info +"当前请求的 URL："+Request.Url+"<br>";
info=info +"+客户端 HTTP 传输数据方法："+Request.HttpMethod+"<br>";
info=info +"原始用户代理信息："+Request.UserAgent;
Labell.Text= info;
%>
```

（4）执行代码，运行结果如图 4-7 所示。

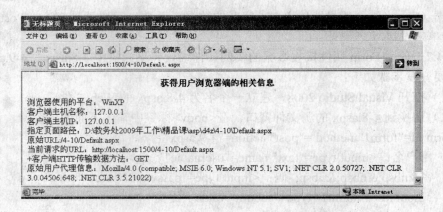

图 4-7　使用 Request 对象的属性获得客户端信息

4.3　Application 对象

Application 对象可称为记录应用程序参数的对象。它是 HttpApplicationState 类的一个实例。利用 Application 特性，可以创建聊天室和网页计数器等常用的网页应用程序。

4.3.1　Application 对象概述

Application 对象可以生成一个所有 Web 应用程序都可以存取的变量，这个变量的使用范围涵盖全部使用者，只要正在使用这个网页的程序都可以存取这个变量。每个 Application 对象变量都是 Application 对象集合中的对象之一，由 Application 对象统一管理，为 Application 变量赋值方法如下：

Application["变量名"]="变量内容";

Application 对象有如下特点：

（1）数据可以在 Application 对象内部共享，即一个 Application 对象可以覆盖多个用户。

（2）Application 对象包含事件，可以触发某些 Application 对象脚本。

（3）一个对象的实例可以在整个 Application 共享，每个 Application 对象可以用 Internet Server Manager 设置来获得不同属性。

（4）单独的 Application 对象可以隔离出来在自己的内存中运行，这就是说，一个单独的 Application 对象遭到破坏不会影响其他程序。

（5）停止一个 Application 对象（将其所有组件从内存中驱除）不会影响到其他应用程序。它的生命周期中止于关闭 IIS 或使用 Clear 方法清除。

因此一个网站中可以不止一个 Application 对象。通常情况下，可以针对个别任务的一些文件创建个别的 Application 对象。例如：可以创建一个 Application 对象适用全部公共用户，创建另外一个只适用于网络管理员的 Application 对象。

4.3.2　Application 对象的属性和方法

Application 对象常用属性和方法如表 4-3 所示。

表 4-3 Application 对象的属性和方法

名 称	说 明
AllKeys 属性	返回全部 Application 对象变量名到一个字符串数组中
Count 属性	获取 Application 对象变量的数量
Item 属性	允许使用索引或 Application 变量名称传回内容值
Add 方法	新增一个 Application 对象变量
Clear 方法	清除全部 Application 对象变量
Get 方法	通过名称或索引获取 HttpApplicationState 对象
GetKey 方法	通过索引获取 HttpApplicationState 对象名
Lock 方法	锁定全部 Application 对象变量
Remove 方法	使用变量名称移除一个 Application 对象变量
RemoveAll 方法	移除全部 Application 对象变量
Set 方法	使用变量名称更新一个 Application 对象变量的内容
UnLock 方法	解除锁定的 Application 对象变量

下面介绍 Applicationt 对象的几个常用属性和方法。

（1）Count 属性：获取 Application 对象变量的数量。

例 4.9 利用 Count 属性获取 Application 对象变量的应用实例（详细代码见光盘 4-11）。

主要步骤如下：

● 启动 Visual Studio 2008，新建一个名为 4-11.aspx 的 Web 文件。

● 切换到 4-11.aspx 文件的源代码视图，在<html>标签之前输入下面的内容：

```
<script runat="server">
protected void Page_Load(object sender, EventArgs e)
{
        Application["app1"] = "app1";
        Application["app2"] = "app2";
        Application["app3"] = "app3";
        Response.Write("Application对象数量为：" + Application.Count.ToString() + "个，分
别为：<br>" + Application["app1"] + ", " + Application["app2"] + "和" + Application["app3"]);
}
</script>
```

● 运行程序，效果如图 4-8 所示。

图 4-8 例 4.9 页面运行效果

（2）Add方法：将新变量添加到 Application 集合中。例如：下面的代码将变量名为app1和app2的应用程序添加到Application集合中。

Application.Add（"app1"，"app1变量内容"）；

Application.Add（"app2"，"app2变量内容"）；

（3）Lock方法：用来锁定全部的 Application 变量，阻止其他客户修改存储在Application对象中的变量，以确保在同一时刻仅有一个客户可以修改和存取Application变量。例如统计在线人数时，就应该先对Application变量加锁，来防止多个用户同时修改变量值。常用格式为：

Application.Lock();

（4）Unlock方法：可以使其他客户端在使用 Lock 方法锁住 Application 对象后，修改存储在该对象中的变量。如果用户没有明确用 Unlock 方法，则服务器将在页面文件结束或超出时即可解除对 Application 对象的锁定。常用格式为：

Application.UnLock();

（5）Remove方法：用来将指定的变量从 Application 集合中移除，例如下面的代码将变量名为app1、app2的应用程序变量从 Application 集合中移除。

Application.Remove（"app1"）；

Application.Remove（"app2"）；

4.3.3 Application 对象的使用

1．Application 对象的使用

例 4.10 Application 对象的使用方法（详细代码见光盘 4-12）。

主要步骤如下：

（1）启动 Visual Studio 2008，新建一个名为 4-12.aspx 的 Web 文件。

（2）在 4-12.aspx 页面的 Page_Load 事件中添加如下代码：

```
Protected void Page_Load(object sender,EventArgs e)
{
        Application["app0"] = "Application 变量 1";
        Application.Add("app1", "Application 变量 2");
        Application.Add("app2", 3);
        for (int i = 0; i < Application.Count; i++)
        {
            Response.Write(Application[i] + "          ");
            Response.Write(Application.Get(i) + "          ");
            Response.Write(Application.GetKey(i) + "<br/>");
        }
        Application.Clear();
}
```

（3）执行代码，运行结果如图 4-9 所示。

图 4-9 Application 对象的使用

在本例中首先为应用程序变量 app0 设置一个值，然后利用 Application 对象方法添加了两个 Application 对象并赋予初值，接下来使用 Application 对象的 Count 属性获得 Application 对象的总数，其次通过循环操作该对象，Application 对象的 Get 方法可以通过 Application 对象索引和名称获得该对象的值，而 GetKey 方法只能通过该对象的索引获得其名称，最后使用 Application 对象的 Clear 方法清除 Application 对象集合。

2．在线人数统计

Application 对象最常用的应用就是统计在线人数时，首先对 Application 对象加锁，以防止因为多个用户同时访问页面而造成并行，然后修改 Application 变量的值，最后解锁。

例 4-11 统计在线人数的实例（详细代码见光盘 4-13）。

主要步骤如下：

（1）启动 Visual Studio 2008，新建一个名为 4-13 的网站，默认主页为 Default.aspx。

（2）在默认主页中添加 Label、TextBox、Button 标准控件。

（3）在网站中添加一个全局程序集文件 Global.asax，然后在该文件的 Application_Start 事件下将在线人数初始化为 0，代码如下：

```
void Application_Start(object sender, EventArgs e)
{       // 在应用程序启动时运行的代码
        Application["count"] = 0;
}
```

（4）当新的 Session 对象建立时，说明有新用户访问页面，这时对 Application 对象加锁，在线人数加 1，当有 1 个 Session 对象消失时，说明有用户退出该页面，同样对 Application 对象加锁，在线人数减 1，因此分别在 Session_Start 和 Session_End 事件中输入以下代码。

```
void Session_Start(object sender, EventArgs e)
{       // 在新会话启动时运行的代码
        Application.Lock();
        Application["count"] = (int)Application["count"]+1;
        Application.UnLock();
}
```

```
void Session_End(object sender, EventArgs e)
{    // 在会话结束时运行的代码
    Application.Lock();
    Application["count"] = (int)Application["count"] - 1;
    Application.UnLock();
}
```

（5）Global.asax 文件设置后，需要在 Default.aspx 页面中显示在线人数，具体代码如下：

```
protected void Page_Load(object sender, EventArgs e)
{
    if (!IsPostBack)
    {
        Label1.Text = Application["count"].ToString()+"人";
        Label2.Text = Server.MachineName.ToLower();
    }
}
```

（6）当单击按钮时，把 TextBox1 中的内容记录下来，然后在 TextBox2 中显示。因此在按钮单击事件中输入以下代码：

```
protected void Button1_Click(object sender, EventArgs e)
{
Application["content"] = TextBox1.Text;
TextBox2.Text= TextBox2.Text+"\n"+Label2.Text +"说: "+Application["content" ].ToString();
}
```

（7）执行代码，结果如图 4-10 所示。

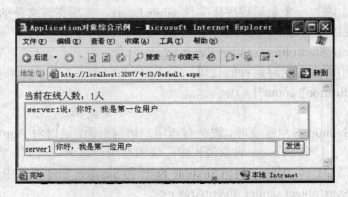

图 4-10   在线人数统计页面运行效果

4.4   Session 对象

Session 对象又称为记录浏览器端的变量对象。Session 对象是 HttpSessionState 类的一个实例，用来存储跨网页程序的变量或者对象。它为当前用户会话提供信息，提供对可用于存储信息会话范围缓存的访问以及控制管理会话的方法。

4.4.1 Session 对象概述

Session 对象简单来说就是服务器给客户端的一个编号。当一台 WWW 服务器运行时，可能有若干个用户正在浏览这台服务器上的网站。当每个用户首次与这台 WWW 服务器建立连接时，他就与这个服务器建立了一个 Session，同时服务器会自动为其分配一个 SessionID，用以标识这个用户的唯一身份。这个唯一的 SessionID 是有很大的实际意义的。当一个用户提交了表单时，浏览器会将用户的 SessionID 自动附加在 HTTP 头信息中，当服务器处理完这个表单后，将结果返回给 SessionID 所对应的用户。

除了 SessionID，Session 对象还存储了客户端的一些特定信息，如：客户端的姓名、性别、所用浏览器的类型以及访问停留时间等。Session 对个人信息的安全性构成了一定的威胁。

Session 对象的功能与 Application 对象类似，都是用来存储跨网页程序的变量或者对象。但 Session 对象和 Application 对象有些特性存在着差异。

首先应用范围不同，Session 是对应某一个用户的；而 Application 对象在应用程序所有用户之间共享。

其次生存期不同。Session 对象中止于联机机器离线时，也就是当网页使用者关闭浏览器或超过设定变量的有效时间时；而 Application 对象中止于 IIS 服务停止时。

4.4.2 Session 对象的属性和方法

Session 对象的属性和方法如表 4-4 所示。

表 4-4　Session 对象的属性和方法

名　称	说　明
Contents 属性	获取对当前会话状态对象的引用
CookieMode 属性	获取一个值，该值指示是否为无 Cookie 会话配置应用程序
Count 属性	获取会话状态集合中的项数
Item 属性	获取或设置会话值
Keys	获取存储在会话状态集合中所有值和键的集合
Mode	获取当前会话状态模式
SessionID	获取会话的唯一标识符
TimeOut 属性	传回或设定 Session 对象变量的有效时间
Abandon 方法	此方法结束当前会话，并清除会话中的所有信息。如果用户随后访问页面，可以为它创建新会话
Add 方法	用于向 Session 对象集合中添加一个新项
Clear 方法	此方法清除全部的 Session 对象变量，但不结束会话
CopyTo 方法	将会话状态值的集合复制到一维数组中
Remove 方法	删除会话状态集合中的项
RemoveAll 方法	从会话状态集合中移除所有的键和值
RemoveAt 方法	删除会话状态集合中指定所有处的项

下面介绍 Session 对象的几个常用属性和方法：

（1）TimeOut 属性：传回或设定 Session 对象变量的有效时间（以分钟为单位），默认值为 20 分钟，TimeOut 的值不能设置为 1 年（525 600 分钟）。当用户使用超过有效时间没有动作，Session 对象就会失效。例如，在 Web.Config 文件中设置 Session 对象的有效时间为 30 分钟，代码如下：<sessionState mode="InProc"　timeout="30">。

（2）Abandon 方法：用于取消当前会话，一旦调用 Abandon 方法，当前会话不再有效，同时会启动新的会话。使用方法为：Session. Abandon()。

（3）Add 方法：用于向 Sesssion 对象集合中添加一个新项，使用方法为：Session.Add (string name,object value)，例如，在 Session 对象集合中添加一个名称为"temp"、值为"temp 文本"的项，使用以下代码：Session.Add ("temp"，"temp 文本")。

（4）CopyTo 方法：将会话状态值的集合复制到一维数组中，使用方法为 Session.CopyTo (Array array,int index)，其中 arrays 指的是存储 Session 会话状态值的数组，index 指数组中从 0 开始的索引，在此处开始复制。

4.4.3　Session 对象的使用

1. 设定 Session 对象变量的生存期

Session 对象的生存期中止于联机机器离线时，也就是当网页使用者关掉浏览器或超过设定 Session 变量的有效时间时，Session 对象就会消失。可以在应用程序的 web.config 文件中，使用 sessionstate 配置元素的 TimeOut 属性来设置 TimeOut 属性，也可以使用程序代码来直接设置 TimeOut 属性值。

例 4.12　TimeOut 属性的使用方法实例（详细代码见光盘 4-14）。

主要步骤如下：

（1）启动 Visual Studio 2008，建立一个名为 4-14 的网站，默认主页为 Default.aspx。

（2）在 Default.aspx 的 Web 窗体中拖放 3 个 Label 控件，一个 Button 控件，其 ID 属性命名为 btok，其 Text 属性为"确定"。

（3）双击按钮，进入 Default.aspx.cs 的 btok_Click 方法，输入如下代码：

```
protected void Button1_Click(object sender，EventArgs e)
{
DateTime dt=DateTime.Now；　//取得当前时间
Label1.Text= "系统当前时间为值：" +dt.ToString();
Label2.Text= "Session1 保存的值为：" + Session["Sessionl"].ToString();
Label3.Text= "Session2 保存的值为：" + Session["Session2"].ToString();
}
```

（4）在 Page_Load 方法中输入以下代码：

```
protected void Page_Load(object sender，EventArgs e)
{
if(!IsPostBack)
{
    Session["Sessionl"]="Value1"；//添加一个 Session 变量 Sessionl
    Session["Session2"]="Value2"；//添加另一个 Session 变量 Session2
    Session.TimeOut=1；//设置 Session 变量有效期为 1 分钟
    DateTime dt=DateTime.Now；//取得当前时间
```

Label1.Text= "系统当前时间为值：" +dt.ToString()；//设置时间的显示格式
Label2.Text= "Session1 保存的值为：" +Session["Session1"].ToString()；
        //显示变量 Session1 的值
Label3.Text= "Session2 保存的值为：" + Session["Session2"].ToString()；
        //显示变量 Session2 的值
    }
（5）编译执行代码，结果如图 4-11 所示。

图 4-11 例 4.12 页面运行效果

等待一分钟后，单击"确定"按钮，会发现页面报错，这是因为两个保存的 Session 变量已经超时，无法赋给 Label 控件的原因造成的。

2. 在页面之间传递数据

使用 Session 变量是实现在页面间传递值的的另一种方式，可以把控件中的值存储在 Session 变量中，然后在另一个页面中使用它，在不同页面间实现值传递的目的。但是，需要注意的是在 Session 变量存储过多的数据会消耗比较多的服务器资源，在使用 Session 时应该慎重，应该使用一些清理动作来去除一些不需要的 Session 来降低资源的无谓消耗。

例 4.13 在页面之间传递数据的使用实例（详细代码见光盘 4-15）。

主要步骤如下：

（1）启动 Visual Studio 2008，建立一个名为 4-15 的网站，默认主页为 Default.aspx。

（2）在 Default.aspx 页面上添加两个 TextBox 控件，分别用于输入姓名和 Email 地址，添加一个 Button 控件，将 Button 控件的 Text 属性值设为"Session 传值"。在 Default.aspx.cs 文件 Button 控件的单击事件中输入以下代码：

```
private void Button1_Click(object sender, System.EventArgs e)
{
Session["name"]=TextBox1.Text;
Session["email"]=TextBox2.Text;
Response.Redirect("receive.aspx");
}
```

（3）添加一个 receive.aspx 页面，以接收 Default.aspx 页面的传值，实现 Session 对象传

值功能。在 Default.aspx.cs 页面加载事件中输入以下代码：

```
private void Page_Load(object sender, System.EventArgs e)
{
Label1.Text=Session["name"].ToString();
Label2.Text=Session["email"].ToString();
Session.Remove("name");
Session.Remove("email");
}
```

（4）编译执行代码，结果如图 4-12 和图 4-13 所示。

图 4-12　添加 Session 变量

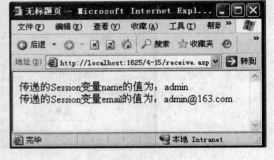

图 4-13　传递 Session 变量值

4.5　Server 对象

Server 对象是 HttpServerUtility 类的一个实例，定义了对服务器上的方法和属性的访问。

4.5.1　Server 对象概述

Server 对象又称为服务器对象，是 Page 对象的主要成员之一，主要用来控制服务器行为和管理的对象，提供一些处理页面请求时所需的功能。例如建立 COM 对象、对字符串进行编码等工作。

4.5.2　Server 对象的属性和方法

利用 Server 对象的方法和属性能获取最新错误信息以及对 HTML 文本进行编码和解码，Server 对象的属性和方法如表 4-5 所示。

表 4-5　Server 对象的属性和方法

名　　称	说　　明
MachineName 属性	获取服务器的计算机名称
ScriptTimeOut 属性	获取和设置请求超时值（以秒计）
ClearError 方法	清除前一个异常
ClearObject 方法	创建 COM 对象的一个服务器实例
ClearObjectFormClsid 方法	创建 COM 对象的服务器实例，该对象由对象的类标识符（CLSID）标识

续表

名　称	说　明
Execute 方法	在当前请求的上下文中执行指定资源的处理程序，然后将执行结果返回给调用它的页
GetLastError 方法	返回前一个异常
HtmlDecode 方法	对已被编码以消除无效 HTML 字符的字符串进行解码
HtmlEnCode 方法	对要在浏览器中显示的字符串进行编码
MapPath 方法	返回与 Web 服务器上的指定虚拟路径相对应的物理文件路径
Transfer 方法	终止当前页的执行并为当前请求开始执行新页
TranserRequest 方法	异步执行指定的 URL
UrlDecode 方法	对字符串进行解码，该字符串为了进行 HTTP 传输而进行编码并在 URL 中发送到服务器
UrlEncode 方法	对字符串进行编码，以便通过 URL 从 Web 服务器到客户端进行可靠的 HTTP 传输
UrlPathEncode 方法	对 URL 字符串的路径部分进行 URL 编码并返回编码后的字符串
UrlTokenDecode 方法	对 URL 字符串标记解码为使用 64 进制数字的等效字节数组
UrlTokenEncode 方法	将一个字节数组编码为使用 Base 64 编码方案的等效字符串表示形式（Base 64 是一种适于通过 URL 传输数据的编码方案）

下面介绍 Server 对象的几个常用属性和方法：

（1）ScriptTimeOut 属性：用来获取或者设置请求的超时时间。如果脚本运行的时间超过这个时间值，则将被终止。该属性的时间单位为秒，默认值为 90 秒。对于一些比较简单的脚本程序来说，这个值已经足够。但是在服务器繁忙或者生成大的页面时，需要设置比较大的 ScriptTimeOut 属性；否则脚本将不能正确地执行。将请求超时时间设置为 30 秒，可以使用以下代码：

Server.ScriptTimeout=30;

（2）MapPath 方法：此方法可以将指定的相对或虚拟路径映射到实际的物理路径。其语法格式如下：

Server.MapPath("path")

其中 path 表示 Web 服务器上的虚拟路径，如果为空，则方法返回包含当前应用程序的完整物理位置。

（3）HtmlDecode 和 HtmlEncode 方法：主要用于对 HTML 编码的字符串进行解码和对字符串进行 HTML 编码。

例 4.14　Server 对象的 HtmlDecode、HtmlEncode 方法使用实例（详细代码见光盘 4-16）。

主要步骤如下：

● 启动 Visual Studio 2008，建立一个名为 4-16.aspx 的 Web 文件。

● 切换到4-16.aspx文件的源代码视图，在<body>标签下输入以下代码：

```
<body>
<%
    string htmlstring="<h1>利用 Server 对象输出 HTML</h1>";
    Response.Write("HtmlEncode 方法的运用:"+Server.HtmlEncode (htmlstring))+" <br>";
```

      Response.Write("HtmlDecode 方法的运用:"+Server.HtmlDecode(htmlstring));
%>
</body>

● 运行程序，页面效果如图 4-14 所示。

图 4-14　HtmlDecode 和 HtmlEncode 方法使用示例

（4）UrlDecode 和 UrlEncode 方法：主要用于对字符串进行 URL 解码和编码。

例 4.15　Server 对象的 UrlDecode、UrlEncode 方法使用实例（详细代码见光盘 4-17）。
主要步骤如下：

● 启动 Visual Studio 2008，建立一个名为 4-17.aspx 的 Web 文件。
● 切换到在 4-17.aspx 文件的源代码视图，在<body>标签下输入以下代码：

```
<body>
<%
        string name="ASP.NET程序设计";
        name =Server.UrlEncode(name );//Url加密
%>
    <a href ="4-18.aspx?name=<%Response.Write(name); %>">单击跳转 </a>
</body>
```

● 建立一个名为 4-18.aspx 的 Web 文件，用于接收数据，在<body>标签下输入以下代码：

```
<body>
<%
    string Name = Request.QueryString["Name"];
 %>
        <h1>欢迎"<%Response.Write(Name); %>"光临本网站</h1 >
</body>。
```

● 运行程序，页面效果如下图 4-15 和图 4-16 所示。

图 4-15 URL 加密页面运行效果

图 4-16 接收数据并显示页面效果

在上图演示中，可以发现在 4-18.aspx 网页文件中的"ASP.NET program&ASP program"编码为"ASP.NET+program%26ASP+program"，其中空格被编码成"+"，"&"被编码成"%26"，这些都是 UrlEncode 的作用。UrlEncode 方法首先检查字符串中的每个字符，以确保能够正确转换成 URL 的一部分。同时，ASP.NET 会自动解码被编码过的 URL 字符串，所以在 4-18.aspx 文件中并没有调用 UrlDecode 方法。

4.5.2 Server 对象的使用

1．获取文件物理路径

如果需要使用文件物理路径，可以通过 Server.MapPath 方法转换。

例 4.16 使用 Server.MapPath 方法获取文件物理位置的实例（详细代码见光盘 4-19）。

主要步骤如下所示：

- 启动 Visual Studio 2008，建立一个名为 4-19.aspx 的 Web 文件。
- 切换到在 4-19.aspx 文件的源代码视图。在<body>标签下输入以下代码：

```
<body>
返回所在页面的当前目录：<%=Server.MapPath("./")%><BR>
返回相对映射到当前目录：<%= Server.MapPath("asp/data.txt")%>
</body>
```

- 运行程序，页面效果如图 4-17 所示。

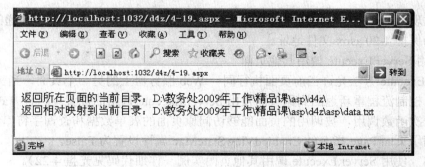

图 4-17 取得文件路径示例效果图

2．使用 Server.Transfer 方法实现页面间跳转

使用 Server.Transfer 方法在实现页面跳转的同时也将页面的控制权进行了移交。在页面

跳转过程中 Request、Session 等保存的信息不变，而且浏览器的地址栏仍保持原来的 URL 信息不变，因为 Server.Transfer 方法的重定向请求是在服务器端进行，浏览器不知道服务器已经执行了一次页面变换，因此浏览器的地址栏仍保持不变。

例 4.17   使用 Server.Transfer 方法的实例（详细代码见光盘 4-20）。

主要步骤如下：

● 启动 Visual Studio 2008，建立一个名为 4-20.aspx 的 Web 文件。

● 切换到在4-20.aspx文件的源代码视图。在<body>标签下输入以下代码：

```
<body>
Server.Transfer("4-21.aspx? id= userid &name= username ");
</body>
```

● 建立一个名为 4-21.aspx 的 Web 文件，用于接收数据，在<body>标签下输入以下代码：

```
<%
string id=Request.Params["id"];
string name=Request.Params["name"];
Response.Write("传递的变量 id 的值为："+id+"<br>"+"传递的变量 name 的值为："+name);
%>
```

● 运行 4-21.aspx 文件结果如下图 4-18 所示。

图 4-18   页面间的跳转

可以发现运行 4-20.aspx 文件时，自动跳转到 4-21.aspx 文件执行，显示传递的信息，但是地址栏仍保持 4-20.aspx 文件地址。

3．使用 Server.Execute 调用其他页面

Server.Execute 方法允许当前页面执行同一 Web 服务器上的另一个页面，当另一页面执行完毕后，控制流程重新返回到原页面发出 Server.Execute 调用的位置。这种方式类似于针对页面的一次函数调用，被调用的页面能够访问原页面的表单数据和查询字符串集合，所以需要把被调用页面 Page 指令的 EnabledViewStateMac 属性设置为 False。

例 4.18   使用 Server.Execute 调用其他页面实例（详细代码见光盘 4-22）。

主要步骤如下：

● 启动 Visual Studio 2008，建立一个名为 4-22.aspx 的 Web 文件。

● 切换到在4-22.aspx文件的源代码视图，在<body>标签下输入以下代码：

```
<body>
    <%
        string str1="I am in 4-22.aspx File !";
        string str2="I am back to 4-22.aspx File!";
        Response.Write("<h2>以下为4-22.aspx文件输出内容：</h2>");
        Response.Write(str1);
        Server.Execute("4-23.aspx?id1='"+str1+"'&id2='"+str2+"'");
        Response.Write("<h2>继续输出4-22.aspx文件内容：</h2>");
        Response.Write(str2);
    %>
</body>
```

● 新建一个名为4-23.aspx的Web文件，在<body>标签下输入以下代码：

```
<body>
<%
    string id1 = Request.Params["id1"];
    string id2 = Request.Params["id2"];
    Response.Write("<h2>以下为 4-23.aspx 文件输出内容：</h2>" );
    string str3 = "I am in 4-23.aspx File !<br>";
    Response.Write("在前面的文件中输出了语句 1："+id1 +"和语句 2："+id2 +"<br>");
    Response.Write("在本文件中输出了" + str3);
%>
</body>
```

● 运行 4-22.aspx 文件，结果如图 4-19 所示。

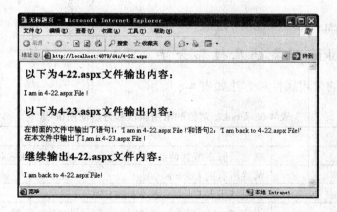

图 4-19 使用 Server.Execute 调用其他页面运行效果

4.6　Cookie　对象

Cookie 对象也称缓存对象，是 HttpCookieCollection 类的一个实例。Cookie 对象是一小块由浏览器存储在客户端系统上的文字。它由 Web 浏览器嵌入到用户浏览器中，以便标识用户且随同每次用户请求发往到 Web 浏览器。

4.6.1　Cookie 对象概述

Cookie 对象与 Session、Application 类似，可用于保存客户端浏览器请求的服务器页面，也可用它存放非敏感性的用户信息，信息保存的时间可以根据用户的需要进行设置，但 Cookie 和其他对象的最大的不同是，Cookie 将信息保存在客户端，而 Session 和 Application 是保存在服务器端。也就是说，无论何时用户连接到服务器，Web 站点都可以访问 Cookie 信息。这样，既方便用户的使用，也方便了网站对用户的管理。

如果没有设置 Cookie 对象的失效日期，则它们仅保存到关闭浏览器程序为止。如果将 Cookie 对象的 Expires 属性设置为 MinValue，则表示 Cookie 永远不会过期。Cookie 存储的数据量受限制，大多数浏览器支持的最大容量为 4 098 B，因此，一般不要用 Cookie 对象来存储数据集或其他大量数据。并非所有的浏览器都支持 Cookie，并且数据信息是以明文文本的形式保存在客户端计算机，因此最好不要保存敏感的、未加密的数据，否则会影响网络的安全性。要存储一个 Cookie 变量，可以通过 Response 对象的 Cookies 集合。需要注意的是，Cookie 对象不属于 Page 类，所以用法和 Application 及 Session 对象不同。使用方法如下：

Response.Cookies[Name].Value="变量值";　//创建 Cookie 变量

Response.Cookies.Add(Cookie 对象名)　//写入 Cookie 变量

要取回 Cookie，可以使用 Request 对象的 Cookies 集合，并将指定的 Cookie 集合返回，语法：

变量名=Request.Cookies[name].Value;

4.6.2　Cookie 对象的属性和方法

Cookie 对象的常用属性和方法如表 4-6 所示。

表 4-6　Cookie 对象的常用属性和方法使用说明

名　　称	说　　明
HttpOnly 属性	确定页脚本或其他活动内容是否可访问此 Cookie 对象
Clear 属性	清除所有的 Cookie
Path 属性	获取或设置 Cookie 适用于的 URL
Expires 属性	设定 Cookie 变量的有效时间，默认为 1000 分钟，若设为 0，则可以实时删除 Cookie 变量
Name 属性	取得或设置 Cookie 对象的名称
Value 属性	获取或设置 Cookie 对象的 Value
Add 方法	新增一个 Cookie 对象变量
Equal 方法	确定指定 Cookie 是否等于当前的 Cookie
ToString	返回此 Cookie 对象的一个字符串表示形式

其中，Expires 属性：设定或获取 Cookie 的过期日期和时间。如果没有指定，则 Cookie 变量将不会被存储。

例 4.19　将 Cookie 的过期时间设置为当前时间 40 秒实例（详细代码见光盘 4-24），运行效果如图 4-20 所示。

主要代码如下：

```
<body>
    <%
HttpCookie mycookie = new HttpCookie("userpw");  //自定义了一个 Cookie 对象 userpw
mycookie.Value = "mypassword";  //设置 Cookie 对象的值
mycookie.Expires = DateTime.Now.AddDays(1);  //设置 Cookie 对象的生命周期
Response.Cookies.Add(mycookie);  //增加 Cookie 对象
Response.Write("已经增加了一个 Cookie:userpw"+"<br>");
Response.Write("下面输出 Ccokie 的值:");
string mycookies = Response.Cookies["userpw"].Value；
Response.Write(mycookies);  //输出 Cookie 对象的值
    %>
</body>
```

图 4-20　例 4.19 页面运行效果

可以使用另一种方法设置 Cookie 对象过期时间：

Response.Cookies["mycookie"].Value = " mypassword ";

Response.Cookies["mycookie"].Expires = DateTime.Now.AddMilliseconds(1)；

（2）Path 属性：获取或设置要与当前 Cookie 一起传输的虚拟路径。

例 4.20　使用 Path 属性设置虚拟路径实例（见光盘 4-25）。

主要代码如下：

```
<body>
    <%
        HttpCookie cookie = new HttpCookie("username");
        cookie.Value = "cookie变量username";
        Response.Cookies.Add(cookie);
        Response.Write(Response.Cookies["username"].Path);
```

```
    %>
</body>
```

4.6.3 Cookie 对象的使用

在使用 Cookie 对象时，如果客户端设置拒绝接受 Cookie 对象，在不能写入 Cookie 对象时是不会引发任何错误的，同样浏览器也不会向服务器发送有关当前 Cookie 对象设置的详细信息。确定 Cookie 对象是否被接受的一种方式是尝试编写一个 Cookie 对象，然后再尝试读取该 Cookie 对象。如果无法读取该 Cookie 对象，则可以确定浏览器不接受 Cookie 对象的方法。

例 4.21 测试浏览器是否接受 Cookie 对象的方法（详细代码见光盘 4-26）。

主要步骤如下：

● 启动 Visual Studio 2008，建立一个名为 4-26.aspx 的 Web 文件。

● 切换到在4-26.aspx文件的源代码视图，在<body>标签下输入以下代码：

```
<body>
<%
if (!Page.IsPostBack)
{
        Response.Cookies["mycookie"].Value = "mypassword";
        Response.Cookies["mycookie"].Expires = DateTime.Now.AddMilliseconds(1);
        Response.Redirect("4-27.aspx");
}
%>
</body>
```

● 新建一个名为 4-27.aspx 的 Web 文件，在<body>标签下输入以下代码：

```
<body>
<%
    string rediect = Request.QueryString["rediect "];
    if (Request.Cookies["mycookie"] == null)
    {
        Response.Write("浏览器不能接受 cookie");
    }
    else
    {
        Response.Write("浏览器可以接受 cookie，该 cookie 的值为" +
Request.Cookies["mycookies"].Value);
    }
%>
</body>
```

● 如果客户端设置禁用 cookie 后，运行效果如图 4-21 所示。

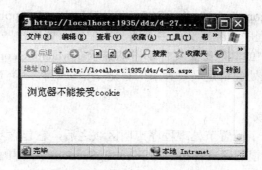

图 4-21　检测用户是否启用了 Cookie

4.7　Web.config 配置文件

Web.config 配置文件是一个 XML 文本文件，它用来存储 ASP.NET Web 应用程序的配置信息。它通过将应用程序的配置数据与应用代码分离，可以方便地将设置与应用程序关联，在部属应用程序之后根据需要更改设置以及拓展配置架构。

Web.config 配置文件可以出现在应用程序中的每一个目录中。当通过 C#.NET 新建一个 Web 应用程序后，默认情况下会在根目录中自动创建一个 Web.config 配置文件，所有的子目录都继承它的配置。如果需要修改子目录的配置设置，可以在该目录的子目录下再创建一个 Web.config 配置文件。它可以提供除从父目录继承的配置信息以外的信息，也可以重写或修改父目录中定义的设置。

4.7.1　Web.config 结构

在 ASP.NET 应用程序中，所有 ASP.NET 配置信息都储存在 Web.config 文件中的 configuration 元素中。该元素的配置信息分为两个主区域：配置节处理程序声明区域和配置节设置区域。

1. 配置节处理程序声明区域

配置节处理程序声明区域驻留在 Web.config 文件的 configSections 元素内。它包含在声明节处理程序的 ASP.NET 配置 section 元素中。可以将这些配置节处理程序声明嵌套在 sectionGroup 元素中，帮助组织配置信息。通常 sectionGroup 元素表示要应用配置设置的命名空间。例如，所有的 ASP.NET 配置节处理程序都在 System.web 节组中进行分组，代码如下所示。

```
<sectionGroup name="webServices" type="System.Web.Configuration. ScriptingWebServicesSectionGroup, System.Web.Extensions, Version=3.5.0.0, Culture=neutral, PublicKeyToken=31BF3856AD364E35">
```

配置节设置区域的每个配置节都有一个节处理程序声明。节处理程序是用来实现 ConfigurationSection 接口的.NET Framework 类。节处理程序声明中包含配置节名称（如 profileService），以及用来处理该节中配置数据的节处理程序类的名称（如 System.Web.Configuration. ScriptingProfileServiceSection）。例如下面代码：

```
<sectionname="profileService" type="System.Web.Configuration. ScriptingProfileServiceSection, System.Web.Extensions, Version=3.5.0.0, Culture=neutral, PublicKeyToken=31BF3856AD-
```

364E35" requirePermission="false" allowDefinition="MachineToApplication"/>

在 ASP.NET 应用程序的配置文件中声明一次配置节处理程序即可，Web.config 配置文件和 ASP.NET 应用程序中的其他配置文件都自动继承在 Machine.config 文件中声明的配置处理程序。只有当创建用来处理自定义设置节的自定义节处理程序类时，用户才需要声明新的节处理程序。

2．配置节设置区域

配置节设置区域位于配置节处理程序声明区域之后，它包含实际的配置设置。默认情况下，在内部或者在某个根配置文件中，对于 configSections 区域中的每一个 section 和 sectionGroup 元素都会有一个指定的配置节元素。这些配置节元素可以包含子元素，这些子元素与其父元素由同一个节处理程序处理。例如下面的 pages 元素包含一个 controls 元素，该元素没有相应的节处理程序，因为它由 pages 节处理程序来处理。

```
<pages>
    <controls>
        <add tagPrefix="asp" namespace="System.Web.UI"
        assembly="System.Web.Extensions, Version=3.5.0.0, Culture=neutral,
        PublicKeyToken=31BF3856AD364E35"/>
        <add tagPrefix="asp" namespace="System.Web.UI.WebControls" assembly=
        "System.Web.Extensions,Version=3.5.0.0, Culture=neutral, PublicKeyToken=
        31BF3856AD364E35"/>
    </controls>
</pages>
```

4.7.2 Web.config 配置元素

Web.config 配置文件以<?xml version="1.0"?>开始，这说明该文件是一个 XML 文本文件，这一行代码告诉解析器和浏览器这个文件应该按照 xml 规则进行解析。之后的内容包含大量配置元素，由于 Web.config 的使用很灵活，可以自定义一些节点。所以这里只介绍一些比较常用的节点。

1．<configuration>节

configuration 节是 xml 文件的根节点，由于 xml 文件的根节点只能有一个，所以 Web.config 的所有配置都是在这个节点内进行的。在其内部封装了其他所有的配置元素节点。

2．<configSections>节

指定配置节和命名空间声明。该节中包含了 clear、remove、section 和 sectionGroup 四个子元素，它的父元素为<configuration>节。下面对其子元素简单介绍。

（1）clear 元素：移除对继承的节和节组的所有引用，只允许由当前 section 和 sectionGroup 元素添加的节和节组。

（2）remove 元素：移除对继承的节和节组的引用。

（3）section 元素：定义配置节处理程序与配置元素之间的关联。

（4）sectionGroup 元素：定义配置节处理程序与配置节之间的关联。

例如：下面所示代码为<configSections>节点的一个示例

<configSections>

```
<sectionGroup name="system.web.extensions" type="System.Web.Configuration. SystemWe-
bExtensionsSectionGroup, System.Web.Extensions, Version=1.0.61025.0, Culture=neutral, Public-
KeyToken=31bf3856ad364e35">
    <sectionGroup name="scripting" type="System.Web.Configuration. ScriptingSectionGroup,
System.Web.Extensions, Version=1.0.61025.0, Culture=neutral, PublicKeyToken=31bf3856ad364-
e35">
    <section name="scriptResourceHandler" type="System.Web.Configuration. ScriptingScript-
ResourceHandlerSection, System.Web.Extensions, Version=1.0.61025.0, Culture=neutral, Public-
KeyToken=31bf3856ad364e35" requirePermission="false" allowDefinition="MachineToApplic-
ation"/>
</sectionGroup>
</sectionGroup>
</configSections>
```

3．<appSettings>节

该配置节点是应用程序设置，可以定义应用程序的全局常量设置等信息，如：文件路径、XML Web Services URL 或存储在应用程序.ini 文件中的任何信息。该配置节点中还包括 add、remove、clear 子元素，皆为可选项。下面所示代码为< appSettings >节点的一个示例。

```
<appSettings>
<add key="1" value="1" />
<add key="gao" value="weipeng" />
</appSettings>
```

4．<connectionStrings>节

connectionStrings 元素为 ASP.NET 应用程序和 ASP.NET 功能指定数据库连接字符串的集合。该节中包含了 add、clear、remove 三个子元素。下面对其子元素简单介绍。

（1）add 元素：向连接字符串集合添加名称或值对形式的连接字符串。

（2）clear 元素：清除所有对继承的连接字符串的引用，仅允许那些由当前的 add 元素添加的连接字符串。

（3）remove 元素：从连接字符串集合中移除对继承的连接字符串的引用。

下面列举一个该节点的实例，具体代码如下所示：

```
<connectionStrings>
<add name="ArticleConnectionString" connectionString="Data Source=.;database=stu; uid=
sa;pwd=;"></add>
<add name="111" connectionString="11111" />
</connectionStrings>
```

5．<compilation>节

该配置节点用于定义使用哪种语言编译器来编译 Web 页面以及编译页面是否包含调试信息。主要有以下 4 种属性：

（1）DefaultLanguage：设置在默认情况下 Web 页面的脚本块中使用的语言，如：C#、JavaScript 等。可以选择其中一种，也可以选择多个，用分号分隔语言名称。

（2）Debug：设置编译后的 Web 页面是否包含调试信息。其值为 true 时将启用 ASPX

调试，为 false 时不启用。

（3）Explicit：是否启用 Visual Basic 显示编译选项功能。其值为 true 时启用，为 false 时不启用。

（4）Strict：是否启用 Visual Basic 限制编译选项功能。其值为 true 时启用，为 false 时不启用。

6．<authentication> 节

<authentication> 节为 ASP.NET 应用程序配置身份验证支持。Mode 属性指定身份验证方案，该属性包含 Forms、Windows、Passport、None 四个值，如下所示:

（1）Forms：将 ASP.NET 基于窗体的身份验证指定为默认身份验证模式。

（2）Windows：将 Windows 验证指定为默认的身份验证模式。将它与以下任意形式的 Microsoft Internet 信息服务 IIS 身份验证结合起来使用：基本、摘要、集成 Windows 身份验证 NTLM/Kerberos 或证书。在这种情况下，应用程序将身份验证责任委托给基础 IIS。

（3）Passport：将 Microsoft Passport Network 身份验证指定为默认身份验证模式。

（4）None：不指定任何身份验证，应用程序仅期待匿名用户，否则将提供自己的身份验证。例如，设置基于窗体（Forms）的身份验证配置站点，当没有登录的用户访问需要身份验证的网页，网页自动跳转到登录网页。

```
<authentication mode="Forms" >
<forms loginUrl="logon.aspx" name=".FormsAuthCookie"/>
</authentication>
```

7．<authorization>节

该配置节点用来控制对 URL 资源的客户端访问（如允许匿名用户访问）。此元素可以在任何级别的计算机、站点、应用程序、子目录或页上声明。必需与<authentication> 节配合使用。例如，下面的示例对匿名用户不进行身份验证。拒绝用户 stu1。

```
<authorization>
<allow users="*"/>
<deny users="stu1"/>
<allow users="aa" roles="aa" />
</authorization>
```

8．<httpRuntime>节

该配置节点配置用于 ASP.NET HTTP 运行库的设置。该节可以在计算机、站点、应用程序和子目录级别声明。例如，下面的示例允许最多的请求个数 100，最长允许执行请求时间为 80 秒，控制用户上传文件的大小，默认是 4M。useFullyQualifiedRedirectUrl 客户端重定向不需要被自动转换为完全限定格式，使用以下代码:

```
<httpRuntime appRequestQueueLimit="100" executionTimeout="80" maxRequestLength=
"40960" useFullyQualifiedRedirectUrl="false"/>
```

9．<customErrors> 节

该节点用于完成两项工作：一是启用或禁止自定义错误；二是在指定的错误发生时，将用户重定向到某个 URL。它只有一个必选的属性 Mode，该属性具有 On、Off、RemoteOnly 三种状态。On 表示始终显示自定义的信息；Off 表示始终显示详细的 ASP.NET 错误信息；RemoteOnly 表示只对不在本地 Web 服务器上运行的用户显示自定义信息。

4.8　Global.asax 文件

在 ASP.NET 中，有一个重要的全局性文件 Global.asax，该文件主要用于指定 Application 和 Session 对象的事件脚本，并声明具有会话和应用程序作用域的对象。使用 Visual Studio.-NET 2008 创建 Web 应用程序时默认并不会创建全局应用程序类 Global.asax，需要手动添加。

4.8.1　Global.asax 文件概述

Global.asax 存放在 ASP.NET 应用程序的根目录中，其中内含用来响应 ASP.NET 或 HTTP 模块所激发的应用程序级别事件的代码。Global.asax 文件本身被设置成不允许任何直接的 URL 请求，以防止外部用户下载或查看其所内含的代码。如果在浏览器的地址栏中输入 Global.asax 文件的地址试图访问该文件时，浏览器将会提示"无法提供此类型的页"。

Global.asax 文件是一个可选文件，而非必要文件。即如果不存在该文件，ASP.NET 会假设未定义任何应用程序或会话事件处理程序，但这并不会影响 ASP.NET 页面的运行。

第一次启动或请求应用程序命名空间中的任何资源或 URL 时，ASP.NET 便会自动分析 Global.asax 并将其编译成动态生成的从 HttpApplication 基类派生并加以扩充的.NET Framework 类。如果 Global.asax 文件在作用的同时被修改并保存，则 ASP.NET 框架会立刻检测到该文件已经变更，然后它会完成应用程序所有目前的请求，将 Application_OnEnd 事件发送到任何客户端浏览器，并重新启动应用程序域。这意味着 ASP.NET 会重新启动应用程序，关闭所有浏览器会话，并清除所有的状态信息。当浏览器发送的下一个请求到达时，ASP.NET 框架会重新解析并编译 Global.asax 文件，触发其中的 Application_OnStart 事件。

Global.asax 文件继承自 HttpApplication 类，它维护一个 HttpApplication 对象池，并在需要时将对象池中的对象分配给应用程序。Global.asax 文件包含的常用事件如下：

（1）Application_Init：在应用程序被实例化或第一次被调用时，该事件被触发。

（2）Application_Disposed：在应用程序被销毁之前触发。

（3）Application_Error：当应用程序中遇到一个未处理的异常时，该事件被触发。

（4）Application_Start：在 HttpApplication 类的第一个实例被创建时，该事件被触发。

（5）Application_End：在 HttpApplication 类的最后一个实例被销毁时，该事件被触发。

（6）Application_BeginRequest：在接收到一个应用程序请求时触发。对于一个请求来说，它是第一个被触发的事件，请求一般是用户输入的一个页面请求（URL）。

（7）Application_EndRequest：针对应用程序请求的最后一个事件。

（8）Application_AuthenticateRequest：在安全模块建立起当前用户的有效的身份时，该事件被触发。在这个时候，用户的凭据将会被验证。

（9）Application_AuthorizeRequest：当安全模块确认一个用户可以访问资源之后，该事件被触发。

（10）Session_Start：在一个新用户访问应用程序 Web 站点时，该事件被触发。

（11）Session_End：在一个用户的会话超、结束或他们离开应用程序 Web 站点时，该事件被触发。

使用这些事件的一个关键问题就是知道它们被触发的顺序。Application_Init 和 Application_Start 事件在应用程序第一次启动时被触发一次。相似地，Application_Disposed

和 Application_End 事件在应用程序终止时被触发一次。此外，基于会话的事件（Session_Start 和 Session_End）只在用户进入和离开站点时被使用。其余的事件则处理应用程序请求，这些事件被触发的顺序是：

- Application_BeginRequest
- Application_AuthenticateRequest
- Application_AuthorizeRequest
- Application_EndRequest

Global.asax 文件是 ASP.NET 应用程序的中心点。它提供很多的事件来处理不同的应用程序级任务，比如用户身份验证、应用程序启动以及处理用户会话等。熟悉这个可选文件，可以构建出更完整的 ASP.NET 应用程序。

4.8.2 使用 Global.asax 文件统计在线用户

下面介绍一个简单明了的方法来统计在线用户的多少，该方法的特点就是充分的利用了 ASP.NET 的特点，结合 Global.asax 文件，用 Application 和 Session 实现在线用户的统计。

例 4.22 使用 Global.asax 文件统计在线用户（详细代码见光盘 4-28）。

主要步骤如下：

（1）启动 Visual Studio 2008，建立一个名为 4-28 的网站，默认页面为 Default.aspx。

（2）单击菜单栏的"文件" / 选择"新建" / "文件"，在弹出的"添加新项"对话框中选择"全局应用程序类"，在文件"名称"栏中输入"Global.asax"，如图 4-22 所示。

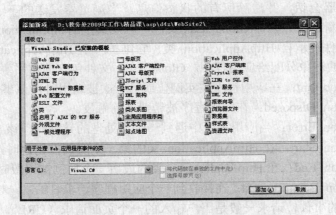

图 4-22 "添加新项"对话框

（3）在 Global.asax 文件编写程序实现在线人数统计。

- Application_Star 事件中输入以下内容：

```
void Application_Start(object sender, EventArgs e)
    {        // 在应用程序启动时运行的代码
        Application["user_sessions"] = 0;
    }
```

- Session_Start 事件中输入以下内容：

```
void Session_Start(object sender, EventArgs e)
```

```
    {        // 在新会话启动时运行的代码
        Application.Lock ();
        Application ["user_sessions"]=(int )Application ["user_sessions"]+1;
        Application.UnLock();
}
```

● Session_End 事件中输入以下内容：

```
void Session_End(object sender, EventArgs e)
{   // 在会话结束时运行的代码
        Application.Lock();
        Application["user_sessions"] = (int)Application["user_sessions"]- 1;
        Application.UnLock();
    }
```

注意：只有在Web.config 文件中的sessionState模式设置为InProc时，才会引发Session_End事件。如果会话模式设置为StateServer或SQLServer，则不会引发该事件。

（4）在页面 Default.aspx 中添加一个标签控件 Label1 用于显示在线人数。

（5）转到 Default.aspx.cs 代码文件，在 Page_Load 事件中输入以下代码。

```
protected void Page_Load(object sender, EventArgs e)
    {
        Label1.Text = "本站当前共有："+ Application["user_sessions"].ToString()+"位访问者！";
    }
```

（6）运行网站，页面效果如图 4-23 所示。

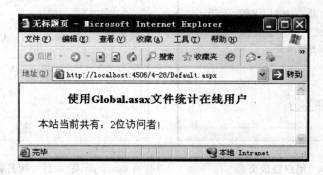

图 4-23 "使用 Global.asax 文件统计在线用户"效果图

在以上代码中，当网站开始服务（Application 开始）的时候，程序设置 Application["user_sessions"]为零；当用户进入网站（Session 开始）的时候，锁定 Application 并将 Application［("user_sessions")］加 1；用户退出网站的时候，Application［"user_sessions"］减 1。这样，很容易地实现了在线用户的统计。由于程序中只用到一个 Application，所以程序占用系统资源几乎可以忽略不计。

4.9 本章小结

本章重点介绍 ASP.NET 提供的内置常用对象 Request、Response、Application、Session、Server 和 Cookie。程序员可以在应用程序中直接引用内置组件来实现访问 ASP.NET 内置对象的功能。通过这些对象使程序员更容易收集通过浏览器请求发送的信息、响应浏览器以及存储用户信息，实现其他特定的状态管理和页面信息传递。

4.10 本章实验

4.10.1 设计简易聊天室

【实验目的】

掌握 Response、Application 对象的特点、使用方法。

理解其在应用程序中保存数据的基本原理；全局配置文件的使用。

【实验内容和要求】

用户访问网站时，首先登录 Default.aspx 界面，如图 4-24 所示，输入用户名和密码之后，可以进入聊天室页面（chat.htm），该页面通过框架分为两部分，上方显示聊天文字，下方是一个输入聊天信息的表单。当用户进入聊天室时，屏幕上显示欢迎信息，用户输入聊天信息之后单击"提交"按钮即可将信息发到上方，显示如图 4-25 所示（详细代码见光盘 4-29）。

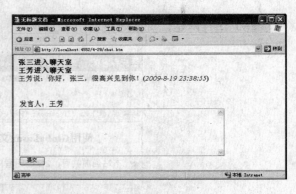

图 4-24 用户登录页面   图 4-25 简易聊天室运行效果

【实验步骤】

（1）设计登录界面 Default.aspx，添加表格控件用于布局页面，添加两个文本框和一个按钮控件，调整各控件的大小和位置后，效果如图 4-26 所示。

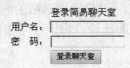

图 4-26 Default.aspx 设计效果图

（2）编写 Default.aspx.cs 代码页面，定义用户信息，对客户端输入信息进行判断。

● 以数组结构定义用户信息。

● 在编写"登录聊天室"的单击事件时，判断客户端输入的用户名和密码是否合法的用户信息，如果是则直接跳转到聊天室界面，否则，提示错误信息。

（3）在 Global.asax 文件中存储全局变量。

（4）设计 Main.aspx 页面，在该页面中利用文本标签显示聊天信息。需要注意的是，要及时刷新页面来实时显示聊天记录，在这里使用了语句 Response.AddHeader("Refresh", "3");设置页面每 3 秒刷新一次。

（5）设计 Send.aspx 页面，向页面中添加一个用于显示用户名的标签控件、一个用于输入聊天文字的文本框控件和一个"提交"按钮，效果如图 4-27 所示。

图 4-27　Send.aspx 设计效果图

编写 Send.aspx 页面程序代码，主要用于显示用户进入聊天室信息，当单击提交按钮时存储用户输入信息。

（6）最后创建框架网页 chat.html，分别包含 Main.aspx 和 Send.aspx 页面用于显示聊天记录。

4.10.2　设计简易网上书店

【实验目的】

进一步掌握 Request、Application、Session 对象的特点、使用方法。

理解 Session 对象保存用户数据的工作原理。

【实验内容和要求】

用户访问网站时登录 default.aspx 界面，首先看到的是各类图书列表。用户在选择了购买的图书之后，单击"放入购物车"按钮，系统会显示操作成功界面，如图 4-28、图 4-29 所示。

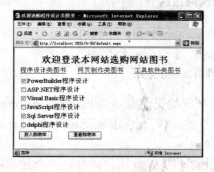

图 4-28　选择图书页面

图 4-29　操作成功提示

在图 4-28 中选择不同类别的图书页面效果一致，当单击"查看购物车"按钮时打开如图 4-30 所示的页面。

图 4-30 "查看购物车"页面

在该页面中，可以单击"移除选中图书"按钮进行移除操作，也可以单击"清空购物车"按钮删除所有的图书，在检查完自己购书情况后，可以单击"继续购物"链接按钮返回图 4-28 页面。如果单击"结账"链接按钮则显示此次购书的数量、名称以及应付款情况，如图 4-31 所示（详细代码见光盘 4-30）。

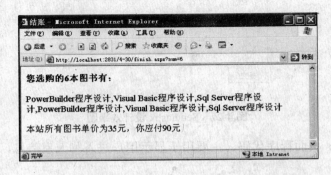

图 4-31 "结账"页面显示效果

【实验步骤】

（1）设计用户控件，在本实训中显示图书列表的 3 个页面上方使用了相同的网站标题和导航栏，可以通过建立模版的方式来实现。新建一网站后，在解决方案资源管理器中右键单击网站名称，在弹出的菜单中选择"添加新项"命令，在弹出的菜单中选择"Web 用户控件"单击"添加"按钮，增加了 WebUserControl.ascx 文件。在文件中添加布局表格、网站标题、3 个超链接控件，分别设置超链接控件的 NavigateUrl 属性为 default.aspx（程序设计类图书）、webpage.aspx（网页制作类图书）、tools.aspx（工具软件类图书），效果如图 4-32 所示。

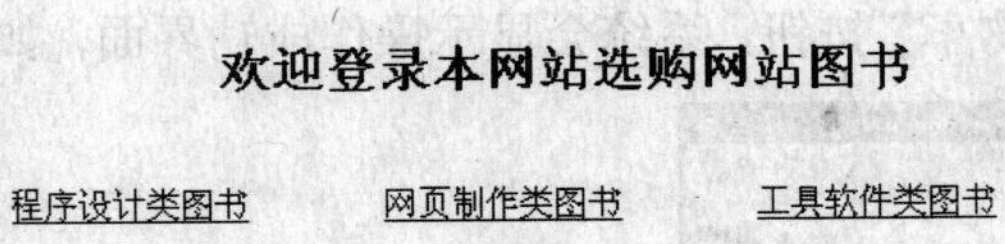

欢迎登录本网站选购网站图书

程序设计类图书   网页制作类图书   工具软件类图书

图 4-32 Web 用户控件页面显示效果

（2）设计图书列表页面，由于用于显示图书列表的页面有 default.aspx、webpage.aspx、tools.aspx 三个页面，这些页面的程序和代码基本一致，仅介绍 default.aspx 的设计，其他页面可参照完成。

● 在 default.aspx 页面中添加布局表格、前面设计的 Web 用户控件、一个显示用户图书的 CheckBoxList 控件（单击智能按钮中的编辑项添加图书）、两个按钮控件，添加表格控件用于布局页面,添加两个文本框和一个按钮控件,调整各控件的大小和位置后,效果如图 4-33 所示。

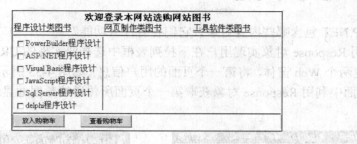

图 4-33 图书列表页面设计效果

- 在 Page_Load 事件中使用 this.Title = "欢迎选购程序设计类图书"; 语句设置网站标题。
- 在"放入购物车"按钮的单击事件中,使用循环语句将 CheckBoxList 控件中选择的项目添加到 Session 对象的 Buy 中,并弹出成功对话框。
- 在"查看购物车"按钮的单击事件中,使用 Response.Redirect("Check.aspx"); 语句直接到 Check.aspx 核对图书页面。

(3)设计核对图书页面 Check.aspx,在页面中添加布局表格、一个标签控件、两个链接按钮、一个复选框组件 CheckBoxList 以及两个按钮控件,为每个控件设置 ID、Text 属性,将"继续购物"链接按钮控件的 PostBackUrl 属性指向 default.aspx 页面,效果如图 4-34 所示。

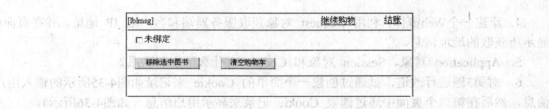

图 4-34 核对图书页面效果

- 编写 Page_Load 事件的代码,如果用户选择了图书,将选择图书字符串转换为数组赋值给 CheckBoxList 控件,否则将"移除选中图书"、"清空购物车"、"结账"、CheckBoxList 控件设置为无效。
- 编辑"移除选中图书"按钮的单击事件,将在 Check.aspx 页面 CheckBoxList 控件中未选中的项目添加到数组中、赋值给 Session 对象 Buy,并绑定到 CheckBoxList 控件显示。
- 编辑"清空购物车"按钮的单击事件,将 Session 对象中的 Buy 清空,将"移除选中图书"、"清空购物车"、"结账"、CheckBoxList 控件设置为无效。
- 在"结账"按钮的单击事件中,使用 Response.Redirect("finish.aspx?num=" + chkllbook.Items.Count.ToString()); 语句直接到 finish.aspx 页面显示结账信息。

(4)设计结账图书页面 finish.aspx,在页面中如果用户没有购买图书直接返回 default.aspx 页面,否则计算图书价格并将所选图书及价格显示出来。

4.11   思考与习题

1．ASP.NET 包含哪些内置对象？它们各有什么功能？

2．使用 Response 对象实现用户在下拉列表框中选择要实现的 URL 的功能。

3．创建两个 Web 窗体，将第一个页面的用户信息（如图 4-35 所示）传送给第二个页面，在第二个页面中利用 Response 对象获取第一个页面所传送的数据并显示相关用户信息，如图 4-36 所示。

图 4-35   用户登录页面   图 4-36   接收用户信息并显示

4．新建一个Web窗体，利用 Request 对象获取服务器端和客户端 IP 地址，并在页面中显示所获取的地址信息。

5．Application 对象、Session 对象和 Cookie 有什么区别和联系？

6．对第3题进行改造，试通过创建一个简单的 Cookie 来记录如图4-35所示的输入用户信息，然后在第二个页面中通过读取 Cookie 记录来显示用户信息（如图4-36所示）。

第五章 数据库访问技术

【学习目标】

了解 SQL Server 2005 主要功能以及数据库与数据表创建的方法。

了解 ADO.NET。

掌握 SqlConnection 对象的使用。

SqlCommand 对象以及参数化的 Sql Command 对象的使用。

掌握使用 DataReader、DataSet 和 DataAdapter 读取数据的使用方法。

掌握常用的数据控件 GridView、Repeater、DataList 和 TreeView 的使用。

掌握数据绑定的方法。

5.1 SQL Server 2005 概述

SQL Server 2005 基于应用客户机/服务器体系结构的关系数据库管理系统,它提供了较为全面的服务,不仅有数据库引擎服务,还有复制服务、通知服务、查询服务等。同时 SQL Server 2005 与以前版本比较,还表现出了很多新的特性。

5.1.1 SQL Server 2005 组成架构

SQL Server 2005 是一个全面的、集成的、端到端的数据解决方案,它为企业中的用户提供了一个更安全、可靠和更高效的平台用于企业数据和商业智能应用。 SQL Server 2005 为 IT 专家和信息工作者带来了强大的、熟悉的工具,同时降低了在从移动设备到企业数据系统的多平台上创建、部署、管理和使用企业数据和分析应用程序的复杂性。通过全面的功能集与现有系统的互操作性以及对日常任务的自动化管理能力,SQL Server 2005 为不同规模的企业提供了一个完整的数据解决方案。图 5-1 显示了 SQL Server 2005 数据平台的组成架构。

图 5-1　SQL Server 2005 数据平台的组成架构

如图所示的 SQL Server 2005 数据平台中包括以下工具：

（1）Integration Services（集成服务）：可以支持数据仓库和企业范围内数据集成的抽取、转换和装载能力。

（2）Analysis Services（分析服务）：联机分析处理（OLAP）功能可用于多维存储的大量、复杂的数据集的快速高级分析。

（3）Reporting Services（报表服务）：全面的报表解决方案，可创建、管理和发布传统的、可打印的报表和交互的、基于 Web 的报表。

（4）Notification Services（通知服务）：用于开发、部署可伸缩应用程序的先进的通知服务能够向不同的连接和移动设备发布个性化、及时的信息更新。

（5）Replication Services（复制服务）：数据复制可用于数据分发、处理移动数据应用、系统高可用、企业报表解决方案的后备数据可伸缩存储、与异构系统的集成等，包括已有的 Oracle 数据库等。

（6）Relational Database（关系型数据库）：安全、可靠、可伸缩、高效的关系型数据库引擎，提升了性能且支持结构化和非结构化（XML）数据。

（7）Management Tools（管理工具）：SQL Server 包含的集成管理工具可用于高级数据库管理和协调，它也和其他微软工具（如 MOM 和 SMS）紧密集成在一起。标准数据访问协议大大减少了 SQL Server 和现有系统间数据集成所花的时间。此外，构建于 SQL Server 内的内嵌 Web Service 的支持确保了和其他应用及平台的互操作能力。

（8）VisualStudio.net（开发工具）：SQL Server 为数据库引擎、数据抽取、转换和装载（ETL）、数据挖掘、OLAP 和报表提供了和 Microsoft Visual Studio 2008 相集成的开发工具，以实现端到端的应用程序开发能力。SQL Server 中每个主要的子系统都有自己的对象模型和 API，能够以任何方式将数据系统扩展到不同的商业环境中。

5.1.2　SQL Server 2005 新特性

SQL Server 2005 的新特性体现在集成的管理能力、高效的编程能力和强大的分析能力 3 个方面。

1. 集成的管理能力

SQL Server 2005 将以往的企业管理器、查询分析器、服务管理器、报表管理器等工具一起集成到新的"SQL Server Management Studio"之内，让程序设计师与数据库管理员只需要熟悉一个界面，就可以管理并测试所有相关的功能。并在该工具中提供了新的项目管理的能力，使得用 T-SQL、MDX、DMX、XML/A 等语言编写的各脚本文件可以通过项目，为相关的语句提供一致的编写、访问、执行、测试与有效的管理，而不像以往分散在各个目录结构中，需要程序设计师或数据管理员自己想办法归类管理。

由于开发与管理数据库的工具都集成在 Visual Studio 2008 之上，当需要以.NET 编写 SQL Server 2005 内置对象如存储过程、用户自定义函数时，可以直接通过 Visual Studio 2008 提供的项目模板来开发，而 Visual Studio 2008 也可以将开发完成的组件发布到 SQL Server 2005 内，完成安装设置并在集成环境内进行调试。

数据库引擎是数据库系统性能好坏的关键。SQL Server 2005 核心数据库引擎性能有很大的提高，如 DDL 触发器、在线维护索引功能、同时访问数据的事务级别管理等功能。

安全性一直是企业数据库应用所特别关注的问题。SQL Server 2005 中"缺省安全保障"设置、数据库加密和改进安全模型等增强特性有助于为企业数据提供高度安全保障。

2．高效的编程能力

在集成应用程序开发上，SQL Server 2005 将.NET 的 CLR（Common Language Runtime，通用语言运行时）直接集成到数据库核心引擎中，让程序设计员可以通过自己所熟悉的.NET 语言来开发 SQL Server 内的对象，扩展了程序编写的弹性。让存储过程、用户自定义函数、触发器、用户自定义数据类型以及聚合函数可以通过.NET 的语言（如 VB.NET 或 C#等）来编写，并且直接与 SQL Server 引擎执行在同一个程序中，以提高执行效率。

现今应用程序在交换数据或存储设置时，大多采用 XML 格式。SQL Server 2005 支持 ANSI SQL 2003 与 W3C 的 XML 标准，让关系式和 XML 两种最常用的数据处理格式都可以集中到数据库引擎中来处理。

SQL Server 2005 大幅度增强 T-SQL 语言的功能。由于 SQL Server 引擎新增了非常多的对象与功能，例如支持.NET 和 XML、提供 Web Services、通过 Broker Services 建立信息导向的数据处理平台、利用 DDL 触发器或 Event Notification 监控、增加认证（Certificate）和加密机制等等。而与 SQL Server 沟通时，主要的语言又是 T-SQL，自然需在 SQL Server 2005 中加入大量的 T-SQL 标记，以定义或访问上述的新增功能。

3．强大的分析能力

SQL Server 2005 与以往版本相比，数据分析能力得到了很大的提升。

全新设计集成服务（Integration Services）提供了工作流（Work Flow）与数据流（Data Flow）分开的运行模式。

强大的分析服务（Analysis Services）具有集成异构数据源、丰富的显示与浏览器数据能力、完备的向导等新特性。

数据挖掘（Data Mining）功能提供了 9 种数据挖掘模型，并提供了相应的模型测试工具。

报表服务（Report Services）提供了更为友善的互动界面，新提供 Report Data Model 设计环境和 Report Builder 工具程序，这样无须借助专业的报表设计人员就可以自行产生所需的报表。

5.1.3　SQL Server 2005 开发环境

1．SQL Server 2005 版本介绍

SQL Server 2005 有 6 个版本，根据实际应用的需要，如性能、价格和运行时间等，可以选择安装不同版本的 SQL Server 2005。

（1）企业版（Enterprise Edition）

企业版（EE 版）SQL Server 2005 支持多达几十个 CPU 的多进程处理，而且支持超大型企业进行联机事务处理（OLTP）、高度复杂的数据分析、数据仓库系统和网站所需的性能水平。EE 版的全面商业智能和分析能力及其高可用性功能（如故障转移群集），使它可以处理大多数关键业务的企业工作负荷。EE 版是最全面的 SQL Server 版本，是超大型企业的理想选择，能够满足最复杂的要求。

可以根据企业版特性、价值和许可（企业版每个处理器许可权的价钱是标准版的 4 倍）等因素而自由决定是否需要采用企业版软件。但是如果需要支持聚类，则一定要使用企业版。企业版的特征包括：聚类、分布式分区视图、索引视图、分区多维集、支持超过 4GB 的 RAM、

日志传输（一种自动接管策略）、支持多于 4 个 CPU。另外，还有一些特性只有企业版才有。

（2）标准版（Standard Edition）

标准版（SE 版）是适合中小企业或组织管理数据并进行分析的平台。它包含了电子商务，数据仓库和业务流解决方案所需的基本功能。SE 版的集成商业智能和高可用性功能可以为企业提供支持其运营所需的基本功能。SE 版是需要全面的数据集管理和分析平台的中小企业的理想选择。

（3）工作组版（Workgroup Edition）

工作组版（WG 版）可以满足对数据库大小或用户数量无特定限制的需要。WG 版既可以充当前端 Web 服务器，也可以满足部门和分支机构运营的需要。它具有 SQL Server 产品的核心数据库特点，并且可以轻松地升级为标准版和企业版。WG 版是一种理想的入门级数据库，具有可靠、功能强大且易于管理的特点。

（4）开发版（Developer Edition）

系统默认安装为开发版（DE 版），而企业版和标准版则应视为应用服务器的解决方案。利用 DE 版软件，可以开发和测试应用程序。由于该版本具有企业版的所有特性，因此可以将在开发版上成功开发的解决方案顺利移植到产品环境下而不会产生任何问题。DE 版是进行软件开发的一种理想解决方案，DE 版可以根据生产需要升级至 EE 版。这个版本与企业版之间的唯一差别是：开发版只能用作开发环境。

（5）学习版（Express Edition）

SSE 版是一种免费，易用而且管理方便的数据库系统。它集成在 Microsoft Visual Studio 2005 之中，利用它可以轻松地开发出兼容性好，功能丰富，存储安全，可快速部署的数据驱动应用程序。不仅可以免费使用 SSE 版软件，而且可以再分发，就像一个基本的服务器端数据库一样。SSE 版是低端独立软件开发商，低端服务器用户建立 Web 应用程序的非专业开发者和开发客户端应用程序的业余爱好者的理想选择。

（6）移动版（Windows CE（或 ME））

这个版本将用于 Windows CE 设备，其功能完全限制在给定范围内，显然这些设备的容量极其有限。目前，使用 Windows CE 和 SQL Server 的应用程序非常少，实际上只可能在更昂贵的 CE 产品上拥有更有用的应用程序。CE 版是一种专为开发基于 Microsoft Windows Mobile 的设备的开发人员而提供的移动数据库平台。其特有的功能包括强大的数据存储功能，优化的查询处理器，以及可靠、可扩展的连接功能。

2．Management Studio

Microsoft SQL Server Management Studio 是 Microsoft SQL Server 2005 提供的一种新集成环境，用于访问、配置、控制、管理和开发 SQL Server 的所有组件。它将以前版本的 SQL Server 中包括的企业管理器、查询分析器和 Analysis Manager 功能整合到单一环境中。此外，Management Studio 还可以和 SQL Server 的所有组件协同工作，例如 Reporting Services、Integration Services、SQL Server Mobile 和 Notification Services。开发人员可以获得熟悉的体验，而数据库管理员可获得功能齐全的单一实用工具，其中包含易于使用的图形工具和丰富的脚本撰写功能。

用鼠标单击计算机桌面底部状态栏中的"开始"/"程序"/"Micorosoft SQL Server 2005"/"SQL Server Management Studio"命令，将会出现登录对话框，如图 5-2 所示。

图 5-2　SQL Server 2005 登录对话框

选择登录的服务器类型、服务器名称以及验证方式后，单击其中的"连接"按钮，即可登录到 SQL Server 2005 管理工具 Management Studio 的界面，如图 5-3 所示。

图 5-3　管理控制台窗口

默认情况下，Management Studio 中将显示 3 个组件窗口。

（1）已注册的服务器窗口。该窗口列出的是经常管理的服务器，可以在此列表中添加或删除服务器。

（2）对象资源管理器窗口。该窗口列出了服务器中所有数据库对象的树状视图。

（3）文档窗口。它是 Management Studio 中的最大部分。文档窗口可能包含查询编辑器和浏览器窗口。默认情况下，将显示已与当前计算机上的数据库引擎实例连接的"摘要"页。当在对象资源管理器中选择某一对象时，摘要页将显示当前对象的基本情况。

3．数据库管理

（1）创建数据库

要在 SQL Server 中创建一个数据库，利用 SQL Server 管理工具可以非常容易地实现。在图 5-3 中，用鼠标右键单击"对象资源管理器"窗口中的"数据库"目录，在弹出的快捷菜单中选择"新建数据库"命令，打开一个"新建数据库"对话框，如图 5-4 所示。

在"数据库名称"右边的文本框中输入需要新建的数据库名称，单击数据库文件路径旁边的"▢"按钮，选择数据库存储的位置，然后单击"确定"按钮，即可在同一个实例内创建新的数据库，如图 5-5 所示。

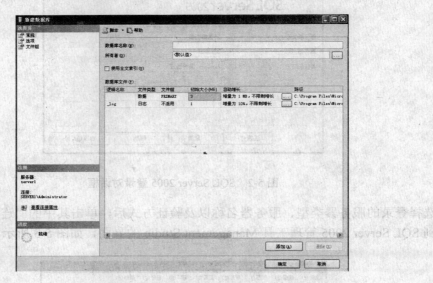

图 5-4 "新建数据库"对话框

（2）修改数据库

在图 5-3 中，用鼠标单击"对象资源管理器"窗口中"数据库"目录左边的折叠按钮，在展开的"数据库"目录中用鼠标右键单击"example"数据库，在弹出的快捷菜单中选择"重命名"命令，即可修改该目录的名称。

（3）删除数据库

用鼠标单击"对象资源管理器"窗口中"数据库"目录左边的折叠按钮，在展开的"数据库"目录中用鼠标右键单击需要删除的数据库，在弹出的快捷菜单中选择"删除"命令，此时会打开如图 5-5 所示的"删除对象"对话框。

在该对话框中，显示将被删除的数据库名称，在一般情况下是选择对话框下面的"删除数据库备份和还原历史记录信息"复选框，表明需要删除该数据库的备份以及恢复历史信息，然后单击"确定"按钮，即可实现删除数据库，返回到 SQL Server 管理工具窗口中。

4．数据表管理

在 SQL Server 中新建了数据库后，就可以在相应的数据库中实现数据表的创建、修改和删除等基本的数据表操作。

（1）创建数据表

用鼠标单击"对象资源管理器"窗口中"数据库"目录左边的折叠按钮，在展开的"数据库"目录中，用鼠标右键单击需要建立数据表的数据库（如 example 数据库）中的"表"文件夹，在弹出的快捷菜单中选择"新建表"命令，此时会弹出如图 5-6 所示的新建数据表的输入对话框。

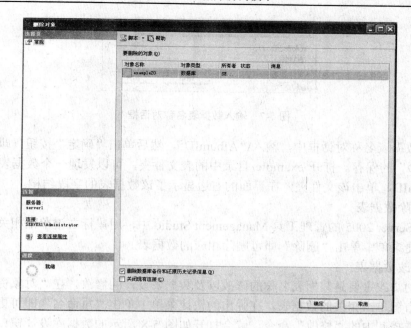

图 5-5 "删除对象"对话框

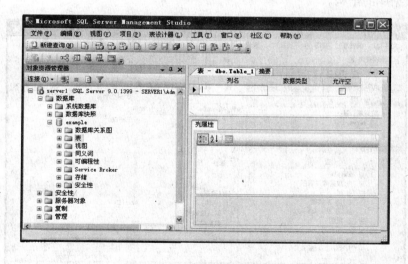

图 5-6 新建数据表输入对话框

在图 5-6 中，右边的窗口新建了一个名称为"Table-dbo.Table_1"的窗口，该窗口主要实现对数据表结构的定义，如字段的名称、数据类型和该字段是否允许为空值。主键的设置方法是用鼠标右键单击字段名称（即 Table-dbo.Table_1 窗口中的列名），在弹出的快捷菜单中选择"设置主键"。此时会在该字段左方的向右箭头标记旁出现一把黄色钥匙的标记，表明该字段被设置为主键。

要将设计的数据表保存为相应的数据表名称，在图 5-6 中用鼠标右键单击右边窗口中的"表-dbo.Table_1"，在弹出的快捷菜单中选择"保存 Table_1"，打开如图 5-7 所示的输入数据表名称对话框。

图 5-7　输入数据表名称对话框

在选择数据表名称对话框中，输入"AlbumID"，然后单击"确定"按钮，即可实现数据表"AlbumID"的保存。打开 example 目录中的表文件夹，可以发现一个数据表图标的文件夹 dbo.AlbumID，单击该文件夹，在界面的右边显示了该数据表的字段结构。

（2）删除数据表

在 SQL Server 2005 的管理工具 Management Studio 中，用鼠标右键单击相关的数据表，在弹出的快捷菜单中单击"删除"即可删除相应的数据表。

（3）修改数据表

数据表的修改主要是数据表名称的修改以及数据表设计的修改。在"对象资源管理器"中，用鼠标右键单击相关的数据表，在弹出的快捷菜单中单击"重命名"即可更改数据表的名称。如果选择其中的"修改"命令，就会打开如图 5-8 所示的数据库设计窗口，用户可以在其中修改数据库的结构。

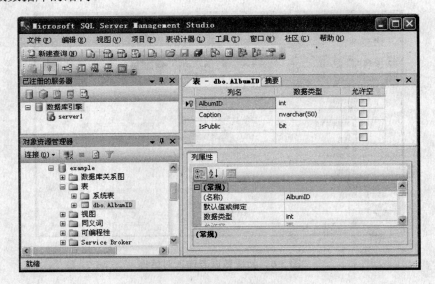

图 5-8　数据库设计窗口

5.2　SQL 语言概述

SQL 是 Structured Query Language（结构化查询语言）的简称，是用户与关系数据库进行交互的标准语言，通过 SQL 可以对关系数据库进行数据查询、编辑等操作。SQL 语言由 4 部分组成。

● 数据定义语言（SQL DDL）：定义模式、基本表、视图和索引。

- 数据操纵语言（SQL DML）：包括数据查询和数据更新（增、删、改）。
- 数据控制语言（SQL DCL）：包括对基本表和视图的授权、完整性规则的描述、事务控制等。
- 嵌入式 SQL 的使用规定。所谓嵌入式 SQL（Embedded SQL），就是将 SQL 语言嵌入到某种高级语言（如 PL/1、COBOL、FORTRAN、C）中使用，利用高级语言的过程性结构弥补 SQL 语言在实现复杂应用方面的不足。

SQL 数据库的体系结构也是三级结构，但术语与传统关系模型术语不同。在 SQL 中，关系模式称为基本表，存储模式称为存储文件，子模式称为视图，元组称为行，属性称为列。

5.2.1　数据定义语言

常用的数据定义语言是在数据库内创建数据表，其语法为：

CreateTable　表名
{ 字段 1　字段类型　其他信息
　字段 2　字段类型　其他信息
　⋮
　字段 n　字段类型　其他信息
}

例如创建一个 Student 数据表，可以使用下面的语句：

CreateTable Student
{ 学号　　Char　　Not Null,
　姓名　　Char　　Not Null,
　年龄　　Int,
　生日　　Datetime
}

以上创建的 Student 数据表中定义了 4 个字段，类型分别为字符型、整型和日期型。Not Null 指明该字段的内容必须输入，不能为空。

注意：除了最后一个字段，每个字段后必须使用"，"标志。

5.2.2　数据操纵语言

数据操纵语言包括 4 种基本的操作语句：Select、Insert、Update、Delete。

1. 查询语句 Select

Select 语句是最常用的 SQL 语句，它可以实现对数据库的查询操作，还可以对查询结果进行分组统计、合计、排序等，Select 语句的语法格式如下：

SELECT　[ALL/DISTINCT]　<字段名列表>　FROM　<表名|视图名>[WHERE <条件>] [GROUP BY <分组字段名>] [ORDER BY <字段名[ASC|DESC]>]

（1）SELECT 子句：指定查询结果集中输出的字段名及其输出方式；选"DISTINCT"表示每组重复记录只输出一条；选"ALL"则表示所有重复记录全部输出，默认为 ALL。"字段名"用于指定输出的字段，获取全部字段可以用"*"表示。

（2）FROM 子句：用于指定要查询的基本表或视图，可以是多个表或视图。可跟表名，也可以跟视图名。

（3）WHERE 子句：指定查询要满足的条件。

（4）GROUP BY 子句：根据指定字段名进行分类汇总查询。

（5）ORDER BY 子句：将查询结果按照指定字段进行升序（ASC）或降序（DESC）排列。字段名可指定多个，之间用逗号分隔。

例如：

①从 SCORE 表中查询 VB.NET 成绩在 80 分以上的学生的 name，可以使用以下语句：

SELECT　DISTINCT　NAME　FROM　SCORE　WHERE　VB.NET > 80

②从 STUDENT 表中查询所有计算机系学生的总数，可以使用以下语句：

SELECT　COUNT(*)　FROM　STUDENT　WHERE　DEPART ="计算机系"

③从 SCORE、STUDENT 表中查询计算机系学生王大为同学的考试成绩总分，可以使用以下语句：

SELECT SUM(*) FROM SCORE WHERE SCORE.ID=STUDENT.ID AND DEPART ="计算机系"

2．插入语句 Insert

向数据表中添加一个新记录需要使用 Insert 语句，其使用语法为：

INSERT [INTO] <表名> [字段名列表] VALUES [对应字段名的值]

Insert 语句的使用说明如下：

①字段名列表：是指数据表的字段列表，如果省略该内容，就默认选择数据表中的所有字段。

②VALUES 子句中的数值要与前面的字段列表的先后顺序、类型完全相同。

③数据表中的关键字和不允许为空的字段必须出现在字段列表中，也就是必须插入，否则执行的时候将发生错误。例如：向成绩表中添加了一条记录：

INSERT SCORE (ID，NAME，VB.NET，C#) VALUES（"068310","李四", 70 , 85）

3．修改语句 Update

要修改表中已经存在的一条或多条记录，应该使用 Update 语句。其使用语法如下所示：

UPDATE　表名　SET　　字段 1='表达式 1' [，字段 2='表达式 2'][，……N] WHERE　条件

Updale 语句的使用说明如下：

①字段 1、字段 2……为要修改的字段名，表达式 1、表达式 2……为要赋予的新值。

②WHERE 子句：对满足条件的记录进行修改。

③使用 UPDATE 命令修改后的数据必须符合相应字段的数据类型，且符合相应的约束，以保证数据的完整性。例如：将 SCORE 表中 VB.NET 不及格的学生成绩改为 60，其语句为：

UPDATE SCORE SET VB.NET=60 WHERE VB.NET < 60

4．删除语句 Delete

要从表中删除一个或多个记录，需要使用 Delete 语句。其使用语法为：

DELECT [FROM] <表名|视图名>　 [WHERE <条件>]

例如，从 SCORE 表中删除 VB.NET，C#中有一门成绩低于 50 分得学生记录，可以使用以下语句：

DELECT FROM SCORE WHERE VB.NET<50 OR C# < 50

5.3 使用 ADO.NET 访问数据库

ADO.NET 是一组向.NET Framework 程序员公开数据访问服务的类，它有效地从数据操作中将数据访问分解为多个可以单独使用或一前一后使用的不连续组件。它包括用于数据库连接、执行命令和检索结果的.NET Framework 提供程序。ADO.NET 类在 System.Data.dll 中，并且与 System.Xml.dll 中 XML 类集成。

5.3.1 ADO.NET 概述

ADO.NET 的名称起源于 ADO（ActiveX Data Objects）。微软公司认为，它是对早期 ADO 技术的"革命性改进"。应该说，它确实是一个非常优秀的数据访问技术，对于使用.NET Framework 进行软件开发的程序员来说，它是必须掌握的技术之一。它为存取任何类型的数据提供了一个统一的框架，它适用于 WinForms 应用程序、ASP.NET 应用程序和 Web Servers。ADO.NET 对象的组织结构如图 5-9 所示。

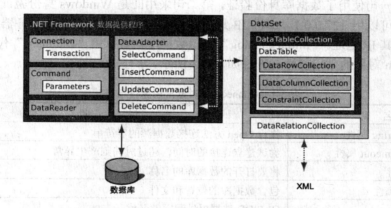

图 5-9 ADO.NET 对象的组织结构

从该模型可以看出，ADO.NET 包括两部分：数据提供程序和数据集（DataSet）。

1．数据提供程序

.NET Framework 数据提供程序用于连接数据库、执行命令和检索结果，共有 4 种，分别如下。

● SQL Server.NET Framework 数据提供程序：使用其自身的协议与 SQL Server 数据库进行通信。其数据提供程序类位于 System.Data.SqlClient 命名空间。

● OLEDB.NET Framework 数据提供程序：通过 OLEDB 服务组件和数据源的 OLEDB 提供程序与 OLEDB 数据源进行通信。其数据提供程序类位于 System.Data.OleDb 命名空间。

● ODBC.NET Framework 数据提供程序：主要用于访问 ODBC 数据源，其数据提供程序类位于 System.Data.Odbc 命名空间。

● Oracle.NET Framework 数据提供程序：主要用于访问 Oracle 数据源，其数据提供程序类位于 System.Data.OracleClient 命名空间。

本章主要讨论 ASP.NET 访问和操作 SQL Server 数据库的方法，其他数据库操作方法完全类似。

2．数据集

数据集（DataSet）是数据库中的表记录在内存中的映像，它包含了表及表间关系。数据集包含两个集合：DataTableCollection 集合和 DataRelationCollection 集合，其中 DataTableCollection 集合又包含 3 个集合，分别是行集合 DataRowCollection、列集合 DataColumnCollection 和约束集合 ConstraintCollection。

5.3.2　创建数据库连接

Connection 对象用来与数据库建立连接。为了连接数据源，需要一个连接字符串。连接字符串通常由分号分隔的名称和值组成，它指定数据库运行库的设置。连接字符串中包含的典型信息包括数据库名称、服务器位置和用户身份。还可以制定其他操作信息。例如，与数据库 example 建立连接可以使用以下语句。

- Server=（local）；Initial Catalog=Northwind；UserId=sa；Password=111111
- Server=（local）；Initial Catalog=Northwind；Integrated Security=True

上例中第一句使用了数据库身份验证，第二句采用的是 Windows 身份验证。其中"local"表示本机，也可以用 127.0.0.1、本机 IP 地址或者"."表示。访问其他服务器上的数据库则可以直接使用其 IP 地址。"Initial Catalog"表示数据库也可以用"Database"代替。

Connection 对象的常用属性与方法如表 5-1 所示。

表 5-1　Connection 对象常用属性与方法

名　称	说　明
ConnectionString 属性	执行 Open 方法连接数据源的字符串
ConnectionTimeout 属性	尝试建立连接的时间，超过时间则产生异常
Database 属性	将要打开的数据库的名称
DataSource 属性	包含数据库的位置和文件
Provider 属性	OLE DB 数据提供程序的名称
ServerVersion 属性	OLE DB 数据提供程序提供的服务器版本
State 属性	显示当前 Connection 对象的状态
Befin Transaction 方法	开始一个数据库事务，允许指定事务的名称和隔离级
ChangeDatabase 方法	改变当前连接的数据库，需要一个有效的数据库名称
Close 方法	关闭数据库连接，使用该方法关闭一个打开的连接
CreateCommand 方法	创建并返回一个与连接关联的 Command 对象
Dispose 方法	调用 Close
EnlistDistriutedTransaction 方法	如果自动登记被禁用，则以指定的分布式企业服务 DTC 事务登记连接
GetSchema 方法	检索指定范围（表、数据库）的模式信息
ResetStatistics 方法	复位统计信息服务
RetrieveSatistics 方法	获得一个用关于连接的信息进行填充的散列表
Open 方法	打开数据连接

打开和关闭数据库是进行数据库操作必不可少的步骤，下面是查询 Stu 数据库中 Student 表中信息的代码：

```
protected void Page_Load(object sender, EventArgs e)
{
    String strcon="server=.;database=stu;uid=sa;pwd=111111";
    SqlConnection con = new SqlConnection(strcon);
    con.Open();
    SqlCommand cmd = new SqlCommand("select * from student ", con);
    con.Close();
}
```

对于上述数据库连接代码，可以使用两种方法存放数据库的连接信息。

（1）将数据库连接代码存放在配置文件（Web.Config）中，代码如下：

```
<connectionStrings>
<add name="stuconnection" value=" server=.;database=stu;uid=sa;pwd=111111" />
</connectionStrings>
```

在配置文件中定义连接之后，在 web 窗体中可以将连接字符串改写如下：

```
String strcon=Configuration.AppSeting["stuconnection "];
```

（2）将数据库连接代码存放在新建的一个类方法中，代码如下：

```
public class Myclass
{
    private static string strsql=" server=.;database=stu;uid=sa;pwd=111111";
    public string strcon
{
get{return strsql;}
}
}
```

在引用此数据库连接信息时，首先要在应用程序中创建这个新类的一个方法，然后再初始化连接对象，代码如下。

```
MyClass    myClass=new MyClass();
SqlConnection con = new SqlConnection(myClass.strcon);
Con.Open();
Con.Close();
```

5.3.3 执行数据库命令

当数据库连接之后，就可以使用 Command 对象对数据源执行查询、添加、删除、修改等各种操作。操作实现的方法是首先定义 SQL 语句或者存储过程，然后创建一个 Command 对象，最后调用 Command 对象中的相关方法，可以实现各种数据操作。Command 对象的常用属性和方法如表 5-2 所示。

表 5-2　Command 对象的常用属性和方法

名　称	说　明
CommandType 属性	获取或设置 Command 对象要执行的命令类型
CommandText 属性	获取或设置对数据源执行的 SQL 语句或存储过程名或表名
CommandTimeOut 属性	获取或设置在终止对执行命令的尝试并生成错误之前的等待时间
Connection 属性	获取或设置此 Command 对象使用的 Connection 对象名称
ExecuteNonQuery 方法	执行 SQL 语句并返回受影响的行数
ExecuteReader 方法	执行返回数据集的 Select 语句
ExecuteScalar 方法	执行查询，并返回查询结果集中的第一行第一列。忽略其他列或行

下面详细介绍一下 ExecuteNonQuery、ExecuteReader、ExecuteScalar 的使用。

（1）ExecuteNonQuery 方法对数据库执行诸如 insert、delete、update、set 语句等命令，其返回的不是查询的数据行而是所影响的行数。

以下是实现向 student 数据表中插入一行的代码：

String insertString="insert into student (stuID,stuName,address) Values ('001', 'Misce','天津市南开区')";

SqlCommand cmd=new SqlCommand(insertString,conn);

cmd. ExecuteNonQuery();

在以上代码中，首先建立了一个字符串对象 insertString，构造了 SQL 插入语句，然后通过 SQL 插入语句以及打开的数据库连接这两个参数，构造一个 SqlCommand 对象 cmd。最后通过执行 SqlCommand 对象 cmd 中的 ExecuteNonQuery()方法，向指定连接的数据库 stu 中的数据表 student 发送 SQL 插入语句，实现在数据表 student 中添加一条记录。

（2）ExecuteReader 方法通常与查询命令一起使用，它返回一个有其查询结果的 DataReader 对象，该对象的 Read 方法的功能为：如果存在记录则读取第一条记录并自动将数据指针下移；如不存在记录返回 False。

以下是实现查询 student 数据表中信息的代码：

String selectString="Select stuName from　student"

SqlCommand cmd=new SqlCommand(selectString,conn);

SqlDataReader rdr=cmd. ExecuteReader();

在以上代码中，第一步定义了一个字符串对象 selectString，构造了 SQL 查询语句；第二步创建了一个 SqlCommand 连接对象 cmd，其中包含两个参数，第一个是 SQL 查询语句，第二个是数据库连接就是已经打开的某个数据库连接，第三步通过执行 SqlCommand 对象 cmd 中的 ExecuteReader()方法，向指定连接的数据库 stu 中的数据表 student 发送 SQL 查询语句，所获得的查询结果是一个数据流 SqlDataReader rdr。

（3）ExecuteScalar 方法是执行查询，并返回查询所返回的结果集中的第一行第一列。如果只想检索数据库信息中的一个值，就不需要返回表或数据流形式的信息。例如：只需要返回 Count(*)、Sum(price)、Avg(Quantity)等聚合函数的结果，那么 Command 对象的 ExecuteScalar 方法就很有用。如果在一个常规查询语句中调用该方法，则只读取第一行的第一列的值，而丢弃其他值。

以下是实现返回单个值的 SqlCommand 对象的代码：

SqlCommand cmd=new SqlCommand("select count(*) from student",conn);

Int count =(int cmd.ExecuteScalar());

在以上代码中，通过 SQL 查询语句以及打开的数据库连接这两个参数，构造一个 SqlCommand 对象 cmd，然后通过执行 SqlCommand 对象 cmd 中的 ExecuteScalar()方法，向指定连接的数据库 stu 中的数据表 student 发送 SQL 查询语句，所获得的查询结果是一个 object 类型的对象，这里通过强制转换，将查询结果转换为一个整型的数值。

例 5.1　使用 SqlCommand 对象执行数据库操作命令（详细代码见光盘 5-1 ）。

（1）首先打开 Visual Studio 2008 创建一个名为 5-1 的网站。

（2）打开网站的配置文件 Web.config 设置存储连接字符串，代码如下：

<connectionStrings>

<add name="Sqlwebzcn" connectionString="Data Source=.;database=Sqlwebzcn; id=sa;Pwd= 111111" providerName="System.Data.SqlClient"/>

</connectionStrings>

（3）布局 Default.aspx 页面，在页面中添加一个 DropDownList 控件命名为 DropDown-List1，并添加列表项，设置不同的数据表。再添加一个 Label 控件用于显示数据表中的记录条数，设置其 Title 属性。经过布局后，该页面效果如图 5-10 所示。

图 5-10　页面布局效果图

（4）转到 Default.aspx.cs 页面，编写 DropDownList1_SelectedIndexChanged 事件代码，该事件主要实现当单击下拉列表中的数据表名时显示该数据表中的记录条数。具体代码如下：

```
protected void DropDownList1_SelectedIndexChanged(object sender, EventArgs e)
{
    string strConn = ConfigurationManager.ConnectionStrings["Sqlwebzcn"].Connection-String;
    SqlConnection con = new SqlConnection(strConn);
    string TabelName = DropDownList1.SelectedValue.ToString();
    try
```

```
        {
            con.Open();
            SqlCommand cmd = new SqlCommand("select count(*) from [" + TabelName + "]",
con);
            Label1.Text = "共有" + cmd.ExecuteScalar().ToString() + "条记录！";
        }
        finally
        {
            if (con != null)
            {
                con.Close();
            }
        }
}
```

页面运行效果如图5-11所示。

图 5-11 页面运行效果

5.3.4 参数化对象 SqlCommand

在实际应用中，构造各种 SQL 语句时，需要使用参数化的 SQL 语句，因此就需要使用参数化的 SqlCommand 对象。Parameter 对象集合关联着一个命令（Command）对象。Parameter 对象代表 SQL Server 存储过程的参数或查询中的参数。在 Command 对象中，有多个 Parameter 子对象可以用来存储参数，这些 Parameter 对象都收集在 Parameter 集合中。

在使用参数化的 SqlCommand 对象时，需要经过 3 个步骤，第一步是新建参数化的 SqlCommand 对象；第二步是定义 SqlParameter 对象；第三步是实现 SqlParameter 对象与 SqlCommand 对象的关联。

1. 新建 SqlCommand 对象

新建参数化的 SqlCommand 对象与建立普通的 SqlCommand 对象基本一样，只是其中构造的 SQL 语句中含有输入参数。

可以通过前面所讲述的三种构造函数来建立参数化的 SqlCommand 对象，以下是一种典型的建立参数化的 SqlCommand 对象方法：

SqlCommand cmd=new SqlCommand("select newsid,newstitle,newscon,newsauthor from newslist where newsauthor=@newsauthor",conn) ;

在以上语句中，由于查询语句中含有参数@newsauthor，因此所建立的 cmd 对象是一个参数化 SqlCommand 对象。

2．定义 SqlCommand 对象

对于 SqlCommand 对象中的每一个参数，都需要定义一个 SqlParameter 对象，对于上面所述的参数@newsauthor，通过定义下面的语句：

new SqlParameter("@city",inputcity);

SqlParameter para = new SqlParameter();

para.ParameterName = "@newsauthor";

para.Value = newsauthor;

即可将参数@newsauthor 定义为字符串 newsauthor 的内容，也就是说 newsauthor 字符串的内容将会赋值给参数@newsauthor。

3．实现 SqlParameter 对象与 SqlCommand 对象的关联

要实现 SQL 语句中的参数与 SqlParameter 对象中的参数相关联，需要实现 SqlParameter 对象与 SqlCommand 对象的关联，可以通过 cmd.Parameter.Add()方法来实现，其语句形式为：

cmd.Parameter.Add (para);

通过上述语句，实现了将字符串 newsauthor 赋值给前面构造的 SQL 语句中的输入参数@newsauthor。需要注意的是，这里的参数@ newsauthor 必须与前面 SQL 语句中的输入参数的名称完全一样。

例 5.2　使用参数化的 SqlCommand 对象操作数据库（详细代码见光盘 5-2）。

（1）首先打开 Visual Studio 2008 创建一个名为 5-2 的网站。

（2）打开网站的配置文件 Web.config 设置存储连接字符串。

（3）布局 Default.aspx 页面，在页面中添加一个 TextBox、Button 控件，用于输入发表新闻作者。再添加一个 GridView 控件，用于显示查询结果。经过布局后，该页面效果如图 5-12 所示。

图 5-12　页面布局效果

（4）双击页面中的"查询"按钮，转到 Default.aspx.cs 页面，编写后台查询按钮单击事件的代码，通过它实现将所查询的信息绑定到 GridView1 控件上，代码如下所示：

```csharp
protected void Button1_Click(object sender, EventArgs e)
    {
        string strConn = onfigurationManager.ConnectionStrings["Para"].ConnectionString;
        SqlConnection con = new SqlConnection(strConn);
        SqlCommand cmd = new SqlCommand();
        SqlDataAdapter sda = new SqlDataAdapter();
        DataSet ds = new DataSet();
        try
        {
            con.Open();
            cmd.Connection = con;
            string newsauthor= TextBox1.Text.Trim().ToString();
            cmd.CommandText = "select newsid,newstitle,newscon,newsauthor from
newslist where newsauthor=@newsauthor";
            sda.SelectCommand = cmd;
            SqlParameter para = new SqlParameter();
            para.ParameterName = "@newsauthor";
            para.Value = newsauthor;
            cmd.Parameters.Add(para);
            sda.Fill(ds);
            if (ds.Tables[0].Rows.Count>0)
            {
                GridView1.DataSource = ds.Tables[0].DefaultView;
                GridView1.DataBind();
            }
            else
            {
                Response.Write("<script language='javascript'>alert('你所查询的作者没
有发表任何新闻！')</script>");
            }
        }
        finally
        {
            if (con != null)
            {
                con.Close();
            }
        }
    }
```

在文本框中输入"author2"后单击"查询"按钮，页面运行效果如图 5-13 所示。

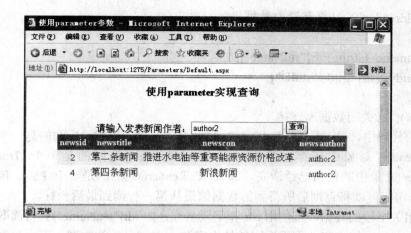

图 5-13　例 5.2 页面运行效果

5.3.5　使用 DataReader 对象读取数据

在与数据库的交互中,要获得数据访问的结果可用两种方法来实现,一是通过 DataReader 对象从数据源中获取数据并进行处理,二是通过 DataSet 对象将数据放置在内存中进行处理。

DataReader 是一个 DBMS 所特有的,常用来检索大量数据。DataReader 对象是以连接的方式工作,它只允许以只读、顺向的方式查看所存储的数据,并在 ExecuteReader 方法执行期间进行实例化。使用 DataReader 无论是在系统开销还是性能方面都很有效,它每次只能在内存中保留 1 行,从而避免了使用大量的内存,大大提高了性能。DataReader 对象的常用属性和方法如表 5-3 所示。

表 5-3　DataReader 对象的常用属性和方法

名　称	说　明
Depth 属性	设置阅读器深度,对于 sqlDataReader 类,它总是返回 0
FieldCount 属性	获取当前的行数
Item 属性	索引器属性,以原始格式获得一列的值
IsClose 属性	获得一个表明数据阅读器有没有关闭的值
RecordsAffected 属性	获取执行 SQL 语句所更改、添加、删除的行数
Read 方法	使 DataReader 对象前进到下一条记录
Close 方法	关闭 DataReader 对象
Get 方法	用来读取数据集当前行某一列的数据
NextResult 方法	当读取批处理 SQL 语句的结果时,使数据读取器前进到下一个结果

使用 DataReader 对象中的 Read 方法可以遍历整个结果集,不需要显式地向前移动指针或检索文件的结束,如果没有要读取的数据,Read 方法自动返回 False。

以下是查询所有记录的典型循环,代码如下所示:

```
SqlCommand cmd=new SqlCommand("select * from student",con );
cmd.connection.open();    //打开数据库连接
SqlDataReader rdr =cmd.. ExecuteReader();    //创建 SqlDataReader 对象
```

```
While (rdr.reader())    //循环读取数据
{
String stuname=(string)rdr["stuName"];
String stuid==(string)rdr["stuID"];
}
rdr.Close();    //关闭数据库连接
```

在以上的代码中，rdr 是一个 SqlDataReader 对象，rdr.Reader()返回的是一个逻辑值，如果 SqlDataReader 对象中还存在数据，那么 rdr.Reader()返回的是一个 True 值；如果 SqlDataReader 对象中的数据已经读完，那么 rdr.Reader()返回的是一个 False 值。通过这个 While 循环语句，可以将查询后所得到的数据结果从第一行读到最后一行。

要读取相关字段的数据，可使用 rdr 和字段名称，如 rdr["stuName"]获得读取的这一行记录中的字段 stuname 的内容，由于返回的该内容是一个 object 的类型，而在数据库中该字段的类型为一个字符串，因此这里使用了强制转换，将读取的内容转换为一个字符串。

例 5.3 SqlDataReader 对象使用实例（具体代码见光盘 5-3）

（1）首先打开 Visual Studio 2008 创建一个名为 5-3 的网站。

（2）打开网站的配置文件 Web.config 设置存储连接字符串，如下所示：

```
<connectionStrings>
<add name="news" connectionString="data source=.;database=news;uid=sa;pwd=111111"/>
</connectionStrings>
```

（3）布局 Default.aspx 页面，在页面中添加一个 GridView 控件并命名为 GridView1 用于显示新闻信息，并设置合适的自动套用格式、控件位置及大小。经过布局后，该页面效果如图 5-14 所示。

图 5-14 例 5.3 页面布局效果图

（4）转到 Default.aspx.cs 页面，编写后台代码，在后台代码中添加一个 GridViewBind()方法，通过它能够使用 SqlDataReader 对象实现将新闻表中的字段绑定到 GridView1 控件上，该方法在页面加载时被调用，代码如下所示：

```
protected void Page_Load(object sender, EventArgs e)
```

```
        {
            GridViewBind();
        }
        private void GridViewBind()
        {
            string strConn =
ConfigurationManager.ConnectionStrings["news"].ConnectionString;
            SqlConnection con = new SqlConnection(strConn);
            SqlCommand cmd = new SqlCommand("select newsid,newstitle,newscon from
newslist");
            SqlDataReader sdr = null;
            try
            {
                con.Open();
                cmd.Connection = con;
                sdr =cmd.ExecuteReader(CommandBehavior.CloseConnection);
                GridView1.DataSource = sdr;
                GridView1.DataBind();
            }
            finally
            {
                if (sdr != null)
                {
                    sdr.Close();
                }
                if (con != null)
                {
                    con.Close();
                }
            }
        }
```

页面运行效果如图 5-15 所示。

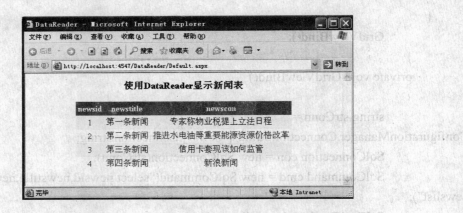

图 5-15　例 5.3 页面运行效果

5.3.6　使用 DataSet 和 DataAdapter 查询数据

基于数据集的访问有两种方式，一个是 DataSet，该类相当于内存中的数据库，在命名空间 System.Data 中定义；另一类是 DataAdapter，该类相当于 DataSet 和物理数据源之间的桥梁。

1．DataSet 对象

在 DataSet 内部是一个或多个 DataTable 的集合，每个 DataTable 对应一个数据库中的数据表和视图。表之间的关系则用 DataRelation 对象来表示。通过 DataAdpter 的 Fill 方法，可以将表中内容填充到 DataSet 对象中。下面代码演示了如何使用 DataSet 和 DataAdapter 对数据库进行更改。

```
string strsql="select * from student";
SqlDataAdpter sda=new SqlDataAdapter(strsql,con);
//声明 SqlCommandBuilder 对象，并将其实例化
SqlCommandBuilder builder=new SqlCommandBuilder(sa);
DataSet ds=new DataSet();   //声明 DataSet 对象，并将其实例化
sda.Fill(ds, "student");   //将 student 表填充到数据集中
DataTable table=ds.Tables["student"];   //插入数据
DataRow row= table.NewRow();   //插入一行
Row["stuID"]="002";
Row["stuName"]="zhangq";
Row["address"]="天津市河东区";
table.Rows.Add(row);   //插入一条记录
sda.Update(table);   //更新数据
```

2．DataAdapter 对象

DataAdapter 对象是一种用来充当 DataSet 对象与实际数据源之间桥梁的对象。DataSet 对象是一个非连接的对象，它与数据源无关，而 DataAdapter 对象正好负责填充它，并把它的数据交给一个特定的数据源，它与 DataSet 对象配合使用，可以执行添加、删除、修改、查询等操作。

　　DataAdapter 对象是一个双向通道，用来把数据从数据源读到一个内存表中，以及把内存中的数据写回到一个数据源中，这两种操作分别称做填充（Fill）和更新（Update）。

　　下面是一个使用 DataAdapter 填充 DataSet 的方法，代码如下所示：

```
SqlConnection con=new SqlConnection("Server=.;uid=sa;pwd=111111;dataase=stu");
Con.Open();
string strsql="select * from student";
SqlDataAdpter sda=new SqlDataAdapter(strsql,con);    //查询 student 表
DataSet ds=new DataSet();    //声明 DataSet 对象，并将其实例化
sda.Fill(ds, "student");    //填充数据集
```

5.4　数据绑定

　　.NET 的数据绑定就是把已经打开的数据集中某个或者某些字段绑定到组件的某些属性上的一种技术。这种方式与 Web 开发完美结合，并且适合于桌面开发。

5.4.1　数据绑定概述

　　数据绑定是指在运行时动态地给控件的属性赋值的过程。比如，可以使用数据绑定把控件的属性绑定到表达式、属性、方法集合、SQL Server 数据库表等数据源。

　　数据绑定语法用于把数据源字段与控件的属性相关联。在代码中使用<%#…%>语法来进行任意值的数据绑定。例如页面和控件属性、集合、表达式，甚至于方法调用的返回结果。为了强制计算数据绑定的值，必须在包含数据绑定语法的页面或控件上调用 DataBind 方法。

　　例 5.4　将变量设置为控件的属性（详细代码见光盘 5-4）。

　　程序主要步骤如下：

　　（1）打开 Visual Studio 2008 创建一个名为 5-4 的网站，默认页面为 Default.aspx。

　　（2）在页面中添加两个标签控件 Label1、Label2 用于绑定变量。

　　（3）切换到 Default.aspx 页面的源代码窗口，为 Label1、Label2 绑定用户登录名和密码，修改标签部分代码如下所示。

```
<asp:Label ID="Label1" runat="server" Text="<%# Name %>"></asp:Label></td>
<asp:Label ID="Label2" runat="server" Text="<%# LoginTime %>"></asp:Label></td>
```

　　（4）转到 Default.aspx.cs 页面，使用 DataBind 方法绑定数据，代码如下：

```
public string name = "Sa";    //为 name 变量赋初值
public string password ="Sapwd" ;    //为 password 变量赋初值
protected void Page_Load(object sender, EventArgs e)
    {
        Page.DataBind();    //使用 DataBind 方法绑定数据
    }
```

　　（5）页面运行效果如图 5-16 所示。

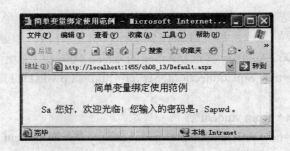

图 5-16   例 5.4 页面运行效果

有一些服务器控件是多记录控件，例如 DataGrid 控件、DropDownList 控件等，这一类控件可以用一个集合作为数据源，下面是一个集合作为数据源的例子。

例 5.5   将集合作为数据源的实例。

建立步骤如下（详细代码见光盘 5-4）：

（1）在 Visual Studio 2008 中打开前面创建的网站 5-4，添加一个名为 ddlbind.aspx 的 Web 文件。

（2）在 ddlbind.aspx 页面中添加 DropDownList 控件用于绑定变量。

（3）切换到 Default.aspx 页面的源代码窗口，修改 DropDownList 部分代码如下：

```
<asp:DropDownList ID="DropDownList1" runat="server" DataSource =<%#ItemList %>>
</asp:DropDownList>
```

（4）转到 Default.aspx.cs 页面，使用 DataBind 方法绑定数据，代码如下：

```
protected ArrayList ItemList = new ArrayList();   //定义数组变量
protected void Page_Load(object sender, EventArgs e)
    {   //为数据变量赋值
        ItemList.Add("星期一");
        ItemList.Add("星期二");
        ItemList.Add("星期三");
        ItemList.Add("星期四");
        ItemList.Add("星期五");
        ItemList.Add("星期六");
        ItemList.Add("星期日");
        this.DropDownList1.DataBind();   //绑定数据
    }
```

（5）运行页面效果如图 5-17 所示。

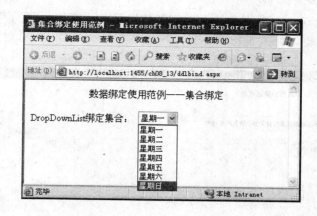

图 5-17　例 5.5 运行页面效果

5.4.2　数据源控件

数据源控件是 ASP.NET 中引入的服务器控件，它是数据绑定体系结构中的关键部分，能够通过数据绑定控件来提供声明性编程模型和自动数据绑定行为。数据控件允许使用不同类型的数据源，如：数据库、XML 文件和中间层业务对象。数据源控件连接到数据源，从中检索数据并使得其他控件无需代码就可以绑定到数据源。

ASP.NET 提供了多种数据源控件，它们分别是：SqlDataSource 控件、AccessDataSource 控件、XmlDataSource 控件、ObjectDataSource 控件、SiteMapDataSource 控件和 LinqDataSource 控件，本节主要介绍 SqlDataSource 控件。

SqlDataSource 控件能够使用 ADO.NET 提供程序连接 SQL Server 数据库、Oracle 数据库、OLE DB 数据源、ODBC 数据源，并通过 SQL 命令来检索和修改在关系数据库中的数据。SqlDataSource 控件在其 SelectCommand、UpdateCommand、InsertCommand 和 DeleteCommand 属性中使用 SQL 查询语句和命令可参数化。这意味着查询和命令可以不必使用文本值而使用占位符，并且可以将占位符绑定到应用程序或用户定义的变量上。可以将 SQL 查询语句中的参数绑定到 Session 变量、通过 Web 窗体页的查询字符串传递的值以及其他服务器控件的属性值上。

例 5.6　SqlDataSource 控件的使用方法实例（详细代码见光盘 5-5）。

（1）创建一个图书数据库 book，在其中建立一个 bookinfo 表，该表中包含 4 个字段，分别为 bookid、bookname、bookpub、price，如表 5-4 所示。

表 5-4　bookinfo 数据表结构

列　名	数据类型	是否标识	描　述
bookid	Int	是（增量为 1）	图书流水号
bookname	Varchar(50)		图书名称
bookpub	Varchar(50)		图书出版社
price	Int		图书价格

（2）打开 Visual Studio 2008 创建一个名为 5-5 的网站，在其 Default.aspx 页面中添加一个 SqlDataSource 控件，为其配置数据源。

● 单击 SqlDataSource 控件右上角的智能按钮，选择弹出的"配置数据源"命令，弹出"配置数据源"对话框，如图 5-18 所示。

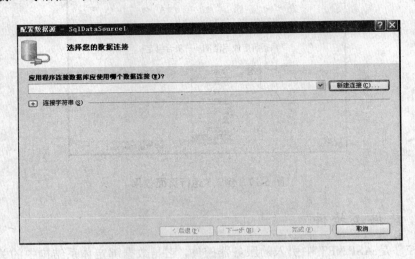

图 5-18 "配置数据源"对话框

● 在图 5-18 对话框中单击"新建连接"按钮，弹出"选择数据源"对话框，如图 5-19 所示，在该对话框中选择"Microsoft SQL Server 数据库文件"选项，然后单击"继续"按钮，弹出"添加连接"对话框，如图 5-20 所示。

● 在"添加连接"对话框中选择数据库服务器名称、登录服务器方式以及连接的数据库，单击"确定"按钮。

● 在"配置数据源"对话框中单击"下一步"按钮，弹出"保存连接字符串"对话框，选择其中"保存连接"复选框，然后单击"下一步"按钮，弹出"配置 Select 语句"对话框，如图 5-21 所示。

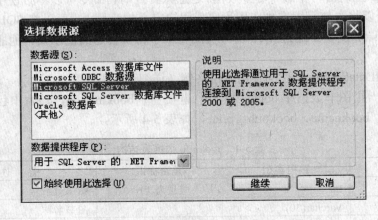

图 5-19 "选择数据源"对话框

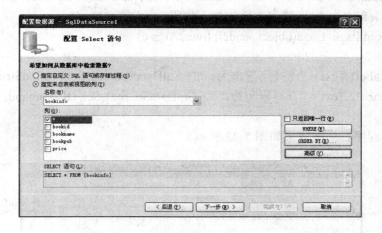

图 5-20 "添加连接"对话框

图 5-21 "配置 Select 语句"对话框

● 选择"指定来自表或视图的列"单选按钮，在名称下拉列表中选择 bookinfo 表，并选中"*"复选框来选择所有字段。在该对话框中还可以添加 WHERE 子句和分组子句，以及 insert、update 和 delete 语句。

● 单击"下一步"按钮，弹出"测试查询"对话框，在该对话框中单击"测试查询"按钮，如果测试成功，数据就会显示出来，如图 5-22 所示。

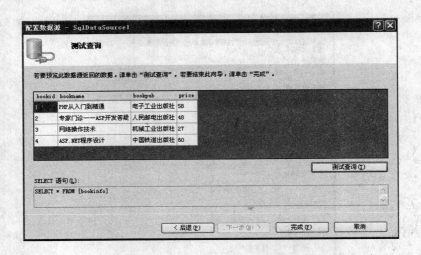

图 5-22　"测试查询"对话框

● 　单击"完成"按钮，即完成为该数据源控件配置数据。

（3）在 Default.aspx 页面中添加一个 ListBox 控件，并在属性窗口中设置 DataSourceID 为该数据源控件的 ID，即：SqlDataSource1，DataTextField 的属性值为 bookname，DataValueField 的属性值为 bookID。

（4）在 Default.aspx 页面中添加两个 Label 控件用于显示 SqlDataSource 控件的属性信息，转到后台代码 Default.aspx.cs 窗口，添加如下代码：

```
protected void Page_Load(object sender, EventArgs e)
{
        Label1.Text = "连接字符串为：" + SqlDataSource1.ConnectionString.ToString();
        Label2.Text = "查询语句为：" + SqlDataSource1.SelectCommand;
}
```

（5）运行程序，页面效果如图 5-23 所示。

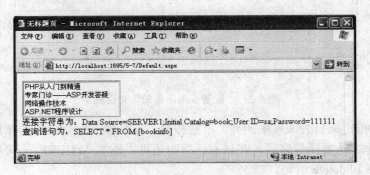

图 5-23　例 5.6 页面运行效果图

5.4.3　GridView 控件

GridView 控件以表格的形式显示数据源的值，其每一列表示一个字段，每一行表示一条记录。GridView 控件提供了很多内置功能，这使程序员写很少的代码就能列出数据的表并且对表进行编辑、多选、排序和删除等操作。GridView 控件主要支持以下功能：

（1）绑定至数据源控件，如：SqlDataSource；

（2）内置排序功能；

（3）内置更新和删除功能；

（4）内置分页功能；

（5）内置行选择功能；

（6）以编程的方式访问 GridView 对象模型，动态设置属性、处理事件；

（7）用于超链接列的多个数据字段；

（8）可通过主题和样式自定义外观。

下面介绍几个 GridView 控件常用的属性、方法、事件。

（1）AllowPaging 属性：该值设置为 True，表示启用了分页功能，否则设置为 False。默认为 False。

（2）DataSource 属性：用于获取或设置对象，数据绑定控件从该对象中检索其数据项列表。默认为空引用。

（3）DataBind 方法：用于将数据源绑定到 GridView 控件。如果 GridView 控件设置了数据源，就需要使用该方法进行绑定，才能将数据源中的数据显示在控件中。

（4）Sort 方法：根据指定的排序表达式和方向对 GridView 控件进行排序。该方法包含以下两个参数。

SortExpress：对 GridView 控件进行排序时使用的排序表达式。

SortDirtection：Ascending（从小到大排序）或者 Descending（从大到小排序）。

（5）PageIndexChanging 事件：单击某一页导航按钮时，在 GridView 控件处理分页操作之后发生。

（6）RowCommand 事件：当单击 GridView 控件中的按钮时发生。

1．GridView 控件的使用

GridView 控件可以绑定到 SqlDataSource、ObjectDataSource 等数据源控件，以及绑定到实现 System Collections.IEnumerable 接口的任何数据源，如 DataView 控件、ArrayList 控件或 Hashtable 控件。GridView 控件共有两种方法绑定到数据源。

（1）若要绑定到某个数据源控件，则直接将 GridView 控件的 DataSourceID 属性设置为该数据源控件的 ID 即可。GridView 控件自动绑定到指定的数据源控件，并且可利用该数据源控件的功能执行排序、更新、删除和分页等操作。这是绑定到数据源控件的首选方法。

（2）若要绑定到某个实现 System Collections.IEnumerable 接口的数据源，则可以以编程方式将 GridView 控件的 DataSource 设置为数据源，然后使用 DataBind 方法绑定数据。若使用此方法，则 GridView 控件不提供内置的排序、更新、删除和分页功能，必须在适当的事件处理程序中编写相应的处理程序才能实现。

例 5.7　与 System Collections.IEnumerable 接口数据源的数据绑定方法（详细代码见光盘 5-5）。具体步骤如下：

（1）打开 Visual Studio 2008 前面创建的名为 5-5 的网站，添加 GridView.aspx 页面，在其中添加一个 GridView 控件，设置其属性 AutoGenerateColumns 的值为 False，然后在其页面代码中创建该控件要绑定的字段，代码如下：

```
<asp:GridView ID="GridView1" runat="server" AutoGenerateColumns="False"
onpageindexchanging="GridView1_PageIndexChanging">
    <Columns>
<asp:BoundField DataField="bookid" HeaderText="图书编号"/>
                <asp:BoundField DataField= "bookname" HeaderText="图书名称"/>
                <asp:BoundField DataField="bookpub" HeaderText="图书出版社"/>
                <asp:BoundField DataField="price" HeaderText="图书价格"/>
    </Columns>
</asp:GridView>
```

在<Columns></Columns>节中的代码是以声明的方式定义列字段集合。其中列出的字段将按照所列出的顺序存储在Columns集合中。

（2）下面需要从数据库中获取数据，先把与数据库的连接字符串存储到配置文件中，打开 web.config 文件，在 connectionStrings 节中输入以下代码：

```
<connectionStrings>
        <add name="bookConnectionString" connectionString="Data Source=.;Initial Catalog=
book; User ID=sa;Password=111111"    providerName="System.Data.SqlClient" />
</connectionStrings>
```

（3）在后台 GridView.aspx.cs 代码文件中编写数据绑定到 GridView 控件的方法，主要代码如下：

```
public void GetDataBind()
    {
string connString=ConfigurationManager.ConnectionStrings["ConnectionString"].Connection-
String;
    DataTable dt = new DataTable();
    using (SqlConnection sqlConn = new SqlConnection(connString))
        {
            string cmdText = "select * from bookinfo";
            SqlDataAdapter da = new SqlDataAdapter(cmdText, sqlConn);
            da.Fill(dt);
            GridView1.DataSource = dt;
            GridView1.DataBind();
        }
    }
```

以上代码，利用 SqlDataAdapter 对象获取数据库中的数据并存储在 DataTable 对象中。然后赋值给 GridView 控件的 DataSource 属性，最后使用 Bind 方法绑定。

（4）定义完该方法后，在 Page_Load 事件中调用该方法。这样 GridView 控件就能够在页面中显示数据信息了。具体代码如下：

```
protected void Page_Load(object sender, EventArgs e)
    {
        if (!this.Page.IsPostBack)
```

```
        {
            GetDataBind();
        }
    }
```

（5）单击 GridView 控件右上方的智能按钮，选择自动套用格式命令，为其选择一个样式模板，运行程序，页面效果如图 5-24 所示。

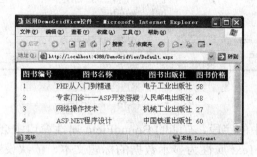

图 5-24　例 5.7 页面效果

2．GridView 控件排序显示数据

GridView 控件内置排序功能，但是它不支持列排序，仅提供用于排序的用户界面，只有所依赖的数据源控件才能代替其执行排序，即 GridView 控件依赖于它所绑定到的数据源控件的数据排序功能。

例 5.8　用 GridView 控件实现排序过程操作的实例（代码见光盘 5-5）。

具体步骤如下：

（1）打开 Visual Studio 2008 前面创建的名为 5-5 的网站，在其中添加 Paixu.aspx 页面中添加一个 SqlDataSource 数据源控件，单击其右上角的智能按钮，配置数据源，此处依然连接前面建立的 book 数据库。

（2）再在 Paixu.aspx 页面中添加一个 GridView 控件，设置其属性 AutoGenerateColumns 的值为 False。单击其右上角的智能按钮，对其进行如下配置：

● 选择"自动套用格式"命令，为其选择一个样式。

● 单击"选择数据源"下拉列表来选择第一步建立的数据源。

● 选中"启用排序"复选框，启用该控件的默认排序功能。

● 单击"编辑列"命令，出现"字段"对话框如图 5-25 所示。

图 5-25 "字段"对话框

单击"选定的字段"中的字段，右侧的 BoundField 属性窗口中会显示该字段的各种信息，其中"外观"中的 HeaderText 属性为显示数据的标题文本，依次设置为"图书编号"、"图书名称"、"图书出版社"、"图书价格"。

（3）选中在 GridView 控件，转到"事件"窗口，双击其中的 Sorting 事件，进入后台代码 Default.aspx.cs 页面，编写 Sorting 事件的程序如下：

```
protected void GridView1_Sorting(object sender, GridViewSortEventArgs e)
    {
            e.SortDirection = SortDirection.Descending;
    }
```

（4）运行程序，页面效果如图所示 5-26 所示。

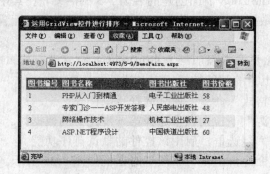

图 5-26 例 5.8 页面运行效果

此时单击任意列标题，会发现数据按照该列进行了排序。

3．GridView 控件分页显示数据

在.NET Framework 平台处理显示数据时，GridView 控件内置了分页功能。

例 5.9 使用 GridView 控件实现排序过程操作的实例（具体代码见光盘 5-5）。

具体步骤如下：

（1）在上面网站 5-5 中新建一个名为 fenye.aspx 的 Web 页面，页面中添加一个 GridView 控件。

（2）在该控件的属性窗口中设置 AllowPage 值为 Ture、PageSize 属性值为 5，然后单击控件右上角的智能按钮，为其选择一个样式。

（3）为了能在页面中显示 GridView 控件的当前页数、总页数和能够转到想要达到的页数，在页面添加如下控件和代码：

- 在 GridView 控件下方添加文字"当前第"和"页"，并在其中间添加一个 Label 控件。
- 再添加文字"共有"、"页"，并在其中间添加一个 Label 控件。
- 然后在其后添加文字"转到"、"一个 TextBox 控件"和一个"LinkButton 控件"，并将 LinkButton 控件的 Text 属性设置为"Go>>"。

（4）转到 fenye.aspx.cs 页面编写代码，首先编写一个绑定控件的方法。

主要代码如下：

```
public void GetBindGridView()
{
string connString = ConfigurationManager.ConnectionStrings[" ConnectionString2" ].
ConnectionString;
        using (SqlConnection sqlConn = new SqlConnection(connString))
    {
DataTable dt = new DataTable();
            SqlDataAdapter da = new SqlDataAdapter("select * from bookinfo", sqlConn);
da.Fill(dt);
GridView1.DataSource = dt;
GridView1.DataBind();
    }
 }
```

（5）在 Page_Load 事件中调用数据绑定该方法，并为 Lable 控件赋值，代码如下：

```
protected void Page_Load(object sender, EventArgs e)
    {
        if (!this.Page.IsPostBack)
    {
        GetBindGridView();
        this.Label1.Text = (GridView1.PageIndex + 1).ToString();
        this.Label2.Text = GridView1.PageCount.ToString();
    }
    }
```

（6）处理 PageIndexChanging 事件，如果不为 GridView 控件的 PageIndex 属性赋值，那么在运行程序更换页时会出现异常。主要代码如下：

```
protected void GridView1_PageIndexChanging(object sender, GridViewPageEventArgs e)
    {
        GridView1.PageIndex = e.NewPageIndex;
        GetBindGridView();
        Label1.Text = (GridView1.PageIndex + 1).ToString();
```

}

（7）最后为了实现转到 GridView 控件所要显示的页数，需要编写 LinkButton 事件处理程序。主要代码如下：

```
protected void LinkButton1_Click(object sender, EventArgs e)
    {
        GridView1.PageIndex = Int32.Parse(TextBox1.Text.ToString())-1;
        GetBindGridView();
        Label1.Text = TextBox1.Text;
        TextBox1.Text = "";
    }
```

（8）运行程序，页面效果如图 5-27 所示。

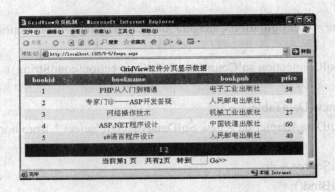

图 5-27   例 5.9 页面运行效果

4．在 GridView 控件中编辑数据

GridView 控件的按钮包括"编辑"、"更新"、"取消"按钮，这 3 个按钮分别触发 GridView 控件的 RowEditing、RowUpdating、RowCancelingEdit 事件，从而完成对指定项的编辑、更新和取消操作。

例 5.10   利用 GridView 控件的事件对指定项信息进行编辑操作（详细代码见光盘 5-5）。程序实现的主要步骤如下：

（1）在上面名为 5-5 的网站中新建一个名为 bianji.aspx 的 Web 文件，页面中添加一个 GridView 控件，并为 GridView 控件添加一列编辑按钮列。

（2）当用户单击"编辑"按钮时，将触发 GridView 控件的 RowEditing 事件。在该事件的程序代码中将 GridView 控件编辑项索引设置为当前选项的索引，并重新绑定数据。代码如下：

```
protected void GridView1_RowEditing(object sender, GridViewEditEventArgs e)
        {   //设置GridView控件的编辑项的索引为选择的当前索引
            GridView1.EditIndex = e.NewEditIndex;
            Bind();   //自定义事件用来绑定GridView
        }
```

（3）当用户单击"更新"按钮时，将触发 RowUpdating 事件。在该事件的程序代码中，首先获得编辑行的图书编号字段的值和各文本框中的值和文本框中缺少的值，然后将数据更新至数据库，最后重新绑定数据。代码如下：

```
protected void GridView1_RowUpdating(object sender, GridViewUpdateEventArgs e)
{
    SqlConnection con = new
    SqlConnection("server=.;database=book;uid=sa;pwd=111111;");
        con.Open();    //获得图书编号字段
    string id=((TextBox)(GridView1.Rows[e.RowIndex].Cells[0].Controls[0])).Text.Trim();
        //取得文本框中输入的内容
    string name = ((TextBox)(GridView1.Rows[e.RowIndex].Cells[1].Controls[0] )). Text.Trim();
    string pub = ((TextBox)(GridView1.Rows[e.RowIndex].Cells[2].Controls[0] )). Text.Trim();
    string price = ((TextBox)(GridView1.Rows[e.RowIndex].Cells[3].Controls[0])). Text.Trim();
        string sql = "update bookInfo set bookname='" + name + "',bookpub='" + pub +
"',price='" + price + "' where bookid=" + id  ;
        SqlCommand com = new SqlCommand(sql, con);
        com.ExecuteNonQuery();
        con.Close();
        GridView1.EditIndex = -1;
        Bind();
}
```

（4）运行页面效果如图 5-28 所示。

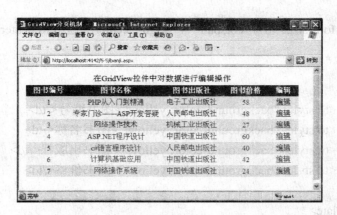

图 5-28　例 5.10 运行页面效果

5.4.4　Repeater 控件

Repeater 控件是一个数据绑定容器控件，它用于生成各个项的列表。可以使用模板定义页面上各个项的布局，当页面运行时，Repeater 控件为数据源中的每个项重复此布局。

在使用 Repeater 控件显示数据时，必须先创建模板来绑定数据列表。Repeater 控件模板的定义共有 5 种。

（1）ItemTemplate：是数据源中的每一行都呈现一次的元素。若要显示 ItemTemplate 中的数据，请声明一个或多个 Web 服务器控件并设置其数据绑定表达式以使其成为 Repeater 控件 DataSource 中的字段。

（2）AlternatingItemTemplate：与 ItemTemplate 元素类似，但在 Repeater 控件中隔行（交替项）呈现一次。通过设置 AlternatingItemTemplate 元素的样式属性，可以为其指定不同的外观。

（3）FooterTemplate：在所有数据绑定行呈现之后呈现一次的元素。典型的用途是关闭在 HeaderTemplate 项中打开的项目。FooterTemplate 中不能进行数据绑定。

（4）HeaderTemplate：在所有数据绑定行呈现之前呈现一次的元素。典型的用途是开始一个容器元素（如表）。HeaderTemplate 项不能是数据绑定的。

（5）SeparatorTemplate：在各行之间呈现的元素，通常是分行符（
 标记）、水平线（<hr> 标记）等。SeparatorTemplate 项不能是数据绑定的。

例 5.11   Repeater 控件使用方法的实例（详细代码见光盘 5-6）。

（1）打开 Visual Studio 2008 创建一个名为 5-6 的网站。

（2）在 Default.aspx 页面中添加一个 SqlDataSource 数据源控件，单击其右上角的智能按钮，配置数据源，此处连接第一节所建立的 book 数据库。

（3）在页面中添加一个 Repeater 控件，然后为该控件添加模版 HeaderTemplate、FooterTemplate，在 HeaderTemplate 模板中添加<table>标记，在 FooterTemplate 模板中添加</table>标记，依次设置其他模板。具体代码如下：

```
<HeaderTemplate>
    <table width="100%" cellpadding="0" cellspacing="0">
        <tr>
            <td font-size: 90%" colspan="4" align="center">运用Repeater数据绑定控件范例</td>
        </tr>
        <tr>
                <td style="background-color: yellow">图书编号</td>
                <td style="background-color: yellow ">图书名称</td>
                <td style="background-color: yellow ">图书出版社</td>
                <td style="background-color: yellow ">图书价格</td>
        </tr>
</HeaderTemplate>
<ItemTemplate>
        <tr>
                <td><asp:Label ID="Label1" runat="server" Font-Size="90%"
Text='<%#Eval("bookid") %>'></asp:Label></td>
                <td style="font-size: 90%"><%#Eval("bookname") %></td>
                <td style="font-size: 90%"><%#Eval("bookpub") %></td>
                <td style="font-size: 90%"><%#Eval("price") %></td>
        </tr>
```

                                   </ItemTemplate>

                                   <AlternatingItemTemplate>

                                                          <tr>

                                                                  <td style="background-color: pink"><asp:Label ID="Label1" runat="server" Text='<%#Eval("bookid") %>'></asp:Label></td>

                                                                  <td style="background-color: pink"><%#Eval("bookname") %></td>

                                                                  <td style="background-color: pink "><%#Eval("bookpub") %></td>

                                                                  <td style="background-color: pink "><%#Eval("price") %></td>

                                                          </tr>

                                   </AlternatingItemTemplate>

                                   <FooterTemplate>

                                                          <tr>

                                                                  <td font-size: 90%" colspan="4">显示数据完毕</td>

                                                          </tr>

                                                          </table>

                                   </FooterTemplate>

（4）最后单击 Repeater 控件右上角的智能按钮，为其添加数据源，此时实例设计完成，运行程序，页面效果如图 5-29 所示。

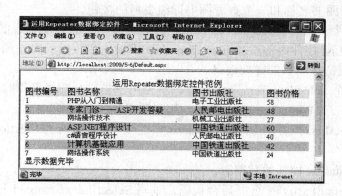

图 5-29　例 5.11 页面显示效果

5.4.5　DataList 控件

DataList 控件可以自定义的格式显示数据库信息。在项、交替项、选定项和编辑项模板中定义显示数据所用的格式。用标头、脚注和分隔符模板定义 DataList 的整体外观。这方面它与 Repeater 控件相似。不过 DataList 控件不仅能将数据按照指定的模板显示，还可以进行分列显示数据、选择和编辑数据。

DataList 控件所定义的模板，除了 Repeater 控件所创建的模板外，还有以下两种。

（1）SelectedItemTemplate：当选择 DataList 控件中某一项时将显示这种元素。通常可以使用此模板来通过不同的背景色或字体颜色区分选定的行。

（2）EditItem Template：指定当某项处于编辑模式时的布局。此模板通常包含一些编辑控件，如 TextBox 控件。

下面介绍几个 DataList 控件常用的属性、方法、事件。

（1）DataKeyFile 属性：指定 DataSource 属性指示的数据源中的主键字段，主键字段是数据表中唯一标识记录的字段，一般情况下使用这个字段做索引。所指定的字段用于填充 DataKeys 集合。可以用数据列表控件存储主键字段而无需在控件中显示它。

（2）DataKeys 属性：使用 DataKeys 集合访问数据列表控件中每个记录的键值（显示为一行）。这是可以用数据列表控件存储主键字段而无需在控件中显示它。此集合自动用 DataKeyField 属性指定字段中的值填充。

（3）FindControl 方法：是在当前的命名容器中搜索指定的服务器控件。例如，在 DataList 控件中查找出 ID 为"Text2"的 TextBox 控件的 Text 属性值，可以使用以下代码：

String name=((TextBox)e.Item.FindControl（"Tex002"）).Text;

（4）EditCommand 事件：单击 DataList 控件中的某项的"Edit"按钮时发生。此事件经常用于编辑 DataList 中的某一行数据。

（5）UpdateCommand 事件：对 DataList 控件中的某个项单击"Update"按钮时发生。此事件经常用于更新 DataList 中的某一行数据。

例 5.12　DataList 控件的使用说明（详细代码见光盘 5-7）。

（1）打开 Visual Studio 2008 创建一个名为 5-7 的网站。

（2）在 Default.aspx 页面中添加一个 DataList 控件，本例中主要显示数据库中图书的信息，该页面要显示图书名称和一个查看图书详细资料的按钮。

（3）为该控件添加模板 HeaderTemplate，在该模板中定义显示信息的标题。

（4）在 DataList 控件内部添加 Item Template 模板，在该模板内添加姓名的数据绑定以及 LinkButton 按钮链接图书的详细信息。

（5）添加一个 SelectItemTemplate 模板，主要用于当进行选择操作时，显示详细信息。

（6）再添加一个 FooterTemplate 模板，用于显示当天的日期。

（7）设置 DataList 控件的 RepeatColumns 属性值为 2，RepeatDirection 属性值为 Horizontal。

（8）设置 DataList 控件的数据源。

（9）转入 Default.aspx.cs 页面后台代码，编写 SelectIndexChanged 和 ItemCommand 事件的代码。

程序设计完成后，运行页面的效果如图 5-30 所示。

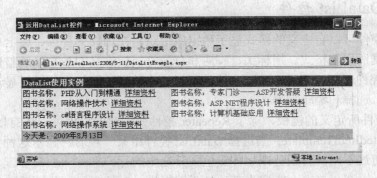

图 5-30　例 5.12 页面运行效果

5.4.6 TreeView 控件

TreeView 控件的基本功能是将有序的层次化结构数据显示为树形结构，树中的每个项都称为一个节点，它由一个 TreeNode 对象表示，一个节点可以同时是父节点和子节点，但不能同时为根节点、父节点、叶节点。节点是根节点、父节点还是叶节点决定着节点的可视化属性和行为属性。

TreeView 控件的功能很丰富，它不但能自动绑定数据，而且节点文本还可以显示为选择文本或者超链接文本。TreeView 控件支持的主要功能有以下几点：

（1）自动数据绑定，允许将控件的节点绑定到分层数据（XML、表格、站点地图等）。

（2）与 SiteMapDataSource 控件集成实现站点导航功能。

（3）节点文本可以显示为普通文本、超链接文本。

（4）可自定义树形和节点的样式、主题等外观特征。

（5）通过编程方式访问 TreeView 对象模型，可以动态地创建树、填充节点以及设置属性。

（6）在客户端浏览器支持的情况下，可以通过客户端到服务器的回调填充节点。

（7）具有在节点处显示复选框的功能。

TreeView 控件的属性和事件很多，下面对其中比较重要的属性和事件进行详细介绍。

（1）AutoGenerateDataBindings 属性：获取或设置 TreeView 控件是否自动生成树节点绑定。当该属性值设置为 True 时，表示 TreeView 控件自动生成树节点绑定，否则为 False。

（2）ExpandDepth 属性：获取或设置默认情况下 TreeView 服务器控件展开的层次数。例如：将该属性设置为 2，则将展开根节点及根节点下方紧邻的所有父节点。其默认值为-1，表示将所有节点完全展开。

（3）Nodes 属性：使用 Nodes 属性可以获取一个包含树中所有根节点的 TreeNodeCollection 对象。Nodes 属性通常用于快速循环访问所有根节点，或者访问树中的某个特定根节点，同时还可以使用 Nodes 属性以编程方式添加、移除、插入和检索 TreeNode 对象。

（4）SelectedNodeExanged 事件：在 TreeView 控件中选定某个节点时发生。TreeView 控件的节点文字有选择模式、导航模式两种模式，默认情况下，处于选择模式，如果节点的 NavigateUrl 属性设置不为空，则节点处于导航模式。当 TreeView 控件处于选择模式时，用户单击 TreeView 控件的不同节点处的文字，将触发 SelectedNodeExanged 事件，在该事件下可以获得所选择的节点对象。

（5）TreeNodePopulate 事件：当其 PopulateOnDemand 属性设置为 True 的节点在 TreeView 控件中展开时发生。

（6）TreeNodeDataBound 事件：此事件在数据项绑定到 TreeView 控件中的节点时发生。

例 5.13　TreeView 控件使用方法（详细代码见光盘 5-8）。

（1）创建数据库——filedb，其中 fileinfo 表存储产品目录树信息，其结构如表 5-5 所示。

表 5-5   fileinfo 数据表结构

列　名	数据类型	是否标识	描　述
FileID	Int	是（增量为 1）	文件流水号
FileisDir	Bit		文件或目录标识
ParentID	Int		上级目录 ID 号
FileName	Nvarchar(max)		文件名称
FileUrl	Nvarchar(max)		文件保存路径
CreateDate	Datetime		建立时间

（2）新建一个名为 5-8 的网站，默认主页为 Default.aspx 文件，在该文件中添加一个 TreeView 控件。

（3）在转入 Default.aspx.cs 文件，编写后台代码。首先定义 BindTree 方法，用于将数据库中的数据绑定到 TreeView 控件，代码如下：

```
protected void BindTree()
{   //连接数据库，查询信息
    SqlConnection sqlCon = new SqlConnection();
    SqlCon.ConnectionString = "server=(local);uid=sa;pwd=111111;database=objectdb ";
    SqlDataAdapter da = new SqlDataAdapter("select * from object", sqlCon);
    //实例化数据集DataSet
    DataSet ds = new DataSet();
    da.Fill(ds, "object");
    //下面的方法动态添加了TreeView的根节点和子节点
    //设置TreeView的根节点
    TreeNode tree1 = new TreeNode(".NET内置对象");
    this.TreeView1.Nodes.Add(tree1);
    for (int i = 0; i < ds.Tables["object"].Rows.Count; i++)
    {
        TreeNode tree2 = new TreeNode(ds.Tables["object"].Rows[i][0].ToString(),
ds.Tables ["object"].Rows[i][0].ToString());
        tree1.ChildNodes.Add(tree2);    //显示TreeView根节点下的子节点
        for (int j = 0; j < ds.Tables["object"].Columns.Count; j++)
        {
            if (j != 0)
            {
                TreeNode tree3 = new TreeNode(ds.Tables["object"].Rows[i][j].
ToString() , ds.Tables["object"].Rows[i][j].ToString());
                tree2.ChildNodes.Add(tree3);
            }
        }
    }
}
```

```
        }
```

（4）在页面的 Page_Load 事件中，调用 BindTree 方法设置父节点与子节点间的连线并展开数控件的第一层。代码如下：

```
protected void Page_Load(object sender, EventArgs e)
    {
        if (!IsPostBack)
        {
            BindTree();
            TreeView1.ShowLines = true;     //显示连接父节点与子节点间的线条
            TreeView1.ExpandDepth = 1;      //控件显示时所展开的层数
        }
    }
```

5.5　本章小结

本章主要围绕使用 ADO. NET 进行数据访问展开，主要介绍了在 Visual Studio.NET 中创建与 SQL Server 数据库连接和执行数据操作以及使用 GridView、DataList 等数据控件显示数据源中数据的方法。

5.6　本章实验

5.6.1　购物车

在上一章中利用数组实现了简易的网上书店，由于没有使用数据库技术，只能通过 CheckBoxList 列表进行添加，不能实现对图书的动态管理。在本章的实训中采用数据库技术实现现实生活中的购物（详细代码见光盘 5-9）。

【实验目的】

掌握购物车添加商品、删除商品订单、修改订单等环节的工作原理。

能够利用 ADO.NET 技术管理数据库以及常用数据控件的使用。

【实验内容和要求】

用户访问该网站时首先显示各类商品信息，如图 5-31 所示。

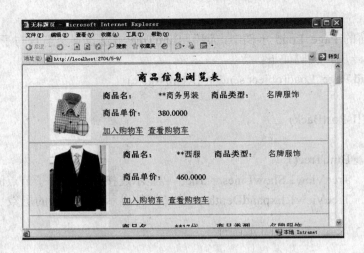

图 5-31　显示商品信息页面

在图 5-31 页面中，单击"加入购物车"链接按钮，弹出成功页面如图 5-32 所示，单击"查看购物车"链接按钮，显示用户购买商品信息，如图 5-33 所示。在此处单击"删除"和"编辑"链接按钮可以进行删除和更改购买数量的操作，还可以进行返回"继续购物"、"清空购物车"、"结账"等操作。

图 5-32　商品添加成功对话框

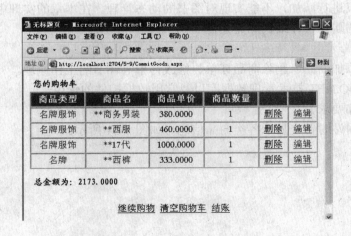

图 5-33　用户购买商品显示页面

【实验步骤】

（1）创建数据库

创建一个商品信息数据库 Goods，在其中建立一个 GoodsInfo 表，该表中包含 GoodsId、GoodsName、GoodsIntroduce、GoodsPrice，等字段如表 5-6 所示。

表 5-6　GoodsInfo 数据表结构

字段名	数据类型	是否标识	描　述
GoodsId	Int	是（增量为 1）	商品编号
GoodsName	Varchar(50)		商品名称
GoodsIntroduce	Text		商品类型
GoodsPrice	Monkey		商品单价
GoodsPhoto	Varchar(50)		商品图片存放地址
GoodsIsNew	Char(10)		商品是否二手货
GoodsDate	Datetime		商品生产日期
GoodsQuantity	Int		商品数量

（2）设计显示商品页面 Default.aspx

●　在页面中添加一个 DataList 控件，用于显示商品，单击 DataList 控件"智能"按钮中的"编辑模板"命令，在弹出的 DataList1 控件的 ItemTemplate 模板中添加 Image、Label 标签以及 LinkButton 按钮，将 LinkButton 按钮的 Text 属性分别设置为"加入购物车"、"查看购物出"，如图 5-34 所示。

图 5-34　DataList1 控件项模板编辑效果

●　首先定义方法 DLBind()，用于查询数据库的商品信息绑定到 DataList 控件中。再编写 Page_Load 事件代码，使用语句 if (!IsPostBack) {DLBind();}实现。如果不是，回传页面则绑定数据。

●　定义方法 SaveSubGoodsClass，购买商品时获取的购买商品信息保存在定义结构的 Goods 中。

●　定义方法 AddOrderInfo，保存购买商品信息并向购物车 OrderInfo 数据表中添加商品信息。

（3）设计显示购物车信息页面 CommitGoods.aspx

●　在页面中添加一个 GridView 控件，用于显示购物商品，单击 GridView 控件"智能"中的"编辑列"命令，在弹出的 GridView 控件的"字段"对话框中设置各个字段的绑定信息，如图 5-35 所示。再添加两个链接按钮和四个标签控件，修改后页面效果如图 5-36 所示。

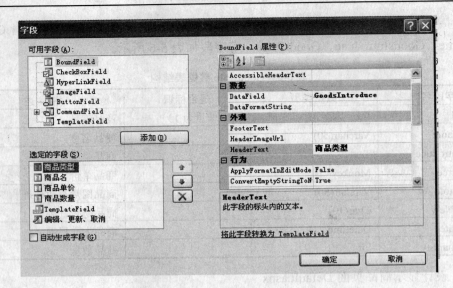

图 5-35 "字段"对话框

您的购物车

商品类型	商品名	商品单价	商品数量		
数据绑定	数据绑定	数据绑定	数据绑定	删除	编辑
数据绑定	数据绑定	数据绑定	数据绑定	删除	编辑
数据绑定	数据绑定	数据绑定	数据绑定	删除	编辑
数据绑定	数据绑定	数据绑定	数据绑定	删除	编辑
数据绑定	数据绑定	数据绑定	数据绑定	删除	编辑
数据绑定	数据绑定	数据绑定	数据绑定	删除	编辑
数据绑定	数据绑定	数据绑定	数据绑定	删除	编辑
数据绑定	数据绑定	数据绑定	数据绑定	删除	编辑
数据绑定	数据绑定	数据绑定	数据绑定	删除	编辑
数据绑定	数据绑定	数据绑定	数据绑定	删除	编辑

1 2

总金额为：Label

您的购物车为空
继续购物清空购物车结账

图 5-36 CommitGoods.aspx 页面效果

● 定义方法 DVBind()，用于将购物数据表 OrderInfo 中的数据读取出来，绑定到 GridView 控件显示。在页面加载 Page_Load 事件中调用此方法。

● 定义方法 TotalMoney()，主要用来统计商品总金额。

● 自定义方法 DeleteGoods 用于从购物数据表 OrderInfo 中删除用户指定的商品。在 GridView1_RowDeleting 事件中调用 DeleteGoods 方法删除指定的商品。

● 自定义方法 DeleteAllInfo 用于清空购物数据表 OrderInfo 中所有用户购买的商品。在 "清空购物车" 链接按钮的单击事件中调用 DeleteGoods 方法删除指定的商品。

（4）设计结账页面 CheckOut.aspx

用户在 CommitGoods.aspx 页面中单击 "结账" 按钮，跳转到 CheckOut.aspx 页面中。在此页面添加一个按钮控件，单击按钮后链接到显示商品页面继续购物。

5.6.2　注册登录

很多网站都需要用户成为本网站的会员，才能使用网站中的很多功能。这就需要在网站中提供注册登录功能。本节主要介绍注册登录功能的实现。

【实验目的】

掌握使用 ADO.NET 技术对数据库进行增加、删除、修改等操作的方法，以及验证码技术。

【实验内容和要求】

用户访问该网站时首先显示用户登录界面，如图 5-37 所示。在此处输入正确的登录名、密码、验证码可以登录网站欢迎界面，如图 5-38 所示。也可以单击"注册新用户"直接跳转到注册页面，如图 5-39 所示。填写表单信息（带*号部分为必填内容）之后，验证会员名是否与数据库中重复、两次输入密码是否一致、E-mail 是否符合格式要求，以上均正确后将成功注册。

图 5-37　用户登录界面

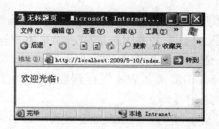

图 5-38　网站欢迎界面

图 5-39　用户注册界面

【实验步骤】

（1）创建数据库

创建一个用户信息数据库 db_GetPass，在其中建立一个 tb_User 表，该表中包含 id、username、userpass、nickname 等字段，如表 5-7 所示，用于存储注册用户信息。

表 5-7　tb_User 数据表结构

字段名	数据类型	是否标识	描　述
id	Int	是（增量为 1）	用户 ID 编号
username	Varchar(50)		用户登录名
userpass	Varchar(50)		用户密码
nickname	Varchar(50)		用户昵称
sex	char(10)		用户性别
phone	Varchar(50)		用户联系电话
email	Varchar(50)		用户 E-mail 地址
city	Varchar(50)		用户所在城市

（2）用户登录页面 Default.aspx

● 在页面中添加两个 TextBox 控件，用于输入登录名和密码；添加一个 Image 控件用于显示验证码；添加一个 LinkButton 按钮用于跳转到注册页面；添加一个 Button 按钮用于实现登录操作。

● 转到后台代码 Default.aspx.cs 文件编写代码，编写 "登录" 按钮的单击事件。首先判断用户输入的登录名密码验证码，如果用户输入正确才可以进行登录操作。用户登录主要是通过 SQL 语句在数据库中进行查询实现的。这里需要注意的是密码，为了增加保密性，密码是进行了 MD5 加密之后才保存到数据库中的，因此也应该将会员密码进行 MD5 加密以后再使用 SQL 语句查询。

（3）会员注册页面 Register.aspx

● 在页面中添加七个 TextBox 控件，分别用于输入会员名、密码、确认密码、昵称、电话、E-mail、所在城市信息；添加一个 RadioButtonList 控件用于输入性别；添加四个 Label 控件用于显示用户输入错误的提示信息；添加两个 Button 控件用于实现注册、返回操作；添加 RequiredFieldValidator、CompareValidator、RegularExpressionValidator 控件，分别用于验证会员名是否为空、两次密码是否一致、邮件地址格式是否正确。

● 转到后台代码 Register.aspx.cs 文件编写代码，编写 "会员名" 文本框的 TextChange 事件，在该事件中首先判断填写的 "会员名" 是否为空，如果为空将给出提示；然后调用自定义方法 isNameFomrmar 判断用户输入的 "会员名" 格式是否正确；最后调用自定义方法 isName 判断 "会员名" 是否存在；如果存在将使用 Label 控件给出提示并设置 Label 控件的颜色。

● 编写自定义方法 isNameFomrmar，用户填写的 "会员名" 只能为字母、数字和下划线。在该方法中主要通过使用 Regex 对象的 IsMatch 方法来判断 "会员名" 是否满足设置的正则表达式。该方法返回一个布尔值，当用户填写的 "会员名" 格式正确，将返回布尔值 True，否则将返回 False。

● 编写自定义方法 isName，该方法使用 SQL 语句判断输入的会员名是否与数据库中的会员名重复，如果重复则返回一个布尔值 True，否则返回 False。

在编写 Page_Load 事件代码，使用语句 if (!IsPostBack) {DLBind();} 实现，如果不是回传页面则绑定数据。

● 编写 "注册" 按钮的单击事件，在该事件中首先判断 "会员名" 的格式是否正确，然后判断 "会员名" 是否不存在。如果两个条件都满足将获取用户填写的会员信息，为了提高会员密码的保密性，使用 MD5 加密后添加到数据库中。

（4）验证码技术 CheckCode.aspx

建立 CheckCode.aspx 文件，转到后台代码 CheckCode.aspx.cs 页面编写代码。

● 自定义方法 GenerateCheckCode 用于生成 4 位数，该方法主要通过使用 Random 对象生成随机数，将该数取余转换为字符型，并将该数保存到 Cookies 中以便比较用户输入的验证码，最后返回 4 位数。

● 自定义方法 CreateCheckCodeImage 用来将验证码绘制噪点并显示在页面中。调用该方法需要传入 1 个字符串型变量，该变量表示 1 个 4 位的验证码。在该方法中通过使用 Graphics 对象对验证码进行绘制噪点功能，以达到验证码较模糊的目的。

● 在页面加载事件中调用 CreateCheckCodeImage 方法显示 4 位数字。

5.7　思考与习题

1．新建一个 Web 应用程序，使用 SQL Server 2005 自带的 Pubs 数据库，分别从表 titles 中选出"销售额超过\$30 000 的出版商"和"总数大于 5 本书的出版商"，并用 GridView 控件在页面中显示出相关信息。

2．新建一个 Web 应用程序，使用 SQL Server 2005 自带的 Pubs 数据库，分别用 Repeater、DataList 来显示表 Employee 中的所有信息，并可灵活地在程序中按 hire_date 或 job_id 等对数据进行排序。

3．建立一个简单的图书管理系统，可以显示、添加、删除、修改图书信息。

（1）建立数据库，信息包括图书信息（书号、书名、简介等）、借阅者信息（读者号、姓名等）、借阅信息（借阅时间、归还时间等）。

（2）选择控件实现图书详细信息的显示、添加、删除和修改功能。

（3）选择控件实现图书借阅信息的显示、添加、删除和修改功能。

4．建立一个在线投票系统，用来对某一问题进行调查，如调查下列哪类商家会顶不住压力首先涨价。

第六章 在 ASP.NET 中应用 XML

【学习目标】

理解并掌握 XML 文档的格式。

掌握 XML 数据绑定及显示。

掌握 XML 的转换方法。

掌握创建与读取 XML 的方法。

6.1 XML 概述

XML（eXtend Markup Language，扩展标记语言）是一种简单的数据存储语言，它与 Access、Oracle 和 SQL Server 等数据库不同，数据库提供了强有力的数据存储与分析能力，而 XML 仅仅是展示数据。

1. XML 简介

XML 的前身是 SGML（Standard Generalized Markup Language，通用标识语言标准）。为了使 SGML 显得用户友好，XML 重新定义 SGML 的一些内部值和参数，删除大量很少用到的功能。在 XML 中，采用如下的语法：

（1）所有的标记都必须要有一个相应的结束标记，可以使用一种简化语法，在一个标签中同时表示起始和结束，这种语法是在大于符号之前紧跟一个斜线 "/"，例如：<tag/>，XML 解析器会将其翻译成<tag></tag>。

（2）所有的 XML 标记都必须合理嵌套，即结束标签对必须按镜像顺序匹配起始标签，例如：This is a <i>sample</i>string。

（3）所有 XML 标记都区分大小写。

（4）所有标记的属性必须用""括起来。

例 6.1 XML 文件实例（详细见光盘 6-1.xml）。

```
<?XML version="1.0" encoding="utf-8" ?>
<myfile>
<!—文章信息>
<Title>文章标题</Title>
< author > admin </ author >
<Email>admin@163.com</Email>
<Date>20090716</Date>
</myfile>
```

每一个 XML 文档都由 XML 文档的声明开始，在本例代码中的第一行便是 XML 声明。

本行代码告诉解析器和浏览器这个文件应该按照 XML 规则进行解析，encoding="utf-8"表示能够处理中文字符。

第二行定义了文档里面的第一个元素（element），也称为根元素：<myfile>。它类似 HTML 里的<HTML>开头标记，所有其他标签必须包含在这个标签之内，组成一个有效的 XML 文件。注意，这个名称是自己随便定义的。

第三行代码是注释，它与 HTML 中使用的注释风格是一样的。

第四到七行定义了四个子元素：Title、author、Email 和 Date。分别说明文章的标题、作者、邮箱和日期。当然，也可以用中文来定义这些标签，看上去更易于理解。

由此可见，XML 允许自己创建标记，但这些标记必须遵循下面的命名规则：

（1）名字中可以包含字母、数字以及其他字母；

（2）名字不能以数字或下划线（_）开头；

（3）名字不能以字母 XML(或 xml 或 Xml)开头；

（4）名字中不能包含空格。

2．XML 的术语

（1）XML 文档

XML 文档就是用 XML 标签写的 XML 原代码文件。XML 文档也是 ASCII 的纯文本文件，可以用 Notepad 创建和修改。XML 文档的后缀名为.xml，例如 myfile.xml。用 IE 5.0 以上的浏览器也可以直接打开.xml 文件，但看到的就是"XML 原代码"，而不会显示页面内容。XML 文档包含三个部分：XML 文档声明、关于文档类型的定义、用 XML 标签创建的内容。例如：

```
<?XML version="1.0"?>
<!DOCTYPE filelist SYSTEM "filelist.dtd">
<filelist>
<myfile>
<title>QUICK START OF XML</title>
< author > admin </ author >
</myfile>
    ⋮
</filelist>
```

其中第一行<?XML version="1.0"?>就是一个 XML 文档的声明，第二行说明这个文档是用 filelist.dtd 来定义文档类型的，第三行以下就是内容主体部分。

（2）Element（元素）

元素是组成 XML 文档的最小单位。所有的 XML 元素必须合理包含，且所有的 XML 文档必须有一个根元素。一个元素由一个标签来定义，包括开始和结束标签以及其中的内容，就像这样：< author > admin </ author >，与 HTML 不同的是，HTML 的标签是固定的，而在 XML 中标签需要自己创建。

（3）Tag（标识）

标识是用来定义元素的。在 XML 中标识必须成对出现，将数据包围在中间。标识的名称和元素的名称是一样的。例如这样一个元素：

< author > admin </ author >

其中< author >就是标识。

（4）Attribute（属性）

在 HTML 代码：<font color="red">word</font>。其中 color 就是 font 的属性之一。属性是对标识进一步的描述和说明，一个标识可以有多个属性，例如 font 的属性还有 size。XML 中的属性与 HTML 中的属性是一样的，每个属性都有它自己的名字和数值，属性是标识的一部分。例如：

<author sex="female">admin</author>

XML 中属性是自己定义的，建议尽量不使用属性，而将属性改成子元素（属性不易扩充和被程序操作），例如上面的代码可以改成这样：

<author>admin

<sex>female</sex>

</author>

6.2　创建 XML 文档

在 ASP.NET 中创建 XML 文档有多种方法，其中常见的有两种方法：使用 DataSet 对象创建和使用文本方式创建。

6.2.1　使用 DataSet 对象创建

使用 DataSet 对象的 WriteXML 方法可以方便地创建一个 XML 文件。

例 6.2　使用 DataSet 对象创建 XML 文件（详细见光盘 6-2）。

（1）首先需要创建 XML 数据库表，本例使用 SQL Server 2005 建立了 New 数据库，在数据库中建立 Article 新闻表，数据表的结构如表 6-1 所示。

表 6-1　Article 新闻表结构

字段名	数据类型	说　明
ArticleId	int	ID 号
Title	nvarchar	新闻标题
Content	nvarchar	新闻内容
DateTime	datetime	新闻创建日期

（2）在配置文件 web.config 中创建数据库连接字符串，在今后编程过程中可以直接使用，代码如下所示：

<connectionStrings>

<add name="ArticleConnectionString" connectionString="Data Source=.;database=new; uid=sa;pwd=111111;"/>

</connectionStrings>

（3）转到 6-2.aspx.cs 文件，使用 DataSet 对象创建 XML。

● 首先导入所需使用的命名空间：

using System.Data.Sql;

using System.Data.SqlClient;

● 定义 CreateXML 方法，读取数据库中数据利用 DataSet 的 WriteXml 方法创建文件，代码如下：

```
private void CreateXML()
{
SqlConnection con = new SqlConnection(ConfigurationManager.ConnectionStrings ["Article-ConnectionString"].ConnectionString);
string strSql = "select * from Article";
try
    {
            con.Open();
            SqlDataAdapter sda = new SqlDataAdapter(strSql, con);
            DataSet ds = new DataSet();
            sda.Fill(ds);
            ds.WriteXml(Server.MapPath("ds.xml"));
            Response.Write("ds.xml 文件创建成功！ ");
    }
    catch (SqlException e)
    {
            Response.Write(e.Message);
    }
    finally
    {
            con.Close();
    }
}
```

● 在页面的 Page_Load 事件中输入以下代码调用自定义 CreateXml 方法建立 XML 文件。

```
protected void Page_Load(object sender, EventArgs e)
{        //调用创建 XML 文档的 CreateXML()方法
        CreateXML();
}
```

（4）执行页面，显示"ds.xml 文件创建成功！"，同时在当前目录下创建了一个名为 ds.xml 的 XML 文件，页面效果如图 6-1 所示。

图 6-1　使用 DataSet 对象创建 XML 文件示例

使用浏览器打开该 XML 文件能够看到 XML 文件的内容，效果如图 6-2 所示。

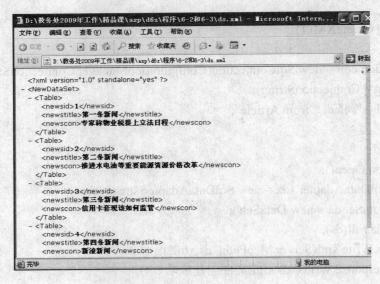

图 6-2　ds.xml 文件内容

6.2.2　使用文本方式创建

文本方式是指利用 XmlTextWriter 对象来创建 XML 文档，这个对象提供很多方法可以方便容易地创建一个 XML 文档。下面举例说明如何使用文本方式创建 XML 文档。

XmlTextWriter 类位于 System.XML 命名空间中，因此如果想使用该类创建对象，则必须在后台代码中引入该命名空间。引入命名空间的代码如下：

using System.Xml;

使用.NET Framework 框架下的 XmlTextWriter 类提供的各种方法可以轻松实现 XML 文档的创建，XmlTextWriter 类的方法如表 6-2 所示。

表 6-2　XmlTextWriter 类的方法

方　　法	描　　　　述
WriteStartDocument	书写版本为 1.0 的 XML 声明
WriteEndDocument	关闭任何打开的元素或属性
Close	关闭流
WriteDocType	写出具有指定名称和可选属性的 DOCTYPE 声明
WriteStartElement	写出指定的开始标记
WriteEndElement	关闭一个元素
WriteFullEndElement	关闭一个元素，并且总是写入完整的结束标记
WriteElementString	写出包含字符串值的元素
WriteStartAttribute	书写属性的起始内容
WriteEndAttribute	关闭上一个 WriteStartAttribute 调用
WriteRaw	手动书写原始标记
WriteString	书写一个字符串

续表

方　　法	描　　　述
WriteAttributeString	写出具有指定值的属性
WriteCData	写出包含指定文本的<![CDATA[…]]>块
WriteComment	写出包含指定文本的注释<!--…-->
WriteWhiteSpace	写出给定的空白
WriteProcessingInstruction	写出在名称和文本之间带有空格的处理指令

XmlTextWriter 对象可以向 XML 文档中添加注释、属性、根元素、元素等，无须在前台添加任何内容，只需在后台文件中添加代码即可。

例6.3　使用 XmlTextWriter 对象创建一个名为 news.xml 的工作室文档（详细代码见光盘 6-3.aspx.cs）。

```
protected void Page_Load(object sender, EventArgs e)
{    //使用文本方式创建 XML 文档
    TextCreateXML();
}
private void TextCreateXML()
{
    XmlTextWriter xtw = null;
        xtw = new XmlTextWriter(Server.MapPath("news.xml"), null);
        xtw.Formatting = Formatting.Indented;
        xtw.Indentation = 3;
        xtw.WriteStartDocument();
        xtw.WriteComment("已经使用 XMLTextWriter 创建完毕－" + DateTime.Now);
        xtw.WriteStartElement("news");
        xtw.WriteStartElement("W news ");
        xtw.WriteElementString("Name", "天津日报");
        xtw.WriteElementString("WebSite", "www.163.cn");
        xtw.WriteElementString("AddTime", DateTime.Now.ToString());
        xtw.WriteElementString("Content", " 国务院总理温家宝 19 日主持召开国务院常务
会议，研究部署促进中小企业发展，审议并原则通过《全民健身条例（草案)》和《外国企业
或者个人在中国境内设立合伙企业管理办法（草案)》。");
            xtw.WriteElementString("OwnWorkers", "20");
            xtw.WriteStartElement("Workers");
            xtw.WriteElementString("Worker", "天津日报记者 1");
            xtw.WriteElementString("Worker", "天津日报记者 2");
            xtw.WriteElementString("Worker", "天津日报记者 3");
            xtw.WriteEndElement();
            xtw.WriteStartElement("OwnSkill");
            xtw.WriteElementString("Skill", "国内新闻");
```

```
xtw.WriteElementString("Skill", "国际新闻");
xtw.WriteElementString("Skill", "娱乐新闻");
xtw.WriteElementString("Skill", "体育新闻");
xtw.WriteElementString("Skill", "国内新闻");
xtw.WriteElementString("Skill", "经济新闻");
xtw.WriteEndElement();
xtw.WriteEndElement();
xtw.Flush();
xtw.Close();
}
```

页面运行完成后，在网站当前目录下创建一个名为 news.xml 的 XML 工作室文档，在浏览器中打开 news.xml 文档，页面效果如图 6-3 所示。

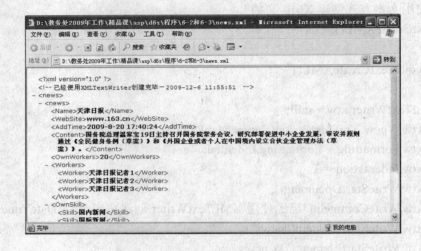

图 6-3   news 文件内容

6.3   XML 数据绑定与显示

与对数据库的操作一样，对 XML 文件也能够实现数据绑定并显示，不过相对于数据库来说，XML 文件显得更方便、灵活、快捷。实现 XML 数据绑定的方法多种多样，本节将主要讲解手动绑定 XML 文件、使用 XmlDataSource 控件绑定 XML 文件、绑定表达式等方法。

6.3.1   手动绑定 XML 文件

通过数据绑定可以把一个 XML 文档链接到 HTML Web 页，然后绑定标准的 HTML 元素，例如绑定元素 Span、Table 到独立的 XML 元素。HTML 元素会自动显示所绑定的 XML 元素内容。

要显示 XML 的数据需要将 XML 文档链接到 HTML 页，这里有两种方法：

（1）通过在 HTML 页面中包括名为 XML 的 HTML 元素来完成。HTML 页中的某个元素（dbdstus）把 XML 文档中 students.xml 链接到该页，如下所示：

```
<XML ID=" dbdstus" SRC=" students.xml"></XML>
```

（2）使用数据岛的方法，如下所示：

```
<HTML>
<HEAD>
<TITLE>    </TITLE>
<BODY>
<XML ID="XMLDemo">        <XML>
</BODY>
</HEAD>
</HTML>
```

当绑定一个 HTML 元素到一个 XML 元素时，HTML 元素会自动显示所绑定的 XML 元素的内容。例如：<SPAN DATASRC="# dbdstus" DATAFLD="Name"></SPAN>，结果 HTML 元素 SPAN 显示元素 Name 的内容。

例 6.4　将 XML 文件绑定到 HTML 页的 Table 元素上并显示的例子（详细见光盘 6-4）。主要步骤如下：

（1）建立一个名为 student.xml 的文件，代码如下：

```
<?xml version="1.0" encoding="utf-8" ?>
<students>
    <!--学生信息-->
    <student>
        <NO>001</NO>
        <Name>张三</Name>
        <Sex>男</Sex>
        <Skill>足球</Skill>
    </student>
    <student>
        <NO>002</NO>
        <Name>李四</Name>
        <Sex>男</Sex>
        <Skill>排球</Skill>
    </student>
    <student>
        <NO>003</NO>
        <Name>王芳</Name>
        <Sex>女</Sex>
        <Skill>舞蹈</Skill>
    </student>
</students>
```

（2）在 6-4.aspx 文件的源代码视图添加如下代码设置包括名为 XML 的 HTML 元素。

```
<xml id ="dsoStudent" src ="student.xml"></xml>
```
（3）把 XML 数据绑定到 Table 元素，并且在 Span 元素中添加字段属性。代码如下：
```
<h3>计算机应用技术专业学生信息</h3>
<table datasrc="#dsoStudent" width ="80%" border ="1">
    <thead>
    <th>NO</th>
    <th>Name</th>
    <th>Sex</th>
    <th>Skill</th>
    </thead>
    <tr align =center >
    <td>
    <span datafld="NO"></span>
    </td>
    <td>
    <span datafld="Name"></span>
    </td>
    <td>
    <span datafld="Sex"></span>
    </td>
    <td>
    <span datafld="Skill"></span>
    </td>
    </tr>
</table>
```
本例在一个.aspx 文件中声明一个 ID 为 dsoStudent，src 为 student.xml 的 XML 元素，同时也声明了 Table 标识和 Span 标识用于显示 XML 文档的内容。页面运行完成后，最终效果如图 6-4 所示。

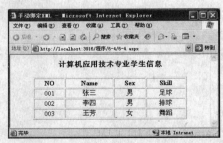

图 6-4　手动绑定 XML 文件示例

6.3.2　XMLDataSource 控件的运用

XMLDataSource 控件是 ASP.NET 专门为连接和访问 XML 数据而发布的数据源控件，该控件用于连接和访问 XML 数据源中的数据。一旦 XMLDataSource 控件连接并获取了相关数据，它就能够将这些数据与数据绑定控件绑定，实现数据的有效显示。

例 6.5　使用 XMLDataSource 控件绑定数据（详细见光盘 6-5）。主要步骤如下：

（1）打开 Visual Studio 2008 新建一个名为 6-5 的网站，默认主页为 default.asp。

（2）在网站的 App_Data 文件夹下新建一个名为 goods.xml 的文件，该文件中的产品图片信息保存于该网站的 goods 文件夹下，XML 产品文档的信息如下所示：

```xml
<?xml version="1.0" encoding="utf-8" ?>
<Products>
    <product>
        <Name>耐克运动鞋</Name>
        <TypeID>310140-111</TypeID>
        <PinPai>耐克</PinPai>
        <Color>白，蓝</Color>
        <OldPrice>￥660.00</OldPrice>
        <NewPrice>￥330.00</NewPrice>
        <image>2007310124452.jpg</image>
        <introduct>Very Good!!!哟</introduct>
    </product>
    ⋮
    <product>
        <Name>阿迪达斯运动服</Name>
        <TypeID>910737</TypeID>
        <PinPai>阿迪达斯</PinPai>
        <Color>黑色</Color>
        <OldPrice>￥420.00</OldPrice>
        <NewPrice></NewPrice>
        <image>200711391312.jpg</image>
        <introduct>不错哟</introduct>
    </product>
</Products>
```

（3）打开默认主页为 default.asp，添加一个 XmlDataSource 控件命名为 XmlDataSource1，设置该控件的 DataFile 路径为~/App_Data/product.xml。再添加一个 DataList 控件命名为 DataList1，设置该控件的属性 DataSourceID 值为 XmlDataSource1，单击智能按钮，选择属性生成器将其设置为按照行布局，每行 4 个。选择编辑模板命令，编辑其 ItemTemplate 项模板，在其中添加 img 的 HTML 控件，输入"型号："、"价格"等文字调整好布局后结束编辑。

切换到 default.aspx 页面的源代码视图，修改 DataList1 控件的 ItemTemplate 标签内容如下：

```
<ItemTemplate>
<img border="0" height="122" src='productimg/<%# XPath("image")%>'width="122" />
<br />
```

[<%# XPath("Name")%>]
型号：<%# XPath("TypeID")%>
价格：<%# XPath("OldPrice")%>
</ItemTemplate>

在本例中所用到的数据绑定表达式有：<%# XPath("image")%>用于获取Image标识中图片的名称、<%# XPath("Name")%>获取Name标识中产品的名称、<%# XPath("TypeID")%>获取TypeID标识中产品的型号、<%# XPath("OldPrice")%>获取OldPrice标识中产品的原始价格，页面运行后的效果如图6-5所示。

图 6-5   运用 XMLDataSource 控件的绑定 XML 示例

6.4   转换 XML 输出

XML 关于文档浏览的基本思想是将数据与数据的显示分别定义。这样一来，XML 格式文件不会重蹈某些 HTML 文档结构混杂、内容繁乱的覆辙，XML 的编写者也可以集中精力于数据本身，而不受显示方式的影响。定义不同的样式表可以使用相同的数据呈现出不同的显示外观，从而适用于不同的应用，甚至能够在不同的显示设备上显示。这样，XML 数据就可以得到最大程度上的重用性，满足不同的应用需求。本节 XML 数据的显示采用 XSLT 样式文件实现。

6.4.1   利用 XMLDataSource 控件转换

XSLT 是 eXtensible Stylesheet Language Tranformation 的英文缩写，最早设计它的用意是帮助 XML 文档转换为其他文档。但是随着科技的不断发展，XSLT 已不仅用于将 XML 文档转换为 HTML 或其他文本格式，它更全面的定义应该是：XSLT 是一种用来转换 XML 文档结构的语言。

XSLT 样式表的基本格式如下所示：

```
<?xml version="1.0" encoding="utf-8" ?>
<xsl:stylesheet version="1.0" xmlns:xsl="http://www.w3.org/1999/XSL/Tranform" xmlns:ms-xsl="urn:schemas-microsoft-com:xslt" exclude-result-prefixes="msxsl">
<xsl:output method="xml" indent="yes">
<xsl:template math="@* | node()">
<xsl:copy>
<xsl:apply-templates select="@* | node()">
</xsl:copy>
</xsl:template>
</xsl:stylesheet>
```

应该把文档声明为 XSL 样式表的根元素<xsl:stylesheet>或<xsl:tranform>。

如果访问 XSLT 的元素、属性以及特性，必须在文档顶端声明 XSLT 命名空间。xmlns:xsl="http://www.w3.org/1999/XSL/Tranform"指向官方的 W3C XSLT 命名空间。如果使用此命名空间，则必须包含属性 version="1.0"。

使用 XSLT 转换 XML 的目的有如下多种：

（1）显示，把 DataSet 的 XML 转换成 HTML（HTML 可以认为是 XML 的特例，因为 Tag 集完全确定）或 WML。

（2）B2B 中的 EDI，<vendor>全部变成<Supplier>，甚至数据也可以以特定的方式改变。

（3）编程方面可能存在的特殊要求。

XSLT 与 CSS 相比较，CSS 同样可以格式化 XML 文档。虽然 CSS 能够很好地控制输出的样式，比如色彩、字体、大小等，但是它有如下严重的局限性：

（1）CSS 不能重新排序文档中的元素。

（2）CSS 不能判断和控制哪个元素被显示，哪个不被显示。

（3）CSS 不能统计计算元素中的数据。

换句话说，CSS 是适合用于输出比较固定的最终文档。CSS 的优点是操作简捷，消耗系统资源少。XSLT 虽然功能强大，但因为要重新索引 XML 结果树，所以消耗内存较多。因此，常常将它们结合起来使用，比如在服务器端用 XSLT 处理文档，在客户端用 CSS 样式来控制显示，这样可以减少响应的时间。

例 6.6 将 XML 文件按照 XSLT 文件格式显示（详细见光盘 6-6）。实现步骤如下：

（1）打开 Visual Studio 2008 新建一个名为 6-6 的网站，默认主页为 default.aspx。

（2）在该网站的 App_Data 文件夹下继续使用例 6.4 中的 student.xml 学生信息文档。

（3）新建一个名为 xsltstudent.xslt 的 XSLT 样式表，其 XSLT 样式表的内容如下：

```
<?xml version="1.0" encoding="utf-8"?>
<xsl:stylesheet version="1.0" xmlns:xsl="http://www.w3.org/1999/XSL/Transform">
    <xsl:template match="students">
      <students>
        <xsl:apply-templates select ="student"/>
      </students>
    </xsl:template>
    <xsl:template match ="student">
```

```
    <student>
      <xsl:attribute name ="NO">
        <xsl:value-of select ="NO"/>
      </xsl:attribute>
      <xsl:attribute name ="Name">
        <xsl:value-of select ="Name"/>
      </xsl:attribute>
      <xsl:attribute name ="Sex">
        <xsl:value-of select ="Sex"/>
      </xsl:attribute>
      <xsl:attribute name ="Skill">
        <xsl:value-of select ="Skill"/>
      </xsl:attribute>
    </student>
  </xsl:template>
</xsl:stylesheet>
```

（4）在 default.aspx 页中，添加一个 XMLDataSource 控件，命名为 XMLDataSource1，设置该控件的 DataFile 属性值为~/App_Data/XMLEmployees.xml，TransformFile 的属性值为 /App_Data/xsltemployees.xslt。再添加一个 DataList 控件，命名为 DataList1，设置该控件的 DataSourceID 为 XMLDataSource1，单击智能按钮，选择属性生成器将其设置为按照行布局，每行 3 个，选择编辑模板命令编辑 DataList 控件的 ItemTemplate 项模板，在其中输入"学号"、"姓名"、"性别"、"爱好"文字以及 4 个标签控件并设置其属性，调整好布局后结束编辑。

切换到 default.aspx 页面的源代码视图，修改 DataList1 控件的 ItemTemplate 标签内容如下：

```
<ItemTemplate>
    学号：<asp:Label ID="noLabel" runat="server" Text='<%# Eval("NO") %>'/><br />
    姓名：<asp:Label ID="nameLabel"runat="server"Text='<%# Eval("Name") %>'/><br />
    性别：<asp:Label ID="sexLabel" runat="server" Text='<%# Eval("Sex") %>'/><br />
    爱好：<as:Label ID="skillLabel" runat="server" Text='<%# Eval("Skill") %>'/>
</ItemTemplate>
```

在本例中并没有使用数据绑定表达式，而是通过 DataList 控件中常用的绑定方法<%# Eval("字段名/元素")%>来绑定 XML 文档中的元素获取相关值，页面运行后效果如图 6-6 所示。

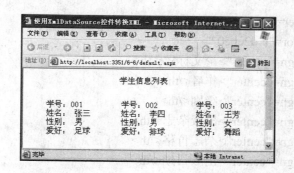

图 6-6　利用 XMLDataSource 控件转换 XML 示例

6.4.2　通过代码转换

为了让 XML 数据适用于任何类型的浏览器，必须在服务器上对 XML 文档进行转换，然后将其作为 XHTML 发送到浏览器上，这是 XSLT 的另一个优点。XSLT 的设计目标之一是使数据在服务器上从一种格式转换到另一种格式，并向所有类型的浏览器返回可读的数据。

例 6.7　将 XML 文件按照 XSLT 文件格式显示（详细见光盘 6-7）。主要实现步骤如下：

（1）打开 Visual Studio 2008 新建一个名为 6-7 的网站，默认主页为：default.aspx。

（2）在 App_Data 文件夹下新建一个名为 XMLFile.xml 的 XML 专辑信息列表文档，其列表文档的信息如下：

```
<?xml version="1.0" encoding="utf-8" ?>
<catalog>
    <cd>
        <title>基于对象的彩信图像检索系统的研究与实现</title>
    <author>武晓岛</author>
    <rank>未知</rank>
        <company>中国论文网</company>
        <price>￥20.00</price>
        <year>2009.01.01</year>
        </cd>
    ⋮
</catalog>
```

（3）在 App_Data 文件夹下新建一个名为 XSLTFile.xslt 的 XSLT 样式表，其 XSLT 样式表的内容如下：

```
<?xml version="1.0" encoding="utf-8"?>
<xsl:stylesheet version="1.0"
    xmlns:xsl="http://www.w3.org/1999/XSL/Transform">
<xsl:template match="/">
  <html>
  <body>
      <h2 align="center">专辑信息列表</h2>
```

```
        <table border="1" align="center">
          <tr bgcolor="# d2ebe0 ">
            <th align="center">论文标题</th>
            <th align="center">作者</th>
            <th align="center">级别</th>
            <th align="center">出版杂志</th>
            <th align="center">杂志价格</th>
            <th align="center">出版日期</th>
          </tr>
          <xsl:for-each select ="catalog/cd">
            <tr>
              <td><xsl:value-of select ="title"/></td >
              <td><xsl:value-of select ="author"/></td >
              <td><xsl:value-of select ="rank"/></td >
              <td><xsl:value-of select ="company"/></td >
              <td><xsl:value-of select ="price"/></td >
              <td><xsl:value-of select ="year"/></td >
            </tr >
          </xsl:for-each>
        </table>
      </body>
    </html>
  </xsl:template>
</xsl:stylesheet>
```

（4）在6-7.aspx页面中，只需在title标记里写上标题"通过代码完成XML转换"，其他不做任何设置。

（5）切换到后台代码6-7.aspx.cs页面。通过编写后台代码实现XSLT样式表对XML文档的转换输出。

● 在编写代码前导入命名空间，代码如下：

```
using System.Xml.Xsl;
using System.Xml;
using System.Xml.XPath;
using System.IO;
```

● 在页面载入时转换输出，因此在Page_Load事件中输入以下代码：

```
protected void Page_Load(object sender, EventArgs e)
{
    string xmlfile = Server.MapPath("~/App_Data/xmlfile.xml");
    string xsltfile = Server.MapPath("~/App_Data/xsltfile.xsl");
    XmlTextReader xStylexmlreader = new XmlTextReader(xmlfile);
    XPathDocument xStyledoc=new XPathDocument (xStylexmlreader ,XmlSpace. Preserve );
```

```
    xStylexmlreader.Close() ;
    XPathNavigator xStyleNav=xStyledoc.CreateNavigator ();
    XmlTextReader xStyleread=new XmlTextReader (xsltfile);
    XslCompiledTransform xTan=new XslCompiledTransform ();
    xTan.Load(xStyleread);
    xStyleread.Close();
    StringWriter sw=new StringWriter();
    xTan.Transform(xStyleNav,null,sw);
    Response.BufferOutput =true;
    Response.Write(sw.ToString ());
    sw.Close();
}
```

　　在本例中并没有使用数据绑定表达式，也没有使用任何控件，而是通过编写后台代码，使用XslCompiledTransformXML的对象实现样式转换成XML数据，页面显示效果与在XMLFile.xml中加入<?xml-stylesheet type="text/xsl" herf="XSLTFile.xslt">的效果完全一致，页面运行效果如图6-7所示。

图 6-7　通过代码转换 XML 示例

6.5　XML 数据的读取

　　在 ASP.NET 中读取 XML 文件信息基本上有如下 4 种方法：
　　（1）使用 XML 控件读取。
　　（2）使用 DOM 技术读取。
　　（3）使用 DataSet 对象载入文档。
　　（4）使用 XmlTextWriter 类读取 XML 文档。
　　例 6.8　创建 XML 和 XSLT 文件。
　　首先创建一个名为 6-8 的网站（详细见光盘 6-8），然后创建需要使用的 XML 文件 XMLNews.xml 和 XSLTNews.xslt，XMLNews.xml 保存于当前网站的 App_Data 文件夹下，内容如下：
```
<?xml version="1.0" encoding="utf-8" ?>
<!--新闻信息列表-->
<News>
```

```
<New>
<Id>001</Id>
        <Title>福建省 3 台精品剧目将进京献演</Title>
        <From>新浪网</From>
        <Time>2008-7-8 1:38:00</Time>
        <Content>中广网福州 7 月 8 日消息（记者葛朝兴）  福建省 3 台剧目入选由中宣
部和文化部在北京举办的"庆祝中华人民共和国成立 60 周年献礼演出"活动，将与来自全国
各地包括港澳台地区的 110 多台剧（节）目共同展示我国文化艺术取得的突出成就。</Content>
        </New>
        ⋮
        </News>
```

对应 XMLNews.xml 的样式转换文件 XSLTNews.xslt 也保存于当前网站的 **App_Data** 文件
夹下，内容如下：

```
<?xml version="1.0" encoding="utf-8" ?>
<xsl:stylesheet version="1.0" xmlns:xsl="http://www.w3.org/1999/XSL/Transform">
    <xsl:template match="/">
      <html>
      <head>
        <title>新闻信息列表</title>
      </head>
      <body>
        <h3 align="center">最新 IT 新闻</h3>
        <table border="1">
          <tr>
            <th>编号</th>
            <th>标题</th>
            <th>来源</th>
            <th>时间</th>
            <th>内容</th>
          </tr>
          <xsl:apply-templates/>
        </table>
      </body>
    </html>
    </xsl:template>
    <xsl:template match="New">
      <tr>
      <td width="40">
        <xsl:value-of select="Id" />
      </td>
```

```
    <td width="320">
      <xsl:value-of select="Title" />
    </td>
    <td width="50">
      <xsl:value-of select="From" />
    </td>
    <td width="100">
      <xsl:value-of select="Time" />
    </td>
    <td>
      <xsl:value-of select="Content" />
    </td>
    </tr>
  </xsl:template>
</xsl:stylesheet>
```

6.5.1　使用 XML 控件读取 XML

使用 XML 控件读取 XML 文档是最简单的一种方法。在使用这种方法时，只需要设置 XML 控件的 DocumentSource 和 TransformSource 这两个属性值即可，DocumentSource 属性值设置为要读取 XML 文件的地址。TransformSource 属性设置为能够转换为 XML 文件为 XSLT 文件的地址。

例 6.9　使用 XML 控件读取 XML（详细见光盘 6-8）。主要实现步骤如下：

（1）在前面建立的网站 6-8 中新建一个名为 6-8.aspx 的文件，添加 XML 控件命名为 XML1 并指定 DocumentSource 和 TransformSource 两个属性值到 XMLNews.xml 和 XSLTNews.xslt 文件。

（2）保存文件并在浏览器中打开 6-8.aspx，即可看到 XML 控件通过 XSLTNews.xslt 转换 XMLNews.xml 文件后的最终效果，如图 6-8 所示。

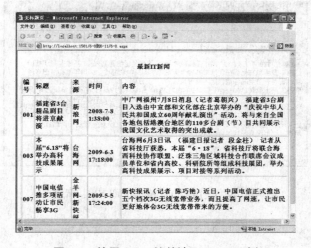

图 6-8　使用 XML 控件读取 XML 示例

6.5.2　使用 DOM 技术读取 XML

.NET Framework 的 XML 类提供一个符合 W3C DOM 标准的 XML 分析器对象 XmlDocument 环境中执行大多数基于 XML 操作的核心对象。

例 6.10　使用 XmlDocument 对象读取 XML 文档（详细见光盘 6-8）。主要实现步骤如下：

（1）在前面建立的网站 6-8 中新建一个 ASP.NET 页面 6-9.aspx，添加一个 XML 控件。

（2）打开后台代码 6-9.aspx.cs 文件，编写读取 XML 文件的代码，这里使用了 XmlDocument 对象。要先使用以下语句代码导入命名空间再编码。

using System.Xml;

using System.Xml.Xsl;

（3）在 Page_Load 事件中编写代码读取 XML：

```
public partial class _6_3 : System.Web.UI.Page
{
    protected void Page_Load(object sender, EventArgs e)
    {
        string XMLFile = Server.MapPath("~/App_Data/XmlNews.xml");
        XmlDocument doc = new XmlDocument();
        doc.Load(XMLFile);
        Xml1.Document = doc;
    }
}
```

完成后运行这个页面，效果如图 6-9 所示，可以看到与例 6.9 中的效果有所不同。在例 6.10 中，并没有使用 XML 控件的 DocumentSource 属性和 TranformSource 属性，而是使用 XmlDocument 方法对象的 Load 载入了要读取的文档，然后将该 XmlDocument 对象与 XML 控件关联起来。之所以效果有所不同，是因为例 6.10 中没有 XSLT 样式表对 XML 文件的转换。

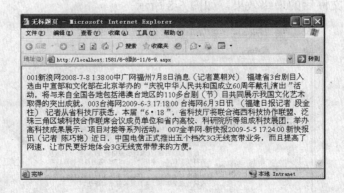

图 6-9　使用 DOM 技术读取 XML 示例

6.5.3　使用 DataSet 对象读取 XML

DataSet 对象将数据和架构作为 XML 文档进行读写。可以使用 WriteXmlSchema 方法将该架构保存为 XML 架构，并且可以使用 WriteXml 方法保存架构和数据。如果要读取即包含架构又包含数据的 XML 文档，则可以使用 ReadXml 方法。DataSet 对象处理 XML 的常用方法如表 6-3 所示。

表 6-3　DataSet 对象处理 XML 的常用方法

方　　法	说　　明
GetXml	返回存储在 DataSet 对象中的数据的 XML 表示形式
GetXmlSchema	返回存储在 DataSet 对象中数据的 XML 表示形式的 XSD 架构
ReadXml	用于将 XML 架构和数据读入 DataSet 对象
ReadXmlSchema	用于将 XML 架构读入 DataSet 对象
WriteXml	用于从 DataSet 对象中写 XML 数据，也可以选择写架构
WriteXmlSchema	用于写 XML 架构形式的 DataSet 结构

例 6.11　利用 DataSet 对象操作 XML 数据（详细代码见光盘 6-10.aspx）。主要实现步骤如下：

（1）新建一个名为 6-10.aspx 的 Web 文件，在其中添加一个名为 GridView1 的 GridView 控件，然后设置自动套用的格式。

（2）进入 6-10.aspx.cs 代码页面，在 cs 文件中编码读取 XML 数据到 GridView 控件并显示，代码如下：

```
protected void Page_Load(object sender, EventArgs e)
{
    string xmlfile = Server.MapPath("~/App_Data/XMLNews.xml");
    DataSet ds = new DataSet();
    ds.ReadXml(xmlfile);
    GridView1.DataSource = ds.Tables[0].DefaultView;
    GridView1.DataBind();
}
```

（3）运行 6-10.aspx 页面，最终效果如图 6-10 所示。

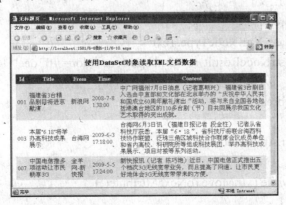

图 6-10　使用 DataSet 对象读取 XML 示例

在本例中 XML 数据被加载到一个 DataSet 对象中，然后使用 GridView 控件显示出其内容，虽然没有使用 XSLT 样式表对 XML 文档进行转换，但运行效果也很有条理。

6.5.4 文本方式读取 XML

利用 XmlTextWriter 对象可以创建新的 XML 文件，而利用 XmlTextReader 对象可以读取磁盘文件并以 XML 的元素列表的形式显示数据。

例 6.12   以文本方式读取 XML 文档（详细代码见光盘 6-8.aspx—6-11.aspx）。

利用上述方法会将 XML 以文本形式读出，前台页面会很简单，因为这里仅包含了一个名为 Label1 的标签控件。大部分代码是通过后台使用 XmlTextReader 类来完成的，后台代码（6-11.aspx.cs）如下所示：

```
protected void Page_Load(object sender, EventArgs e)
    {
        string XMLFile = Server.MapPath("~/App_Data/XMLNews.xml");
        //创建一个XmlTextreader实例，以读取xml文件
        XmlTextReader xtr = new XmlTextReader(XMLFile);
        string strNodeResult = "";
        XmlNodeType nt;
        while (xtr.Read())
        {
            nt = xtr.NodeType;
    switch (nt)
        {
                case XmlNodeType.XmlDeclaration:
                strNodeResult += "<font color='#ff3dee'>XML文件头</font>：<b>" +
xtr.Name+ "" + xtr.Value + "</b><br/>";   //读取XML文件头
                break;
                case XmlNodeType.Element:
                strNodeResult += "<font color='#ff3dee'>元素</font>：<b>" + xtr.Name +
"</b><br/>";   //读取XML文件中元素
                break;
                case XmlNodeType.Text:
                 strNodeResult += " <font color='#ff3dee'>值</font>：<b>" +
xtr.Value + "</b><br/>";   //读取值
                break;
                }
            if (xtr.AttributeCount > 0)
            {
                while (xtr.MoveToNextAttribute())
                {
                    strNodeResult += " <font color='#ff3dee'>-属性</font>：<b>" +
```

```
xtr.Name+ "</b> <font color='#ff3dee'>值</font>：<b>" + xtr.Value + "</b><br/>";
                    }
                }
                Label1.Text = strNodeResult;
            }
        }
```

在本例中创建了一个 XmlTextReader 类的实例，然后使用该实例读取 XML 文件，显示的结果是以元素列表的形式输出的，如图 6-11 所示。

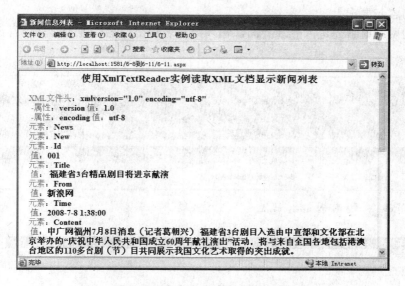

图 6-11   文本方式读取 XML 示例

6.6   本章小结

XML（eXtend Markup Language，扩展标记语言）是一种简单的数据存储语言，它使用一系列简单的标记描述数据，且这些标记可以用方便的方式建立。它与 Access、Oracle 和 SQL Server 等数据库不同，数据库提供更强有力的数据存储和分析能力。例如：数据索引、排序、查找、相关一致性等。而 XML 仅仅是展示数据。本章重点介绍 XML 文档创建、数据绑定、读取以及转换输出的各种方法，程序员可以在应用程序中直接引用内置组件来实现访问 ASP.NET 内置对象的功能。通过这些对象使程序员更容易收集通过浏览器请求发送的信息、响应浏览器以及存储用户信息，实现其他特定的状态管理和页面信息传递。

6.7　本章实验

基于 XML 的留言板

【实验目的】

重点掌握使用 DOM 处理 XML 的方法以及使用 DataSet 加载数据的方法。

巩固使用 ADO.NET 技术操作数据库的方法。

【实验内容与要求】

用户访问网站时首先进入登录界面，输入用户名和密码之后进入留言查看页面，效果如图 6-12 所示。

图 6-12　基于 XML 的留言板

用户可以单击图 6-12 菜单中的命令实现留言的查看、删除以及重新登录、用户注册功能。

【实验步骤】

（1）显示留言板信息页面 default.aspx

① 在应用程序中创建 1 个 Web 窗体，默认名为 default.aspx。

② 在页面中添加 1 个 Table 控件布局页面，从工具箱中拖动 1 个 Label、1 个 XmlDataSource 和 1 个 GridView 控件。设置 XmlDataSource 控件的 DataFile 和 TransferFile 属性分别为 LeaveWord.xml 和 LeaveWord.xsl 文件。

③ 切换到 default.aspx.cs 代码页面，编写代码。

● 在 Page_Load 事件中，首先判断用户是否登录，如果已经登录则创建 XmlDocument 类的实例，调用其中的 Load() 方法加载 Xml 文件；然后调用自定义方法 bindXml 将指定的文件中的数据绑定到 GridView 中。

● 自定义方法 bindXml，主要实现将 Xml 文件中的数据绑定到 XmlDataSource 中。

（2）保存留言信息到页面 AddLeaveWord.aspx

①在应用程序中创建一个名为 AddLeaveWord.aspx 的 Web 文件。

②在页面中添加 1 个 Table 控件布局页面，从工具箱中拖动 7 个 TextBox、2 个 Image 和 2 个 Button 控件，设置各控件属性。

③切换到 AddLeaveWord.aspx.cs 页面编写代码。

● 在 Page_Load 事件中，首先判断用户或管理员是否登录过，如果已经登录过给出登录提示信息，否则跳转到登录页面。

● 编写"添加留言"按钮的单击事件代码，在该事件中首先根据当前时间获取一个 11 位的数字赋值给留言编号，然后定义 1 个 XmlDocument 类对象，使用其 Load 方法加载指定的 Xml 文件。并且调用 XmlDocument 对象 CreateElement 方法生成新的元素，最后使用 AppendClild 方法将新生成的元素添加到 Xml 文件中，将留言信息成功添加到指定的 Xml 文件中，弹出提示对话框"添加成功"的字样。

● 编写"重置"按钮的单击事件，在该事件中调用自定义 ClearText 方法实现清空文本框的功能。

（3）查询留言页面 selectLeaveWord.aspx

①在应用程序中创建一个名为 selectLeaveWord.aspx 的 Web 文件。

②在页面中添加 1 个 Table 控件为整个页面布局。拖放 7 个 TextBox 控件、2 个 Image 控件和 1 个 Button 控件，设置各控件属性。

③切换到 selectLeaveWord.aspx.cs 页面编写代码。

● 在 Page_Load 事件中，判断用户或管理员是否登录过，如果已经登录过给出登录提示信息，并且将 LeaveWord.Xml 中的数据绑定到 GridView 控件中，如果没有登录过则跳转到登录页面。

● 编写"查询"按钮的单击事件代码，在该事件中主要使用 Foreach 语句遍历 LeaveWord.xml 文件中的元素，并将元素信息显示出来。

（4）删除指定留言页面 DeleteLeaveWord.aspx

①在应用程序中创建 1 个 web 窗体 DeleteLeaveWord.aspx 页面。

②在页面中添加 1 个 Table 控件为整个页面布局。拖放 1 个 GridView 控件，设置该控件的 AllowPaging 属性为 True，将控件的 PageSize 属性设置为 5。

③切换到 DeleteLeaveWord.aspx.cs 页面编写代码。

● 在 Page_Load 事件中，首先创建 XmlDocument 类的实例，并调用其中的 Load()方法加载指定的 XML 文件，然后定义 1 个 XslTransform 类的实例，并使用其 Load()方法加载指定的 XSL 文件，最后使用 XslTranform 类的对象对 XML 文件格式进行转换。

● 编写"删除"按钮的单击事件代码，在该事件中根据用户选择的留言信息编号删除 XML 文件中的数据。

6.8 思考与习题

1. 什么是 XML，它与 HTML 及 SGML 的区别与联系是什么？
2. XML 文档由哪几部分组成？如何在 XML 文件中输出大于号？
3. 请使用多种方法在 XML 文件中调用 CSS 和 XSL 样式文件？
4. 新建一个 Web 应用程序，使用 SQL Server 2005 自带的 NorthWord 数据库，将表

Customers 中的数据转换为一个名为 MyCustomers.xml 的文件。

5．新建一个 Web 应用程序，对第 4 题的 MyCustomers.xml 文件进行操作。首先增加一个名为 Bill 的用户信息，然后在文件中删除该用户的信息。

6．新建一个 Web 应用程序，使用 SQL Server 2005 自带的 NorthWord 数据库并新建一个名为 TempCustomers 的表，将第 4 题的 MyCustomers.xml 文件的数据写入到该数据表中。

7．新建一个 Web 应用程序，对第 4 题的 MyCustomers.xml 文件进行操作。首先新建一个名为 CustomerStyle.XSL 的文件，然后用此文件对 MyCustomers.xml 文件进行转换，将 MyCustomers.xml 文件中的数据内容在 Web 页面中以表格的形式输出。

第七章　主题与母版页

【学习目标】

掌握主题的创建及应用。

掌握利用 Themes、Skins 轻松实现网站换肤。

掌握母版页的创建。

理解网站整体布局的一致性设计。

网站用户界面（Website User Interface）是指网站用于和用户交流的外观、部件和程序等等。如果经常上网的话，会看到有些网站设计很朴素，看起来给人一种很舒服的感觉；有些网站很有创意，能给人带来意外的惊喜和视觉的冲击；还有的网站页面上充斥着怪异的字体、花哨的色彩和图片，让人觉得网页制作粗劣。网站界面的设计，既要从外观上进行创意以达到吸引浏览者的目的，还要结合图形和版面设计的相关原理，从而使网站设计变成一门独特的艺术。设计良好的网页看起来应该是和谐的，或者说，构成网站的众多单独的网页应该看起来像一个整体。网站设计上要保持一致性，这又是很重要的一点。一致的结构设计，可以让浏览者对网站的形象有深刻的印象；一致的导航设计，可以让浏览者迅速而又有效地进入到网站中自己所需要的部分；一致的操作设计，可以让浏览者快速掌握整个网站的各种功能操作。破坏这一原则，会误导浏览者，并且让整个网站显得杂乱无章，给人留下不好的印象。当然，网站设计的一致性并不意味着刻板和一成不变，有的网站在不同栏目中使用不同的风格，或者随着时间的推移不断地改版网站，会给浏览者带来新鲜的感觉。本章主要讨论网站的外观和网站的和谐一致性，即主题设计及母版页的使用。

7.1　主题

网站的外观设计决定了其受欢迎的程度。也就是说网站在开发时的外观设计尤为重要，如何开发一个美观实用的网站，利用主题，可以为一批服务器控件定义外貌，可以为网站中的页面提供一致的外观。

主题（Themes）是定义网站中页和控件的外观和属性的集合。也可以将主题叫做皮肤。主题可以包括外观文件、级联样式表文件（.css 文件）和图像等。利用 Themes 我们可以很容易地更改控件、页面风格，而不需要修改我们的代码和页面文件。

主题与级联样式表（css）不同，级联样式表只能用来定义 HTML 的标记，而主题可以用来定义服务器控件，如果将两者结合就可以定义不同类型的控件。

7.1.1 ASP.NET 中创建主题

系统为创建主题制定了一些规则，但没有提供特殊的工具。这些规则是：对控件显示属性的定义必须放在".skin"为后缀的皮肤文件中，而皮肤文件必须放在"主题目录"下；而主题目录又必须放在专用目录 App_Themes 的下面。每个专用目录下可以放多个主题目录；每个主题目录下可以放多个皮肤文件。只有遵守这些规定，在皮肤文件中定义的显示属性才能够起作用。

创建主题包括三种方法：创建页面主题、创建全局主题、创建外观主题。

1．创建页面主题

（1）在网站上创建名为 App_Themes 的新文件夹。

单击"开始"／启动 Micrsoft Visual Studio 2008／"文件"／"新建"／"网站"／选择 ASP.NET 网站／输入网站所在的文件夹（缺省 D:\WebSite1）／单击"确定"按钮。

在解决方案管理器中，右击网站路径选择添加 ASP.NET 文件夹，在下一级下拉列表菜单中选择主题。这样就会在网站目录中出现一个 App_Themes 文件夹，注意该文件夹必须命名为 App_Themes。并在其下一级出现"主题 1"样式文件，可在此更改主题名称。如图 7-1 所示。

图 7-1 创建主题

（2）创建 App_Themes 文件夹的一个新子文件夹来保存主题文件。

该子文件夹的名称就是主题名称。

例如，要创建名为 BlueTheme 的主题，应创建名为 \App_Themes\BlueTheme 的文件夹。可以将主题 1 改名为 BlueTheme。

（3）向新文件夹中添加组成主题的外观、样式表和图像的文件。

2．创建全局主题

每个应用程序中都包括多个页面，并且为了保证和谐统一的用户界面，可以让所有页面使用同一主题。如果在每个页头都设置相同的 Theme 属性值，会非常麻烦。为了快速地为整个应用程序的所有页面设置相同的主题，就可以创建全局主题。

例如，如果默认 Web 根文件夹位于 Web 服务器上的 C:\Inetpub\wwwroot 中，则新的 Themes 文件夹可能为：

C:\Inetpub\wwwroot\aspnet_client\system_web\version\Themes

注意：全局主题的文件夹名称是 Themes 而不是 App_Themcs，因为后者用于页面主题。

（2）创建一个作为 Themes 文件夹子文件夹的主题文件夹。

该子文件夹的名称就是主题名称。例如，要创建名为 BlueTheme 的全局主题，应创建名为…\Themes\BlueTheme 的文件夹。

（3）向新文件夹中添加组成主题的外观、样式表和图像的文件。

3．创建外观主题

（1）使用.skin 扩展名，在主题子文件夹中创建一个新的文本文件。

典型约定是为每个控件创建一个 .skin 文件，如 Button.skin 或 Calendar.skin。不过，用户可以根据自己的需要创建或多或少的 .skin 文件；外观文件可包含多个外观定义。

（2）在 .skin 文件中，添加常规控件定义（使用声明性语法），但仅包含要为主题设置的属性（Property）且不包括 ID 属性（Attribute）。控件定义必须包含 runat="server" 属性。

7.1.2 ASP.NET 中应用主题

（1）全局主题：即应用到整个网站，使用方法是在 web.config 中<system.web>中添加<pages theme ="ThemeName"/>语句，这样就实现了在整个网站中应用主题。

（2）页面主题：即应用于单个网页，使用方法是在 ASPX 文件顶部加入：<%@ Page Language="C#" StylesheetTheme="ThemeName" %>或者在 ASPX_CS 中加入如下代码 Page.StyleSheetTheme = "ThemeName"(Page_Load 方法)；这样就实现了在单网页中使用主题。

注意：（1）通常情况下，网站中有些网页要应用主题，有些则用不到，如果使用单页面主题会显得有些冗杂，解决的方法是可以把需要应用主题的网页放在一个文件夹中，在此文件中右击添加 web.config 文件，此时的使用方法和前面全局主题的用法一致。

（2）StyleSheetTheme 在应用程序开发过程，作为从页中提取样式信息的手段，使应用程序的行为可独立于应用程序的外观进行维护。对应用程序应用 StyleSheetTheme 后，用户可能还希望应用 Theme。如果对应用程序既应用 Theme 又应用 StyleSheetTheme，则按以下顺序应用控件的属性：

首先应用 StyleSheetTheme 属性；然后应用页中的控件属性（重写 StyleSheetTheme）；最后应用 Theme 属性（重写控件属性和 StyleSheetTheme）。

（3）创建主题后，可在其下创建皮肤和样式表等文件，要想领略一下主题的使用效果，可在网页设计视图中拖放一个 TextBox 控件，例如新建样式表文件可编写代码为：

```
body
{
        text-align:center;
        background:blue;
}
```

应用主题后就可以看到效果啦！

（4）禁用皮肤

每个控件都包含有 EnableTheming 属性，设置为 false 则禁用主题皮肤。

（5）在 Web 配置文件中注册主题

```
<system.web>
<pages theme="ThemeName"/>
```

</system.web>

在启用程序中的主题后，可以在特定页面中通过<%@ Page Language="C#"EnableThem-ing="false"%>语句来禁用主题。

7.1.3 利用 Themes、skins 轻松实现网站换肤

先看一个非常简单的实例：

例 7.1 将 Label 控件上的文字变成粗体、红色。

App_Themes\default\1.skin 文件代码：

```
<asp:Label Font-Bold="true" ForeColor="Red" runat="server" />
```

default.aspx:文件代码：

```
<%@ Page Language="C#" Theme="default" %>
<!DOCTYPE html PUBLIC "-//W3C//DTD XHTML 1.0 Transitional//EN" "http://www.w3.-org/TR/xhtml1/DTD/xhtml1-transitional.dtd">
<html xmlns="http://www.w3.org/1999/xhtml">
<head id="Head1" runat="server">
  <title>Page with Example Theme Applied</title>
</head>
<body>
  <form id="form1" runat="server">
      <asp:Label ID="Label1" runat="server" Text="Hello 1" /><br />
      <asp:Label ID="Label2" runat="server" Text="Hello 2" /><br />
  </form>
</body>
</html>
```

可以看到在 default.aspx 中并没有编写如何控制 style 的代码，但运行时发现 label 上的字都变成了红色粗体了，这就是一个最基本的 Theme 例子。

运行结果：

Hello 1
Hello 2

App_Themes 文件夹：

App_Themes 文件夹位于程序的根目录下，App_Themes 下必须是 Theme 名称的子文件夹，子文件夹中可以包含多个.skin 和.css 文件。建立 2 个 Theme，名称分别为 default1 和 default2。

使用 Theme 的方法如下。

（1）在一个页面中应用 Theme：

如果想在某一个页面中应用 Theme，直接在 aspx 文件中修改<%@ Page Theme="…" %>，如果想这个页面应用 default2 Theme，设置<%@ Page Theme="default2" %>就可以。

（2）在所有页面应用同一个 Theme

如果要在所有页面上使用相同的 Theme，在 web.config 中的<system.web>节点下加<pages theme="…"/>语句。

（3）让控件不应用 Theme

第一个例子中两个 Label 的风格都变了, 就是说.skin 文件中的风格在页面中对所有 Label 都起作用了。但有时如果希望某一个 Label 不应用.skin 中的风格, 这时只需设置 Label 的 EnableTheming 属性为 False 就可以了。

如果还想让不同的 Label 显示不同的风格, 只需设置 Label 的 SkinID 属性就可以, 见下面的实例:

例 7.2

App_Themes\default\1.skin

```
<asp:label runat="server" font-bold="true" forecolor="Red" />
<asp:label runat="server" SkinID="Blue" font-bold="true" forecolor="blue" />
```

deafult.aspx

```
<%@ Page Language="C#" Theme="default" %>
<!DOCTYPE html PUBLIC "-//W3C//DTD XHTML 1.0 Transitional//EN" "http://www.w3.-org/TR/xhtml1/DTD/xhtml1-transitional.dtd">
<html xmlns="http://www.w3.org/1999/xhtml">
<head id="Head1" runat="server">
  <title>Page with Example Theme Applied</title>
</head>
<body>
  <form id="form1" runat="server">
      <asp:Label ID="Label2" runat="server" Text="Hello 2" SkinID="Blue" /><br />
      <asp:Label ID="Label3" runat="server" Text="Hello 3" /><br />
  </form>
</body>
</html>
```

运行后就会发现两个 Label 显示的风格不一样了。

运行结果:

Hello 2

Hello 3

（4）其他方法

前面已经说了在 aspx 文件头使用 <%@ Page Theme="…" %> 来应用 Theme, 而利用这个方法, Theme 中的风格将会覆盖写在 aspx 中的控件属性 style。比如:

例 7.3

App_Themes\default\1.skin

```
<asp:Label Font-Bold="true" ForeColor="Red" runat="server" />
```

default.aspx

```
<%@ Page Language="C#" Theme="default" %>
<!DOCTYPE html PUBLIC "-//W3C//DTD XHTML 1.0 Transitional//EN" "http://www.w3.-org/TR/xhtml1/DTD/xhtml1-transitional.dtd">
<html xmlns="http://www.w3.org/1999/xhtml">
<head id="Head1" runat="server">
</head>
```

```
<body>
    <form id="form1" runat="server">
        <asp:Label ID="Label1" runat="server" Text="Hello 1" /><br />
        <asp:Label ID="Label2" runat="server" Text="Hello 2" ForeColor="blue" />
    </form>
</body>
</html>
```

运行结果显示所有 Label 的 forecolor 都为 red。

而编写<%@ Page StyleSheetTheme="…" %>语句应用 Theme 就不会覆盖写在 aspx 文件中的控件属性 Style。

控件应用 Style 属性的顺序为①StyleSheetTheme 引用的风格；②代码设定的控件属性（覆盖 StyleSheetTheme）；③Theme 引用的风格（覆盖前面 2 个）。

Theme 中包含 css：

Theme 中也可以使用.css 文件，当把.css 文件放在 1 个 Theme 目录下后,在用到了这个 Theme 的页面中自动会应用该.css 文件。

例 7.4 利用样式表主题实现换肤功能。效果如图 7-2、图 7-3 所示。

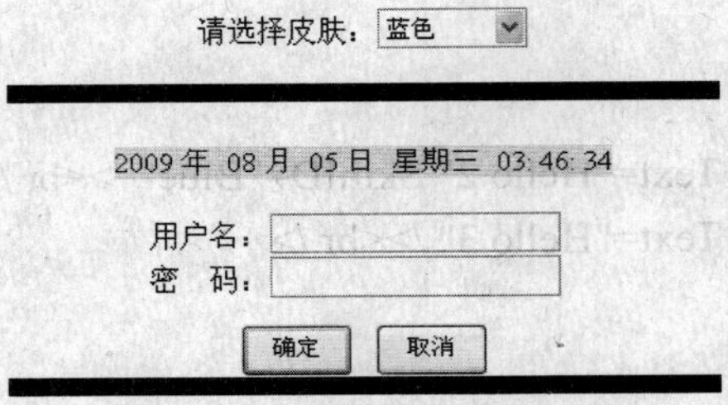

图 7-2 利用样式表主题实现换肤效果 1 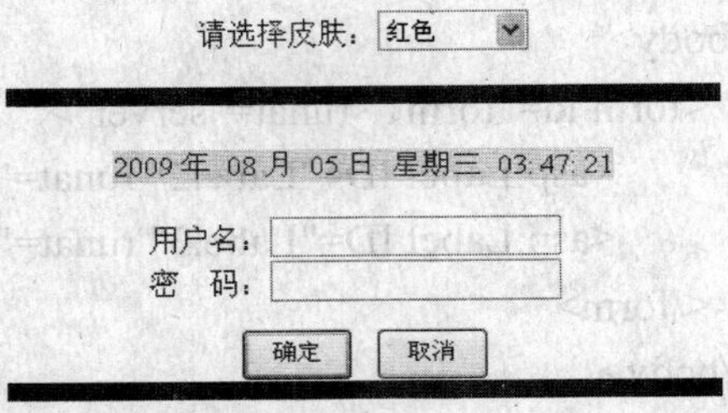   图 7-3 利用样式表主题实现换肤效果 2

（1）创建一个名为"Web1"的网站。

（2）设置名为"BlueTheme"的主题。

（3）在"BlueTheme"主题中，添加一个名为"BlueSkin.skin"的皮肤文件，内容如下：

```
<asp:Label runat="server" BackColor="#FFE0C0" ForeColor="Blue" />
<asp:Button runat="server" ForeColor="Blue"/>
<asp:TextBox runat="server" ForeColor="Blue"/>
```

（4）在"BlueTheme"主题中，添加一个名为"BlueStylesheet.css"的样式文件，内容如下：

```
body
{
    text-align:center;
    color:#0000ff;
}
.div_style
```

```
{
    border-top:#0000ff 10px solid;
    border-bottom:#0000ff 10px solid;
    width:380px;
    height:120px;
    padding-top:25px;
}
```

（5）在"BlueTheme"的上面单击鼠标右键，选择"复制"命令，然后在 App_Themes
的上面单击鼠标右键，选择"粘贴"命令，得到"副本 BlueTheme"，将其改名为"RedTheme"。
然后将其下面的外观文件和样式表文件分别改名为"RedSkin.skin"和"RedStylesheet.css"。

（6）将"RedSkin.skin"文件的内容改为下面的形式：

```
<asp:Label runat="server" BackColor="#C0E0FF" ForeColor="Red" />
<asp:Button runat="server" ForeColor=" Red" />
<asp:TextBox runat="server" ForeColor=" Red" />
```

（7）将"RedTheme"主题中的"RedStylesheet.css"的样式文件改为下面形式：

```
body
{
    text-align:center;
    color:# ff0000;
}
.div_style
{
    border-top:#ff0000 10px solid;
    border-bottom:#ff0000 10px solid;
    width:380px;
    height:120px;
    padding-top:25px;
}
```

（8）在 Default.aspx 中设计界面

```
<%@ Page Language="C#" AutoEventWireup="true" CodeFile="Default.aspx.cs"
Inherits="Default2" %>

<!DOCTYPE html PUBLIC "-//W3C//DTD XHTML 1.0 Transitional//EN"
"http://www.w3.org/TR/xhtml1/DTD/xhtml1-transitional.dtd">

<html xmlns="http://www.w3.org/1999/xhtml">
<head runat="server">
    <title>无标题页</title>
</head>
<body>
```

```
<form id="form1" runat="server">
    请选择皮肤：<asp:DropDownList ID="DropDownList1" runat="server" Width="80px"
    AutoPostBack="true"
OnSelectedIndexChanged="DropDownList1_SelectedIndexChanged"
OnInit="DropDownList1_Init">
        <asp:ListItem Value="BlueTheme">蓝色</asp:ListItem>
        <asp:ListItem Value="RedTheme">红色</asp:ListItem>
    </asp:DropDownList><br />
    <br />
    <div class="div_style">
        <asp:Label ID="LabelDateTime" runat="server"
Text="LabelDateTime"></asp:Label>
        <br />
        <br />
        <table width ="60%"    >
        <td >
            <tr   >
                用户名：<asp:TextBox ID="TextBox1" runat="server"></asp:TextBox>
            </tr>
        </td>
        <td>
            <tr>
                密    码：<asp:TextBox ID="TextBox2"
runat="server"></asp:TextBox>
            </tr>

        </td>
        </table>
        <asp:Button ID="Button1" runat="server" Text="确定" Width="60px"
Height="30px" />  
        <asp:Button ID="Button2" runat="server" Text="取消" Width="60px"
Height="30px" />

    </div>
    </form>
</body>
</html>
```

对应的后台代码如下（Default.aspx.cs）：

```
using System;
using System.Collections;
```

```
using System.Configuration;
using System.Data;
using System.Linq;
using System.Web;
using System.Web.Security;
using System.Web.UI;
using System.Web.UI.HtmlControls;
using System.Web.UI.WebControls;
using System.Web.UI.WebControls.WebParts;
using System.Xml.Linq;

public partial class Default2 : System.Web.UI.Page
{
    protected void Page_Load(object sender, EventArgs e)
    {
        LabelDateTime.Text = string.Format("{0:yyyy 年 MM 月 dd 日   dddd
hh: mm: ss}", DateTime.Now);
    }

    protected void DropDownList1_SelectedIndexChanged(object sender, EventArgs e)
    {
        Session["styleSheetTheme"] = DropDownList1.SelectedValue;
        Server.Transfer("Default.aspx");
    }
    public override string StyleSheetTheme
    {
        get
        {
            if (Session["styleSheetTheme"] != null)
            {
                return Session["styleSheetTheme"].ToString();
            }
            else
            {
                return "BlueTheme";
            }
        }
    }
    protected void DropDownList1_Init(object sender, EventArgs e)
    {
```

```
            Session["styleSheetTheme"] = Page.StyleSheetTheme;
            DropDownList1.SelectedValue = Session["styleSheetTheme"].ToString();
        }
}
```

（9）按 F5 键调试运行，使得达到本题要求的换肤效果。

7.2 母版页

为了减少在网页设计时出现的变一页则动全站的问题，为了给访问者一致的感受，每个网站都需要具有统一的风格和布局。从 Visual Studio 2005 的版本就开始增加了母版的概念。可以把它想像成为"网页模板"，与之不同的是，再也不必更新每个页面了，修改一次所有的网页都会改变，实现了一劳永逸。它就像婚纱影楼中的婚纱模板，同一个婚纱模板可以给不同的新人用，只要把他们的照片贴在已有的婚纱模板上就可以形成一张漂亮的婚纱照片，这样可以大大简化婚纱艺术照的设计复杂度。这里的母版页就像婚纱模板，而内容页面就像两位新人的照片。

母版页（Master Page）的使用可以使网站界面统一。虽然母版页和内容页功能强大，但是其创建和应用过程并不复杂。本节向读者详细介绍使用 Visual Stuido 2008 创建母版页和内容页的方法以及相关知识。

7.2.1 概述

母版页中包含的是页面公共部分，即网页模板。因此，在创建示例之前，必须判断哪些内容是页面公共部分。

使用 ASP.NET 母版页可以为应用程序中的页创建一致的布局。单个母版页可以为应用程序中的所有页（或一组页）定义所需的外观和标准行为。然后可以创建包含要显示的内容的各个内容页。当用户请求内容页时，这些内容页与母版页合并以将母版页的布局与内容页的内容组合在一起输出。

7.2.2 母版页运行机制

母版页仅仅是一个页面模板，单独的母版页是不能被用户所访问的。单独的内容页也不能够使用。母版页和内容页有着严格对应的关系。在实现一致性的过程中，必须包含两个文件：一种是母版页（.master），另一种是内容页（.aspx）。母版页封装页面中的公共元素，内容页实际是普通的.aspx 文件，包含除母版页之外的其他非公共内容。母版页中包含多少个 ContentPlaceHolder 控件那么内容页中也必须设置与其相对应的 Content 控件。当客户端浏览器向服务器发出请求，要求浏览某个内容页面时，ASP.NET 引擎将同时执行内容页和母版页的代码，并将最终结果发送给客户端浏览器。

母版页和内容页的运行过程可以概括为以下 5 个步骤。

（1）用户通过键入内容页的 URL 来请求某页。

（2）获取内容页后，读取@ Page 指令。如果该指令引用一个母版页，则也读取该母版页。如果是第一次请求这两个页，则两个页都要进行编译。

（3）母版页合并到内容页的控件树中。

（4）各个 Content 控件的内容合并到母版页中相应的 ContentPlaceHolder 控件中。

（5）呈现得到结果页。如图 7-4 所示。

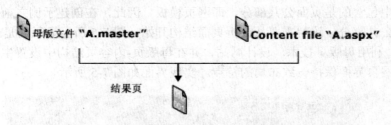

图 7-4　母版页与内容页合并

7.2.3　使用母版页

母版页是扩展名为.master 的 ASP.NET 文件，可以包含静态布局，它包含以下特征：

（1）必须包含特殊指令@Master。

（2）文件第一行代码必须是<%@ Master Language="C#" AutoEventWireup="true" Code-File="MasterPage.master.cs" Inherits="MasterPage" %>。

（3）默认包含一个容器控件即 ContentPlaceHolder 控件，它代表内容占位符，这些占位符控件定义可替换内容出现的区域，由 ID 属性唯一标志，凡是要和特定母版页绑定的内容页的 ContentID 必须和母版页的 ContentPlaceHoder 的 ID 相同，代码为：

<asp:ContentPlaceHolder id="ContentPlaceHolder1" runat="server">

</asp:ContentPlaceHolder>

7.2.4　创建内容页

在创建一个完整的母版页之后，接下来必然要创建内容页。从用户访问的角度来讲，内容页与最终结果页的访问路径相同，这好像表明二者是同一文件，实际不然。结果页是一个虚拟的页面，没有实际代码，其代码内容是在运行状态下母版页和内容页合并的结果。在开始介绍内容页之前，还有两个概念需要强调：一是内容页中所有内容必须包含在 Content 控件中；二是内容页必须绑定母版页。虽然内容页的扩展名与普通 ASP.NET 页面相同，但是，其代码结构有着很大差别。在创建内容页的过程中，必须时刻牢记以上两个重要概念。与创建母版页差不多，创建内容页的过程比较简单。单击"网站"命令菜单中的"添加新项..."，或者在解决方案管理器中右键单击项目，在下拉菜单中选择"添加新项..."，从窗口中选择 Web 窗体图标，接着，还需要设置文件名/nder.aspx.设置完成后，不可直接单击"添加"按钮。因为，内容页必须绑定母板页，所以还需要对复选框"将代码放在单独的文件中"求"选择母板页"进行句选设置，然后单击"确定"按钮，再从窗口中选定母板页，单击"确定"按钮即可创建一个绑定母板页的内容页了。

（1）Content 控件和 ContentPlaceHolder 控件结合使用

代码为：

<asp:Content ID="Content1" ContentPlaceHolderID="ContentPlaceHolder1" unat="server">

</asp:Content>

（2）第一行代码：

```
<%@ Page Language="C#" MasterPageFile="~/MasterPage2.master" AutoEventWireup="tr-
ue" CodeFile="Default2.aspx.cs" Inherits="Default2" Title="Untitled Page" %>
```

母版页中包含的是页面公共部分，即网页模板。因此，在创建示例之前，必须判断哪些内容是页面公共部分，这就需要从分析页面结构开始。图 7-5 所示显示的是一个页面截图。

例 7.5　利用母版页技术，设计网站，并在母版页-内容页结构中设置主题，达到网站的外观美观、网页界面保持一致布局的特点。实现界面如图 7-5 所示。

图 7-5　利用母版页设计的主页示例

主页名为 index.aspx，并且此页为某网站中的一页。通过分析可知，该页面的结构如图 7-6 所示。

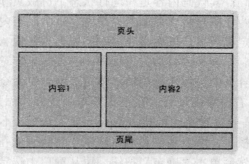

图 7-6　例 7.5 页面结构图

页面 index.aspx 由 4 个部分组成：页头、内容 1、内容 2 和页尾。其中页头和页尾是 index.aspx 所在网站中页面的公共部分，网站中许多页面都包含相同的页头和页尾。内容 1 和内容 2 是页面的非公共部分，是 index.aspx 页面所独有的。结合母版页和内容页的有关知识可知，如果使用母版页和内容页来创建页面 index.aspx，那么必须创建一个母版页

MasterPage.master 和一个内容页 index.aspx，其中母版页包含页头和页尾等内容，内容页中则包含内容 1 和内容 2。

（1）首先在网站上创建名为 App_Themes 的新文件夹，添加主题名为 Theme1，在 Theme1 下，创建 Images 图片文件夹、皮肤文件 Skin.skin 及样式表 Stylesheet1.css。

Skin.skin 内容为：

```
<asp:Button runat="server" BackColor="#C0FFC0" BorderColor="#FFE0C0" BorderStyle="Outset" BorderWidth="5px" ForeColor="Red" />
```

Stylesheet1.css 文件内容为：

```
*{font: normal 12px "Arial";}
body
{
        font-family：宋体, Verdana;
        text-align: center;
        margin-top: 0px;
        font-size: 11pt;
}

.top_1 {width:100%;height:71px;border:none; display:block;
background:url(Images/bg_header.jpg) no-repeat left; }
.top_2 {width:217px;height:31px;border:none;display:block;background:url(Images/top-2.gif)
no-repeat left; }
.top_3 {width:486px; height:31px;border:none;display:block;background:url(Images/top-3.gif)
repeat-x center; }
.top_4 {width:80px;height:31px;border:none;display:block;background:url(Images/top-4.gif)
no-repeat left;}
.top_5 {width:75px;height:31px;border:none;display:block;background:url(Images/top-5.gif)
no-repeat left;}

.bar_up{width:16px;height:22px;border:none;display:block; cursor:pointer;
background:url(Images/bar_up.gif) no-repeat center; background-position:bottom;}
.bar_down{width:16px;height:22px; border:none;display:block; cursor:pointer;
background:url(Images/bar_down.gif) no-repeat center; background-position:bottom;}

a:link,a:visited,a:active { text-decoration:none;color:#000; }
a:hover {text-decoration:none;color:blue;}
#menu
{
        background-image: url(images/bg_menu.jpg);
        width: 100%;
        background-repeat: repeat-x;
```

```
        height: 24px;
        text-align: right;
}

.menuItem
{
        font-family: 宋体;
        font-size: 10pt;
        text-align: left;
}

#menu a, #menu a:link, #menu a:visited, #menu a:active
{
        text-decoration: none;
        color: #003366;
}

#menu a:hover
{
        color: #06c;
        text-decoration: underline;
}

#left_top
{
        width: 192px;
        height:150px;
        padding-top: 56px;
        clear: left;
        float: left;
        background-image: url(images/bg_left_top.jpg);
        background-repeat: no-repeat;
        background-color: #e6e6fa;
}
#left_top1
{
        width: 192px;
        height: 150px;
        padding-top: 100px;
        clear: left;
```

```
        float: left;
        background-repeat: no-repeat;
        background-color: #e6e6fa;
}
.textbox
{
        margin-top: 4px;
}

.button
{
        margin-top: 6px;
        margin-bottom: 8px;
}

#left_top a, #left_top a:link, #left_top a:visited, #left_top a:active
{
        text-decoration: none;
        color: #3399ff;
}

#left_top a:hover
{
        color: #ff0000;
        text-decoration: underline;
}

#right_content
{
        width: 584px;
        height: 200px;
        clear: left;
        margin-top: 0px;
        float: right;
}

#footer_image
{
        width: 100%;
        clear: both;
```

```
        height: 24px;
        background-image: url(images/bg_footer.gif);
        background-repeat: repeat-x;
    }

    #footer
    {
        width: 100%;
        height: 24px;
        padding-top: 30px;
    }
```

（2）使用 Visual Studio 2008 创建一个普通 Web 站点，然后，在站点根目录下创建一个名为 MasterPage.master 的母版页。由于这是一个添加新文件的过程，因此，单击"网站"命令菜单中的"添加新项"选项，可以打开如图 7-7 所示的窗口。

图 7-7 "添加新项"窗口

由于此例创建的是母版页，因此，需要选择母版页图标，并且设置文件名为 MasterPage.master。需要注意的是，该窗口中还有一个复选框项"将代码放在单独的文件中"。默认情况下，该复选框处于选中状态。表示 Visual Studio 2008 将会为 MasterPage.master 文件应用代码隐藏模型，即在创建 MasterPage.master 文件的基础上，自动创建一个与该文件相关的 MasterPage.master.cs 文件。如果不选中该项，那么只会创建一个 MasterPage.master 文件而已。建议读者选取该项。

在创建 MasterPage.master 文件之后，接着就可以开始编辑该文件了。根据前文说明，母版页中只包含页面公共部分，因此，MasterPage.master 中主要包含的是页头和页尾的代码。具体源代码如下所示：

母版页 MasterPage.master 文件源代码：

```
<%@ Master Language="C#" AutoEventWireup="true" CodeBehind="MasterPage.master.cs"
Inherits="MasterPageExample.MasterPage" %>

<!DOCTYPE html PUBLIC "-//W3C//DTD XHTML 1.0 Transitional//EN"
```

```
"http://www.w3.org/TR/xhtml1/DTD/xhtml1-transitional.dtd">

    <html xmlns="http://www.w3.org/1999/xhtml" >
    <head runat="server">
        <title>无标题页</title>
        <link href="App_Themes/Theme1/Stylesheet1.css" rel="stylesheet" type="text/css" />
    </head>
    <body>
        <form id="form1" runat="server">
            <div>
            </div>
            <div style="width: 778px; height: 114px;">
                <table style="width:100%;height:102px;" cellpadding="0" cellspacing="0" >
                <tr>
                    <td class="top_1" style="height:71px; " align="left" valign="top"   >
                    <table style="width:100%; height:100%;" cellpadding="0" cellspacing="0" >
                      <tr>
                          <td class="top_1">
                          </td>
                      </tr>
                      <tr>
                          <td >
                              <table style="height:100%;" cellpadding="0" cellspacing="0" >
                                  <tr>
                                      <td class="top_2" style="padding-top:4px;">

       『  当前用户：<asp:Label
id="lbl_SignIn" runat="server" Text=""></asp:Label>  』
                                      </td>
                                      <td   class="top_3" >
            <table style="height:100%;" cellpadding="0" cellspacing="0">
            <tr>
            <td style="width:39px"></td>
            <td class="top_4"><br /><div style="float:left; width:39px;"></div><a
href="Main.aspx" target="mainFrame" >首页</a></td>
            <td class="top_4"><br /><div style="float:left; width:39px;"></div><a
href="javascript:history.go(1)"   >前进</a></td>
            <td class="top_4"><br /><div style="float:left; width:39px;"></div><a
href="javascript:history.go(-1)"   >后退</a></td>
            <td class="top_4"><br /><div style="float:left; width:39px;"></div><a
```

```
href="ReLogin.aspx" target="_top">注销</a></td>
                <td class="top_4"><br /><div style="float:left; width:39px;"></div><a
href="Logout.aspx" target="_top"  >退出</a></td>
                <td class="top_4"><div style="float:left; width:39px;"></div>
                <div class="bar_up" title="单击这里可以伸缩顶部" ></div></td>
                                                            </tr>
                                                        </table>
                                                    </td>
                                                    <td class="top_5">

                                                    </td>
                                                </tr>
                                            </table>
                                        </td>
                                    </tr>
                                </table>
                            </td>
                        </tr>
                    </table>
                <div   id="menu">
                        <asp:HyperLink ID="HyperLink1" runat="server"
NavigateUrl="~/index.aspx">主页</asp:HyperLink>


                        <asp:HyperLink ID="HyperLink2" runat="server"
NavigateUrl="~/product.aspx">产品介绍</asp:HyperLink>


                        <asp:HyperLink ID="HyperLink3" runat="server"
NavigateUrl="~/Helper.aspx">使用帮助</asp:HyperLink>
                           
                </div>
                <div id="left_top">
                    用户名：<asp:TextBox ID="TextBox1" CssClass="textbox"
runat="server" Width="80px"></asp:TextBox><br />
                        密   码：<asp:TextBox ID="TextBox2" CssClass="textbox"
runat="server" Width="80px"></asp:TextBox><br />
                <asp:Button ID="Button1" runat="server" CssClass="button" Text="登录" > 
                <asp:Button ID="Button2" runat="server" CssClass="button" Text="注册" />
                        <br />
                        <asp:HyperLink ID="HyperLink7" runat="server"
NavigateUrl="~/Default.aspx">忘记密码</asp:HyperLink>
```

```
            </div>
            <div id="right_content" style="height: 432px">
                <asp:ContentPlaceHolder ID="ContentPlaceHolder1" runat="server">
                </asp:ContentPlaceHolder>
            </div>
            <div id="footer_image" style="height: 24px" />
            <div id="footer">
            CopyRight &copy; XinHua 2005-2009 版权所有</div>
        </div>
    </div>
    </form>
</body>
</html>
```

以上是母版页 MasterPage.master 的源代码，与普通的.aspx 源代码非常相似，例如，包括
＜html＞、＜body＞、＜form＞等 Web 元素，但是，与普通页面还是存在差异。差异主要有
两处（粗体代码所示）。差异一是代码头不同，母版页使用的是 Master，而普通.aspx 文件使
用的是 Page。除此之外，二者在代码头方面是相同的。差异二是母版页中声明了控件
ContentPlaceHolder，而在普通.aspx 文件中是不允许使用该控件的。在 MasterPage.master 的
源代码中，共声明了两个 ContentPlaceHolder 控件，一个用于在页面模板中为内容 1 占位，
一个用于在页面模板中为内容 2 占位。ContentPlaceHolder 控件本身并不包含具体内容设置，
仅是一个控件声明。

使用 Visual Studio 2008 可以对母版页进行编辑，并且它完全支持"所见即所得"功能。
无论是在代码模式下，还是在设计模式下，使用 Visual Studio 2008 编辑母版页的方法，与编
辑普通.aspx 文件是相同的。图 7-8 显示了 MasterPage.master 文件的设计时视图，图中两个矩
形框表示 ContentPlaceHolder 控件。

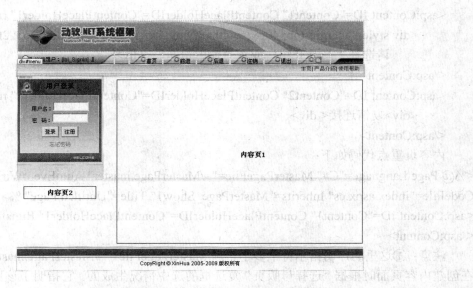

图 7-8　MasterPage.master 文件的设计时视图

母版页的使用跟普通的页面一样，可以可视化的设计，也可以编写后置代码。与普通页面不一样的是，它可以包含 ContentPlaceHolder 控件，ContentPlaceHolder 控件是可以显示内容页面的区域。

母版页中的重点代码如下：

```
<%@ Master Language="C#" AutoEventWireup="true" CodeFile="MasterPage.master.cs"
Inherits="MasterPage" %>
⋮
  <form id="form1" runat="server">
  <div>
    <asp:contentplaceholder id="ContentPlaceHolder1" runat="server">
    </asp:contentplaceholder>
  </div>
  </form>
⋮
```

注意：①这里的声明指示符是"<%@ Master…%>"。②其内部包含<asp:contentplaceholder…>控件。

（3）在建立内容页面的时候，在"添加新项"对话框中要选中"选择母版页"复选框。这样建立的页面就是内容页面，内容页面在显示的时候会把母版面的内容一起以水印淡化的形式显示出来，而在母版页中的 ContentPlaceHolder 控件区域会被内容页面中的 Content 控件替换，程序员可以在这里编写内容页面中的内容。

内容页 index.aspx 的源代码：

```
<%@ Page Language="C#" MasterPageFile="~/MasterPage.Master"
AutoEventWireup="true"
    CodeBehind="index.aspx.cs" Title="母版页实例"
    StylesheetTheme="Theme1" %>
<asp:Content ID="Content1" ContentPlaceHolderID="ContentPlaceHolder1" runat="server">
    <div style="margin-top: 40px; width: 328px; height: 40px; padding-top: 20px;">
        请选择"产品介绍"或者"使用帮助"</div>
</asp:Content>
<asp:Content ID="Content2" ContentPlaceHolderID="ContentPlaceHolder2" runat="server">
    <div>友情连接</div>
</asp:Content>
```

内容页重点代码如下：

```
<%@ Page Language="C#" MasterPageFile="~/MasterPage.master" AutoEventWireup="true"
CodeFile="index.aspx.cs" Inherits="MasterPage_Show1" Title="Untitled Page" %>
<asp:Content ID="Content1" ContentPlaceHolderID="ContentPlaceHolder1" Runat="Server">
</asp:Content>
```

注意：①这里的声明指示符中多了一项 MasterPageFile="~/MasterPage.master"，这一项是在创建内容页面时根据"选择母版页"复选框的选中情况生成的。它指明了该页是内容页面，也指明了该内容页面的母版页是哪个页面。②"<asp:Content……>"就是要在其中显示的内容。

7.2.5　母版页与内容页间控件的访问

（1）在母版页中编写后台代码，访问母版页中控件的方法与普通的 aspx 页面一样，双击按钮即可编写母版页中的代码。

（2）在内容页面中编写后台代码，访问内容页面中的控件的方法与普通的 aspx 页面一样，双击按钮即可编写母版页中的代码。

（3）在内容页面中编写代码访问母版页中的控件：

在内容页面中有个 Master 对象，它是 MasterPage 类型，它代表当前内容页面的母版页。通过这个对象的 FindControl 方法，可以找到母版面中的控件，这样就可以在内容页面中操作母版页中的控件了。

TextBox txt = (TextBox)((MasterPage)Master).FindControl("txtMaster");

txt.Text = this.txtContent1.Text; ;

（4）在母版页中访问内容页面的控件的方法是在母版页中通过在 ContentPlaceHolder 控件中调用 FindControl 方法来取得控件，然后对控件进行操作。

((TextBox)this.ContentPlaceHolder1.FindControl("txtContent1")).Text = this.txtMaster.Text;

7.2.6　母版页和内容页事件顺序

加载母版页和内容页共需要经过 8 个过程（如图 7-9 所示）。这 8 个过程显示初始化和加载母版页及内容页是一个相互交叠的过程。基本过程是初始化母版页和内容页控件树，然后，初始化母版页和内容页，接着加载母版页和内容页，最后，加载母版页和内容页控件树。

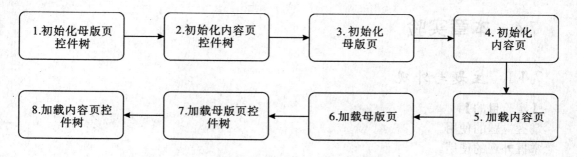

图 7-9　母版页、内容页的执行顺序

以上 8 个过程对应着 11 个具体事件：

母版页和内容页事件的执行顺序为：

（1）母版页中控件 Init 事件；

（2）内容页中 Content 控件 Init 事件；

（3）母版页 Init 事件；

（4）内容页 Init 事件；

（5）内容页 Load 事件；

（6）母版页 Load 事件；

（7）内容页中 Content 控件 Load 事件；

（8）内容页 PreRender 事件；

（9）母版页 PreRender 事件；

（10）母版页控件 PreRender 事件。

（11）内容页中 Content 控件 PreRender 事件。

使用母版页的优点：

（1）有利于站点修改和维护，降低开发人员的工作强度；

（2）有利于实现页面布局；

（3）提供一种便于利用的对象模型。

ASP.NET 母版页使用注意事项：

通过母版页编程大大节省了开发人员的时间，通过把内容分离出来，程序员能更加专注于内容的设计和呈现，但是母版页在使用的过程中也有一些需要注意的地方：

（1）不能用 OutputCache 指令来缓存母版页；

（2）不能把某个主题应用到母版页中。

7.3   本章小结

在本章中我们学习了主题的基础知识和高级应用、母版页和内容页的概念及使用。通过利用主题功能，可以显著减少添加到各个 ASP.NET 页面的内容量。使用主题功能可以一次定义控件的外观，并可以将该外观应用于整个 Web 应用程序。因此，使用主题功能可以轻松创建一致的并可维护的外观设计网站。学习母版页可以统一管理和定义页面，使多个页面具有相同的布局风格，给网页设计和修改带来很大方便。

7.4   本章实验

7.4.1   主题与外观

【实验目的】

掌握主题的使用。

掌握外观的使用。

掌握 CSS 层叠样式表的使用。

【实验内容和要求】

设计用户登录界面，利用主题来改变其外观。界面布局参见图 7-10。

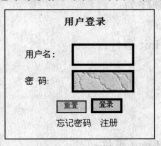

图 7-10   用户登录界面

【实验步骤】

（1）创建一个名为"实验一"的网站。

（2）创建名为"MyTheme"的主题。

（3）在"MyTheme"主题中，添加一个皮肤文件 SkinFile.skin。

创建控件外观文件的简单方法：先将控件添加到.aspx 页面中，利用属性窗口对控件进行配置，再将控件代码复制到外观文件中并做适当的修改（移除外观文件中控件的 ID 属性）。

SkinFile.skin的文件内容为：

```
<%--
```

默认的外观模板（以下外观仅作为示例提供）。

①命名的控件外观。SkinId 的定义应唯一，因为在同一主题中不允许一个控件类型有重复的 SkinId。

```
<asp:GridView runat="server" SkinId="gridviewSkin" BackColor="White" >
    <AlternatingRowStyle BackColor="Blue" />
</asp:GridView>
```

②默认外观。未定义 SkinId。在同一主题中每个控件类型只允许有一个默认的控件外观。

```
<asp:Image runat="server" ImageUrl="~/images/image1.jpg" />
--%>
<asp:TextBox runat="server"    BorderWidth="4px"    BorderColor="red" ></asp:TextBox>
<asp:Button runat="server"    BorderWidth="4px"    BorderColor="red"
ForeColor="Blue"    ></asp:Button>
<asp:Button runat="server" SkinId="Skin2" BorderWidth="2px" BorderColor="green" ></asp:Button>
```

（4）在"MyTheme"主题中，添加一个 StyleSheet.css 的样式文件。

StyleSheet.css 的文件内容为：

```
a:link{
    text-decoration: none;
    color: #003366;
    font-family: Tahoma, Verdana, "宋体";
}
a:visited {
    text-decoration: none;
    color: #003366;
    font-family: Tahoma, Verdana, "宋体";
}
a:hover {
    text-decoration: none;
    color:#FF9900;
    font-family: Tahoma, Verdana, "宋体";
}
input {
    color:Green;
```

```
        }
    .red
    {
            color:Red;
            background-image: url(./images/bg.jpg);
    }
```

（5）在 login.aspx 中设计界面。

```
<%@ Page Language="C#" AutoEventWireup="true" CodeFile="login.aspx.cs"
Theme="MyTheme"    Inherits="login" %>
<!DOCTYPE html PUBLIC "-//W3C//DTD XHTML 1.0 Transitional//EN"
"http://www.w3.org/TR/xhtml1/DTD/xhtml1-transitional.dtd">
<html xmlns="http://www.w3.org/1999/xhtml" >
<head runat="server">
    <title>无标题页</title>
</head>
<body>
    <form id="Form1" method="post" runat="server">
            <TABLE id="Table1" width="224" align="center" border="0" style="WIDTH:
224px; HEIGHT: 240px">
                <TR>
                    <TD style="HEIGHT: 64px" align="center"
colSpan="2"><STRONG><FONT face="宋体" color="#0033cc" size="4">用户登录
</FONT></STRONG></TD>
                </TR>
                <TR>
                    <TD style="WIDTH: 81px"><FONT face="宋体">用户
名:</FONT></TD>
                    <TD>
                        <asp:TextBox id="txtUserName" runat="server" Height="32px"
Width="104px"></asp:TextBox>
    </TD>
                </TR>
                <TR>
                    <TD style="WIDTH: 81px">密　码:</TD>
                    <TD>
                        <asp:TextBox id="txtPwd" runat="server" Height="32px"
Width="104px" CssClass="red"    TextMode="Password"></asp:TextBox>
    </TD>
                </TR>
    <TR>
```

```
            <TD style="HEIGHT: 36px" align=center colSpan=2><FONT
        face=宋体> </FONT><FONT face=宋体>
                                    <asp:Button id="btnReset"    SkinId="Skin2"
runat="server" Width="55px" Text="重置" CausesValidation="False" ></asp:Button>
                                    <asp:Button id="btnSubmit" runat="server" Width="57px"
Text="登录" ></asp:Button></FONT></TD></TR>
                    <TR>
                        <TD align="center" colSpan="2"><FONT face="宋体">
                            <asp:LinkButton id="lnkGetpwd" runat="server"
Width="80px" CausesValidation="False" >忘记密码</asp:LinkButton>
                            <asp:LinkButton id="lnkRegister" runat="server"
CausesValidation="False" >注册</asp:LinkButton></FONT></TD>
                    </TR>
                </TABLE>
            </form>
    </body>
    </html>
```

详细代码见光盘 chapter7 文件夹下实验 7-4-1。

7.4.2　母版页

【实验目的】

理解母版页的作用。

掌握母版页的使用。

【实验内容和要求】

编写网上书店首页，要求母版页与主题有统一的页面风格，并且编写一个用户登录的界面，登录成功后进入网上书店首页。网上书店系统中，各页面的头部和底部具有共同的内容，如图 7-11、图 7-12 所示为首页与图书浏览两个页面。试用母版页功能来简化页面设计。

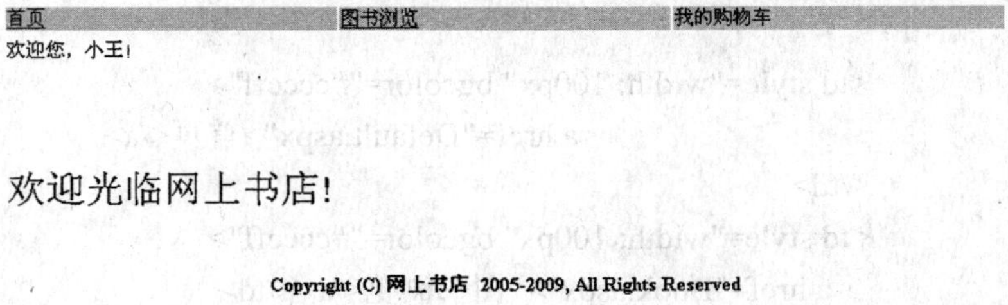

图 7-11　网上书店主页

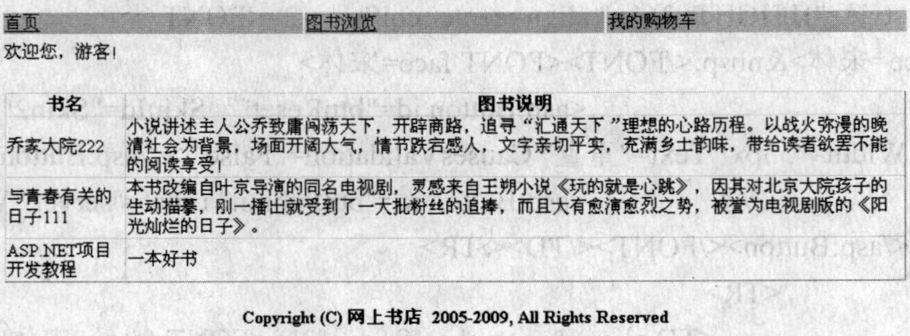

图 7-12 点击图书浏览时的页面显示

【实验步骤】

（1）使用 Visual Studio 2008 创建一个普通 Web 站点，然后，在站点根目录下创建一个名为 MasterPage.master 的母版页。

内容如下：

```
<%@ Master Language="C#" AutoEventWireup="true" CodeFile="MasterPage.master.cs" Inherits="MasterPage" %>

<!DOCTYPE html PUBLIC "-//W3C//DTD XHTML 1.0 Transitional//EN"
"http://www.w3.org/TR/xhtml1/DTD/xhtml1-transitional.dtd">

<html xmlns="http://www.w3.org/1999/xhtml" >
<head runat="server">
    <title>无标题页</title>
</head>
<body topmargin="0">
    <form id="form1" runat="server">
    <div>
         <table width="90%" align="center">
            <tr>
                <td style="width: 100px" bgcolor="#ccccff">
                        <a href="Default.aspx">首页</a>
                </td>
                <td style="width: 100px" bgcolor="#ccccff">
                 <a href="Book.aspx"> 图书浏览</a></td>
                <td style="width: 100px" bgcolor="#ccccff">
                        我的购物车</td>
            </tr>
            <tr>
                <td colspan="3" style="height: 29px">
                    <asp:Label ID="Label1" runat="server" Text="欢迎您，游客！"
```

```
Width="137px"></asp:Label></td>
                </tr>
                <tr>
                    <td colspan="3" style="height: 146px">
                         <asp:ContentPlaceHolder ID="ContentPlaceHolder1"
runat="server">
                        </asp:ContentPlaceHolder>
                    </td>
                </tr>
                <tr>
                    <td colspan="3" align="center">
                        <br />
                        <strong>
                        Copyright (C) 网上书店 2005-2009, All Rights Reserved </strong>
                    </td>
                </tr>
            </table>
        </div>
        </form>
    </body>
</html>
```

（2）在建立内容页面的时候，在"添加新项"对话框中要选中"选择母版页"复选框。

Default.aspx 内容页代码如下：

```
<%@ Page Language="C#" MasterPageFile="~/MasterPage.master"
AutoEventWireup="true" CodeFile="Default.aspx.cs" Inherits="_Default" Title="Untitled Page"
%>
    <asp:Content ID="Content1" ContentPlaceHolderID="ContentPlaceHolder1"
Runat="Server">
        <span style="font-size: 24pt">
            <br />
            <br />
            欢迎光临网上书店!</span>
    </asp:Content>
```

book.aspx 内容页代码如下：

```
<%@ Page Language="C#" MasterPageFile="~/MasterPage.master"
AutoEventWireup="true" CodeFile="Book.aspx.cs" Inherits="Book" Title="Untitled Page" %>
    <asp:Content ID="Content1" ContentPlaceHolderID="ContentPlaceHolder1"
Runat="Server">
        <asp:GridView ID="GridView1" runat="server">
        </asp:GridView>
```

</asp:Content>

详细代码见光盘 chapter7 文件夹下实验 7-4-2。

7.5 习题与思考

1．主题包含的内容是什么？主题与样式表有什么区别？

2．页面主题与全局主题应用中有什么不同？

3．外观文件的扩展名是什么？外观文件应用在什么地方？

4．为了保持多个网页显示风格保持一致，ASP.NET 3.5 使用了哪些技术，每种技术是如何发挥作用的？

5．母版页和内容页是如何联系的？

6．用实例说明，创建自己的个人网站，在网站设计中应用主题及母版页技术。

第八章　ASP.NET 的配置和优化

【学习目标】

掌握 ASP.NET 的配置过程。
了解缓存在软件开发中的重要作用。
了解性能优化的合理使用。

ASP.NET 提供了一个丰富可行的配置系统，以帮助管理人员轻松快速地建立自己的 WEB 应用环境。ASP.NET 提供的是一个层次配置架构，可以帮助 Web 应用、站点、机器分别配置自己的扩展配置数据。应用程序开发人员可以根据应用程序所使用的功能，优化和更改其中的某些配置，以提高应用程序的性能。

8.1　ASP.NET 的配置

ASP.NET 的配置系统具有以下优点：
（1）ASP.NET 允许配置内容可以和静态内容、动态页面和商业对象放置在同一目录结构下。当管理人员需要安装新的 ASP.NET 应用时，只需要将应用目录拷贝到新的机器上即可。
（2）ASP.NET 的配置内容以纯文本方式保存，可以以任意标准的文本编辑器、XML 解析器和脚本语言解释、修改配置内容。
（3）ASP.NET 提供了扩展配置内容的架构，以支持第三方开发者配置自己的内容。
（4）ASP.NET 配置文件的更修被系统自动监控，无须管理人员手工干预。

8.1.1　Machine.Config 文件和 Web.Config 文件

ASP.NET 通过 XML 格式的文件 Machine.Config 和 Web.Config 来完成对网站和网站目录的配置。

1. Machine.Config 文件
对于一个网站整体而言，整个服务器的配置信息保存在 Machine.Config 文件中，该文件的具体位置在 "C:\WINDOWS\Microsoft.NET\Framework\[Version]\CONFIG" 目录，它包含了运行一个 ASP.NET 服务器需要的所有配置信息。并且每个 Web 应用程序都会继承这些配置信息，同时我们也可以通过 Web 应用程序中的 Web.Config 文件来覆盖它。

2. Web.Config 文件
当你建立一个新的网站的时候，VS.NET 会自动建立一个 Web.Config 文件，Web.Config 包含了各种专门针对一个具体应用的一些特殊的配置，比如 Session 的管理、错误捕捉等配置。一个 Web.Config 可以从 Machine.Config 继承和重写部分配置信息。因此，对于 ASP.NET

而言，针对一个具体的 ASP.NET 应用或者一个具体的网站目录，是有两部分设置可以配置的，一是针对整个服务器的 Machine.Config 配置，另外一个是针对该网站或者该目录的 Web.Config 配置。一般地，Web.Config 存在于独立网站的根目录，它对该目录和目录下的子目录起作用。

在 Web 应用程序中，我们依然可以在每个子文件夹中去建立 Web.Config，并用它来覆盖上层的配置。

文件夹 CONFIG

-Machine.Config

-Web.Config

-文件夹 VirtualDir

　-*Web.Config

　-*文件夹 SubDir

　-**Web.Config

下面讨论一些具体配置：

（1）<authentication> 节

作用：配置 ASP.NET 身份验证支持（为 Windows、Forms、Passport、None 四种）。该元素只能在计算机、站点或应用程序级别声明。< authentication> 元素必须与<authorization> 节配合使用。

示例：基于窗体（Forms）的身份验证配置站点，当没有登录的用户访问需要身份验证的网页，网页自动跳转到登录网页。

<authentication mode="Forms" >

<forms loginUrl="login.aspx" name=".FormsAuthCookie"/>

</authentication>

其中元素 loginUrl 表示登录网页的名称，name 表示 Cookie 名称。

（2）<authorization> 节

作用：控制对 URL 资源的客户端访问（如允许匿名用户访问）。此元素可以在任何级别（计算机、站点、应用程序、子目录或页）上声明。必须与<authentication> 节配合使用。

示例：示例禁止匿名用户的访问。

<authorization>

　　<deny users="?"/>

</authorization>

注：可以使用 user.identity.name 来获取已经验证过的当前的用户名；可以使用 web.Security.FormsAuthentication.RedirectFromLoginPage 方法将已验证的用户重定向到用户刚才请求的页面。

（3）<compilation>节

作用：配置 ASP.NET 使用的所有编译设置。默认的 Debug 属性为 True。在程序编译完成交付使用之后应将其设为 False（Web.Config 文件中有详细说明，此处省略示例）。

（4）<customErrors>

作用：为 ASP.NET 应用程序提供有关自定义错误信息的信息。它不适用于 xml Web services 中发生的错误。

示例：当发生错误时，将网页跳转到自定义的错误页面。

```
<customErrors defaultRedirect="ErrorPage.aspx" mode="RemoteOnly">
</customErrors>
```

其中，元素 defaultRedirect 表示自定义的错误网页的名称。mode 元素表示对不在本地 Web 服务器上运行的用户显示自定义（友好的）信息。

（5）<httpRuntime>节

作用：配置 ASP.NET HTTP 运行库设置。该节可以在计算机、站点、应用程序和子目录级别声明。

示例：控制用户上传文件最大为 4M，最长时间为 60 秒，最多请求数为 100。

```
<httpRuntime maxRequestLength="4096" executionTimeout="60" appRequestQueueLimit="100"/>
```

（6）<pages>

作用：标识特定于页的配置设置（如是否启用会话状态、视图状态，是否检测用户的输入等）。<pages>可以在计算机、站点、应用程序和子目录级别声明。

示例：不检测用户在浏览器输入的内容中是否存在潜在的危险数据（注：该项默认是检测，如果使用了不检测，一定要对用户的输入进行编码或验证），在从客户端回发页时将检查加密的视图状态，以验证视图状态是否已在客户端被篡改（注：该项默认不需验证）。

```
<pages buffer="true" enableViewStateMac="true" validateRequest="false"/>
```

（7）<sessionState>

作用：为当前应用程序配置会话状态设置（如设置是否启用会话状态，会话状态保存位置）。

示例：

```
<sessionState mode="InProc" cookieless="true" timeout="20"/>
</sessionState>
```

注：

mode="InProc"表示在本地储存会话状态（也可以选择储存在远程服务器或 SAL 服务器中或不启用会话状态）。

cookieless="true"表示如果用户浏览器不支持 Cookie 时启用会话状态（默认为 False）；

timeout="20"表示会话可以处于空闲状态的分钟数。

（8）<trace>

作用：配置 ASP.NET 跟踪服务，主要用来测试程序，判断哪里出错。

示例：Web.Config 中的默认配置：

```
<trace enabled="false" requestLimit="10" pageOutput="false" traceMode="SortByTime" localOnly="true" />
```

注：

enabled="false"表示不启用跟踪；

requestLimit="10"表示指定在服务器上存储的跟踪请求的数目；

pageOutput="false"表示只能通过跟踪实用工具访问跟踪输出；

traceMode="SortByTime"表示以处理跟踪的顺序来显示跟踪信息；

localOnly="true"表示跟踪查看器（trace.axd）在主机 Web 服务器上可用。

（9）自定义 Web.Config 文件配置

自定义 Web.Config 文件配置节过程分为两步：

①在配置文件顶部 <configSections> 和 </configSections>标记之间声明配置节的名称和处理该节中配置数据的 .NET Framework 类的名称。

②在 <configSections> 区域之后为声明的节做实际的配置设置。

示例：创建一个节存储数据库连接字符串。

```
<configuration>
    <configSections>
    <section name="appSettings" type="System.Configuration.NameValueFileSectionHandler,
System, Version=1.0.3300.0, Culture=neutral, PublicKeyToken=b77a5c561934e089"/>
    </configSections>
        <appSettings>
    <add name="MySqlProviderConnection"
connectionString="server=127.0.0.1;database=JTmpDataBase;User ID=sa;pwd=sa;"
providerName="System.Data.SqlClient"/>
        </appSettings>
        <system.web>
            ⋮
        </system.web>
</configuration>
```

访问 Web.Config 文件时可以通过使用 ConfigurationSettings.AppSettings 静态字符串集合来访问。

Web.Config 文件示例：获取上面例子中建立的连接字符串，例如

```
protected static string Isdebug = ConfigurationSettings.AppSettings["debug"]
```

3．加密配置文件

当配置文件中有一些敏感信息的时候，也许希望对其中的内容进行加密。ASP.NET 中有两种支持的加密方式：RSA 和 DPAPI。同时，对如何进行加密，也有两种方式：程序方式和命令行方式。

<connectionStrings>：由于Web.Config文件对于访问站点的用户来说是不可见的，也是不可以访问的，所以为了系统数据的安全和易操作，可以在配置文件中配置一些参数。本例将在Web.Config文件中配置数据库连接字符串。其代码如下：

```
<?xml version="1.0" encoding="utf-8"?>
<configuration>
    <appSettings>
<!-- 连接字符串是否加密  -->
        <add key="ConStringEncrypt" value="false"/>
    </appSettings>
    <connectionStrings>
    <!-- 连接字符串(可以扩展支持不同数据库),如果是加密方式,上面一项要设置为true,
如果是明文server=127.0.0.1;database= JTmpDataBase;uid=sa;pwd=sa,上面设置为false -->
```

```
    <add name="MySqlProviderConnection"
    connectionString="server=127.0.0.1;database=JTmpDataBase;User ID=sa;pwd=;"
providerName="System.Data.SqlClient"/>
    </connectionStrings>
    <system.web>
<!-- 全局主题 -->
    <httpRuntime executionTimeout="3600" maxRequestLength="1048576"/>
    <compilation debug="true" />
    <customErrors mode="Off" />
    <identity impersonate="true"/>
    <authentication mode="Forms">
        <forms name="forums" path="/" loginUrl="Login.aspx" protection="All"
timeout="40">
        </forms>
    </authentication>
    </system.web>
</configuration>
```

8.1.2　Global.Asax 文件

1. 在 ASP.NET 中使用 Global.Asax 文件

Global.Asax 文件，有时候叫做 ASP.NET 应用程序文件，提供了一种在一个中心位置响应应用程序集或模块级事件的方法。可以使用这个文件实现应用程序安全性以及其他一些任务。下面介绍一下如何在应用程序开发工作中使用这个文件。

（1）概述

Global.Asax 位于应用程序根目录下。虽然 Visual Studio.NET 会自动插入这个文件到所有的 ASP.NET 项目中，但是它实际上是一个可选文件。在没有使用它的情况下删除它不会出问题。.asax 文件扩展名指出它是一个应用程序文件，而不是一个使用 .aspx 的 ASP.NET 文件。

Global.Asax 文件被配置为任何（通过 URL 的）直接 HTTP 请求都被自动拒绝，所以用户不能下载或查看其内容。ASP.NET 页面框架能够自动识别出对 Global.Asax 文件所做的任何更改。在 Global.Asax 被更改后 ASP.NET 页面框架会重新启动应用程序，包括关闭所有的浏览器会话，去除所有状态信息，并重新启动应用程序域。

（2）编程

Global.Asax 文件继承自 HttpApplication 类，它维护一个 HttpApplication 对象池，并在需要时将对象池中的对象分配给应用程序。Global.Asax 文件包含以下事件：

Application_Init：在应用程序被实例化或第一次被调用时，该事件被触发。对于所有的 HttpApplication 对象实例，它都会被调用。

Application_Disposed：在应用程序被销毁之前触发。这是清除以前所用资源的理想位置。

Application_Error：当应用程序中遇到一个未处理的异常时，该事件被触发。

Application_Start：在 HttpApplication 类的第一个实例被创建时，该事件被触发。它允许创建可以由所有 HttpApplication 实例访问的对象。

Application_End：在 HttpApplication 类的最后一个实例被销毁时，该事件被触发。在一个应用程序的生命周期内它只被触发一次。

Application_BeginRequest：在接收到一个应用程序请求时触发。对于一个请求来说，它是第一个被触发的事件，请求一般是用户输入的一个页面请求（URL）。

Application_EndRequest：针对应用程序请求的最后一个事件。

Application_PreRequestHandlerExecute：在 ASP.NET 页面框架开始执行诸如页面或 Web 服务之类的事件处理程序之前，该事件被触发。

Application_PostRequestHandlerExecute：在 ASP.NET 页面框架结束执行一个事件处理程序时，该事件被触发。

Applcation_PreSendRequestHeaders：在 ASP.NET 页面框架发送 HTTP 头给请求客户（浏览器）时，该事件被触发。

Application_PreSendContent：在 ASP.NET 页面框架发送内容给请求客户（浏览器）时，该事件被触发。

Application_AcquireRequestState：在 ASP.NET 页面框架得到与当前请求相关的当前状态（Session 状态）时，该事件被触发。

Application_ReleaseRequestState：在 ASP.NET 页面框架执行完所有的事件处理程序时，该事件被触发。这将导致所有的状态模块保存它们当前的状态数据。

Application_ResolveRequestCache：在 ASP.NET 页面框架完成一个授权请求时，该事件被触发。它允许缓存模块从缓存中为请求提供服务，从而绕过事件处理程序的执行。

Application_UpdateRequestCache：在 ASP.NET 页面框架完成事件处理程序的执行时，该事件被触发，从而使缓存模块存储响应数据，以供响应后续的请求时使用。

Application_AuthenticateRequest：在安全模块建立起当前用户的有效的身份时，该事件被触发。在这个时候，用户的凭据将会被验证。

Application_AuthorizeRequest：当安全模块确认一个用户可以访问资源之后，该事件被触发。

Session_Start：在一个新用户访问应用程序 Web 站点时，该事件被触发。

Session_End：在一个用户的会话超时、结束或他们离开应用程序 Web 站点时，该事件被触发。

这个事件列表看起来很多，但是在不同环境下这些事件可能会非常有用。

使用这些事件的一个关键问题是知道它们被触发的顺序。Application_Init 和 Application_Start 事件在应用程序第一次启动时被触发一次。相似地，Application_Disposed 和 Application_End 事件在应用程序终止时被触发一次。此外，基于会话的事件（Session_Start 和 Session_End）只在用户进入和离开站点时被使用。其余的事件则处理应用程序请求，这些事件被触发的顺序是：

Application_BeginRequest

Application_AuthenticateRequest

Application_AuthorizeRequest

Application_ResolveRequestCache

Application_AcquireRequestState

Application_PreRequestHandlerExecute

Application_PreSendRequestHeaders

Application_PreSendRequestContent

<<执行代码>>

Application_PostRequestHandlerExecute

Application_ReleaseRequestState

Application_UpdateRequestCache

Application_EndRequest

这些事件常被用于安全性方面。下面这个 C# 的例子演示了不同的 Global.Asax 事件，该例使用 Application_Authenticate 事件来完成通过 Cookie 的基于表单（form）的身份验证。此外，Application_Start 事件填充一个应用程序变量，而 Session_Start 填充一个会话变量。Application_Error 事件显示一个简单的消息用以说明发生的错误。

```csharp
protected void Application_Start(Object sender，EventArgs e){
    Application["Title"]="Builder.com Sample"；
}
Protected void Session_Statr(Object sender，EventArgs e){
    Session["start Value"]=0；
}
Protected void Application_AuthenticateRequest(Object sender，EventArgs e){
    String cookieName=FormsAuthentication.FormsCookieName；
    HttpCookie authCookie=Context.Request.Cookies[cookieName]；
    If(null=authCookie){
        return；
    }
    FormsAuthenticationTicket authTicket=null；
    try{
        authTicket=FormsAuthentication.Decrypt(authCookie.Value)；
    }catch(Exception ex){
        return；
    }
    if(null==authTicket){
        return；
    }
    string[2]roles
    roles[0]="One"
    roles[1]="Two"
    FormsIdentity id=new FormsIdentity(auth Ticket)；
    GenericPrincipal principal=new GenericPrincipal(id，roles)；
    Context.User=principal；
}
```

```
protected void Application    Error(Object sender，EventArgs e){
    Response.Write("Error encountered.");
}
```

Global.Asax 文件是 ASP.NET 应用程序的中心点。它提供无数的事件来处理不同的应用程序级任务，比如用户身份验证、应用程序启动以及处理用户会话等。用户应该熟悉这个可选文件，这样就可以构建出更完美的 ASP.NET 应用程序。

8.2   ASP.NET 的优化

ASP.NET 应用程序性能优化问题的研究始终是一个非常庞大的课题，涉及的范围也很广。性能优化的主要目的是提高"并发用户数量"，"吞吐量"，"可靠性"这样几个指标。本质上说，性能优化的工作应该是多方面的，要做到"点面结合、由表及里"。比如：从代价的角度来考虑，应尽量做到改动量小，易实施；从用户角度看，应做到快速响应或快速提示；从软件结构的角度看，又要兼顾到系统结构的合理性和可扩展性。由此不难发现，在尝试一些改进方法时往往很难做到面面俱到。下面从几个方面考虑优化问题。

8.2.1   数据库访问

1．及时关闭数据库连接

仅在需要的时候打开数据库连接，一旦数据库操作完毕，一定关闭连接，在关闭连接时记得删除临时对象，在关闭连接前，确保关闭任何用户定义事务。

2．尽量使用存储过程

（1）由于应用程序随着时间推移会不断被更改、增删功能，T-SQL 过程代码会变得更复杂，StoredProcedure 为封装此代码提供了一个替换位置。

（2）存储过程在首次运行时将被编译放在缓存中，这样就会产生一个执行计划——实际上是 Microsoft SQL Server 为在存储过程中获取由 T-SQL 指定的结果而必须采取的步骤的记录。所以对于经常执行的存储过程，除了第一次执行外，其他次执行的速度都会有明显提高，并且具有很强的独立性。

（3）存储过程可以用于降低网络流量，存储过程代码直接存储于数据库中，所以不会产生大量 T-SQL 语句的代码流量。

（4）使用存储过程使您能够增强对执行计划的重复使用，由此可以通过使用远程过程调用（RPC）处理服务器上的存储过程而提高性能。RPC 封装参数和调用服务器端过程的方式使引擎能够轻松地找到匹配的执行计划，并只需插入更新的参数值。

（5）可维护性高，更新存储过程通常比更改、测试以及重新部署程序集需要较少的时间和精力。

（6）代码精简一致，一个存储过程可以用于应用程序代码的不同位置。

（7）增强安全性：

● 通过向用户授予对存储过程（而不是基于表）的访问权限，它们可以提供对特定数据的访问；

● 提高代码安全，防止 SQL 注入（但未彻底解决，例如，将数据操作语言——DML，附加到输入参数）；

● SqlParameter 类指定存储过程参数的数据类型，作为深层次防御性策略的一部分，可以验证用户提供的值类型（但也不是万无一失，还是应该传递至数据库前得到附加验证）。

3．优化查询语句

ASP.NET 中 ADO 连接消耗的资源相当大，SQL 语句运行的时间越长，占用系统资源的时间也越长。因此，尽量使用优化过的 SQL 语句以减少执行时间。例如，不在查询语句中包含子查询语句充分利用索引等。

4．只读数据访问用 SqlDataReader，不要使用 DataSet

SqlDataReader 类提供了一种读取从 SQL Server 数据库检索的只进数据流的方法。如果创建 ASP.NET 应用程序时出现允许您使用它的情况，则 SqlDataReader 类提供比 DataSet 类更高的性能。情况之所以这样，是因为 SqlDataReader 使用 SQL Server 的本机网络数据传输格式从数据库连接直接读取数据。另外，SqlDataReader 类实现 IEnumerable 接口，该接口也允许将数据绑定到服务器控件。相关更多信息，请参见 SqlDataReader 类。有关 ASP.NET 如何访问数据信息，请参见通过 ASP.NET 访问数据。

5．选择会话状态存储方式

在 Web.Config 文件配置：

```
<sessionState mode="???" stateConnectionString="tcpip=127.0.0.1:42424"
      sqlConnectionString="data source=127.0.0.1;Trusted_Connection=yes"
   cookieless="false" timeout="20"/>
```

ASP.NET 有三种方式存储会话状态信息：

（1）存储在进程中：属性 mode = InProc

特点：具有最佳的性能，速度最快,但不能跨多台服务器存储共享。

（2）存储在状态服务器中：属性 mode = "StateServer"

特点：当需要跨服务器维护用户会话信息时，使用此方法。但是信息存储在状态服务器上，一旦状态服务器出现故障，信息将丢失。

（3）存储在 sql Server 中：属性 mode="SqlServer"

特点：工作负载会变大，但信息不会丢失。

6．使用 Page.IsPostBack

Page.IsPostBack 表示是否是从客户端返回。初次运行时，不是从客户端返回，它的值为 False，当触发页面上的事件或刷新页面时，Page.IsPostBack 由于是回发的，值变为 True;

一般在: Page_Load 方法中用：

```
private void Page_Load(Object sender,EventArgs e)
{
    if(!Page.IsPostBack)
    {
        ……；  //初始化页面的代码。这些代码在第一次页面初始化时执行，当第二次回发
时，不会再执行。提高效率
    }
}
```

往往很多时候不得不用 IsPostBack, 因为有些控件初始化后，要保持它的状态。例如：DropDownList,如果每次都初始化，则用户无论选择其选项，都会被初始化为默认值。

7. 避免使用服务器控件

（1）一般的静态显示信息，尽量不要用服务端控件显示，因为服务端控件需要回发服务端执行，会降低程序执行效率，一般用<DIV>显示即可。如果用了服务端控件，将：runat="server"去掉，也会提高效率。

（2）禁用服务端控件的状态视图，有些控件不需要维护其状态，可以设置其属性：EnableViewState=false；如果整个页面控件都不需要维持状态视图，则可以设置整个页面的状态视图为 False，代码如下：<%@ Page EnableViewState="false"%>

（3）在 Web.Config 文件中配置 ASP.NET Sessionss 可以在 Web.Config 或 Machine.Config 中的 Sessionsstate 元素中配置。

下面是在 Web.Config 中的设置的例子：

<Sessionsstate timeout="10" cookieless="false" mode="Inproc" />

8.2.2 使用缓存

提供缓存功能是 ASP.NET 中非常强大的一种功能。通过广泛应用缓冲技术来提高系统的性能。它的原理是把经常存取的或者是比较重要的数据保存于内存中以减少系统的响应时间。对于 WEB 应用领域，缓冲技术主要是把 HTTP 请求的页面或数据保存于内存，以减少下次使用时页面或数据的消耗。

曾看到过某些评测说：ASP.NET 程序的性能比 SUN 的 JSP 应用程序性能快上几倍，实际上，该评测程序非常重要的一点就是使用了很多 ASP.NET 的缓存功能。

ASP.NET 有两种用于 Web 应用的缓冲技术：输出缓冲和数据缓冲。

输出缓冲指：把一次请求所产生的动态输出保存于内存中。

数据缓冲指：按照一定的策略把事先不确定的对象保存于内存中。

输出缓冲常用于把整个输出页面缓冲起来。对于一个存取繁忙的站点来说，把一些常用页面放入内存会带来性能上的极大提高。当一个页面被放入输出缓存，那么接下来的对该页面的请求将不再执行创建它的代码，而是从内存中直接返回该页面。

实际上，保存整个输出页面的方法并不一定都行得通，因为有些页面的输出取决于客户端的不同请求（称为"定制"）。这时，采取的方法即找出不同中的相同，把一些并不需要经常重新创建的对象和数据识别出来进行缓冲。一旦这些部分被识别，那么它们将被一次创建并在缓存中保持一定的时间。

选择缓存的时间是提高性能的关键。对一些部分来说，它们需要隔一定时间进行刷新，而另一些部分来说，可能仅仅只是需要保存一段时间。此种情况下，都可以设定"过期策略"来实现。一旦这些对象和数据到期，它们都将被从缓存中清除出去。当存取对象和数据的代码发现所要求的部分在内存中不存在时，将重建该对象或数据。

ASP.NET 支持文件和缓存关键字的依赖关系，它允许开发人员创建依赖于一个外部文件或另一个缓存事物的缓存。利用这项技术可以更新一个缓存事物，当其依赖的源文件发生改变时。

1. 页面输出缓存

（1）基本概念

页面输出缓存通过保存动态页面的输出内容，大大提高了服务器应用的能力。缺省情况下，输出缓存选项是被打开的，但并不是任意给定的输出响应都将被缓存，除非显式地指定页面应被缓存。

为使输出能够被缓存，输出响应至少应有一个有效的过期／有效时间策略以及公用 Cache 的访问权限。当一个 Get 请求被送往页面，一个输出缓冲入口将被创建。接下来，对该页面的 Get 请求和 Head 的请求将直接从该缓冲入口中取出返回给用户，而对该页面的 Post 请求通常是显式地产生动态内容，却并非如同 Get 和 Head 请求一样从缓冲入口中取出。

输出缓存还支持带请求串的 Get 方法，把请求串作为页面识别的一部分。这就意味着带有相同键值但排列次序不同的请求串的 Get 请求，可能导致缓存中认为不存在该输出页面。

输出缓存需要知道页面缓存的过期／有效时间策略。如果一个页面在输出缓存中，而且又被指定为 60 分钟的页面过期时间，那么从它进入输出缓存开始，60 分钟后该页面将从输出缓存中被清除。如果恰在此时，有一个对该页面的请求到达，页面的代码将被执行，页面输出又将重新进入输出缓冲。这种方式的过期策略称之为"强制过期"，页面只在一定时间内有效。

可以用下面一条语句来显式地指出页面在输出缓冲中的保存时间：

<%@ OutputCache Duration=秒数 %>

（2）实例

下面举一个简单的例子来证实 ASP.NET 中的页面缓存功能在一个页加载时，显示它的时间，在页面过期时间（设为 10 秒）到达之前，刷新页面（相当于重发 Get 请求），看一看显示的时间；然后，在过期时间到达之后，再看显示的时间。如果，第一次和第二次显示的时间相同，那么就证明了，系统存在有页面输出缓存功能，做为对比，当过期时间到达后，新的请求将导致重新执行页面代码，产生新的时间显示。

例 8.1　ASP.NET 中的页面缓存功能的实现。

源程序如下：

```
<%@ Page Language="C#" AutoEventWireup="true" CodeFile="FormPageCache.aspx.cs"
Inherits="FormPageCache" %>

<%@ OutputCache Duration="10" VaryByParam="None" %>
<!--过期时间设为10秒-->

<html xmlns="http://www.w3.org/1999/xhtml">
    <head runat="server">
        <title>页面输出缓存测试</title>
    </head>
    <body >
        <form id="form1" runat="server">
            <center>
                <h2> 测试页面输出缓存实验</h2>
                <p><p><p>
                <hr>
            </center>
            <center>现在时间是: <asp:label id="Label1" runat="server"/></center>
```

```
                    </form>
               </body>
          </html>

FormPageCache.aspx.cs
using System;
using System.Collections;
using System.Configuration;
using System.Data;
using System.Linq;
using System.Web;
using System.Web.Security;
using System.Web.UI;
using System.Web.UI.HtmlControls;
using System.Web.UI.WebControls;
using System.Web.UI.WebControls.WebParts;
using System.Xml.Linq;

public partial class FormPageCache : System.Web.UI.Page
{
     protected void Page_Load(object sender, EventArgs e)
     {
          Label1.Text =    DateTime.Now.ToString();
     }
}
```

第一次输出效果如图 8-1 所示。

图 8-1   第一次输出效果

第二次输出效果（10 秒内）如图 8-2 所示。

图 8-2　第二次输出效果

第三次输出效果（10 秒外）如图 8-3 所示。

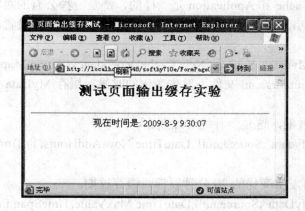

图 8-3　第三次输出效果

2．页面数据缓存

（1）基本概念

ASP.NET 提供了一个相当出色的缓存引擎机制，它允许页面保存和索引 HTTP 请求所要求的各种各样的对象。ASP.NET 的缓存对各个应用来说是私有的，是存储各种对象的存储器。缓存的生存周期取决于应用的生存周期，也就是说，当应用重新启动时，缓存实际上也已重建。

数据缓存是一种强大而又非常简单的缓存机制，它可以在缓存区中为每个应用程序保存各种对象，这些对象可以根据 HTTP 的请求被调用，但是在各个不同的应用程序中这些对象都是私有的。

（2）实现

数据缓存是通过 Cache 类来实现的。当应用程序建立时，一个 Cache 类就同时被建立，缓存实例的生存周期就是应用程序的生存周期，它会随着应用程序的重新运行而重建，通过 Cache 类的方法，我们可以将数据对象放入缓存区，然后通过关键字匹配寻找并使用这些对象。

　　Cache 类通过一个借口来控制所有需要缓存的内容，包括规定缓存的时间和缓存方式，可以通过如下方法添加缓存对象：

　　Cache["关键字"] = 关键字的取值；

　　然后通过下面的方法来访问这个对象：

　　string mKeyValue ="";

if(Cache["关键字"] != null)

{

mKeyValue = Cache["关键字"];

}

　　注意 Page.Cache 和 HttpContext.Current.Cache 的区别：

　　它们指的同一个对象，在 Page 里用 Page.Cache，如果在 Global.Asax 或自己的类里用：HttpContext.Current.Cache，在有些事件中，由于其没有 HttpContext，就用 HttpRuntime.Cache。

　　数据缓存的过期依赖条件：

　　某种意义上，Cache 和 Application 是一样的，都是一种公有的对象。为了取得缓存与数据有效性之间的平衡，可以根据需要对缓存过期策略进行合理的设置。

　　文件依赖：

　　Cache.Insert ("Mydata", Source , New CacheDependency(Server.MapPath("authors.xml")));

此代码的含义是当 authors.xml 文件不发生变化的时候，缓存 MyData 始终有效。

　　时间依赖：

　　设定 1 小时后过期，这是一种绝对过期。

　　Cache.Insert("Mydata",Source,null ,DateTime.Now.AddHours(1),TimeSpan.Zero);

　　相对过期依赖：

　　当 DataSet 不再发生变化的 20 分钟以后，缓存过期。

　　Cache.Insert("MyData",Source,null,DateTime.MaxValue,TimeSpan.FromMinutes(20));

　　一个示例：

　　//绝对过期！！！（用来保存公用的，数据量小的数据对象，可以是任何对象）

　　//设置

　　if (System.Web.HttpContext.Current.Cache["ok"] == null)

　　System.Web.HttpContext.Current.Cache.Insert("ok", "data", null, DateTime.Now.AddSeconds(300),System.Web.Caching.Cache.NoSlidingExpiration);

　　//读取

　　if(System.Web.HttpContext.Current.Cache["ok"]!=null)

　　this.Response.Write(Convert.ToString(System.Web.HttpContext.Current.Cache.Get("ok")));

　　如果组件要在 ASP.NET 应用程序中运行，只要把 System.Web.dll 引用到项目中就可以了。然后用 HttpRuntime.Cache 属性访问 Cache（也可以通过 Page.Cache 或 HttpContext.Cache 访问）。

　　以下是几条缓存数据的规则。第一，数据可能会被频繁的使用，这种数据可以缓存；第二，数据的访问频率非常高，或者一个数据的访问频率不高，但是它的生存周期很长，这样的数据最好也缓存起来；第三，这是一个常常被忽略的问题，有时候缓存了太多数据，就会出现内存溢出的错误。所以说缓存是有限的。换句话说，应该估计缓存集的大小，把缓存集的大小限制在 10 以内，否则它可能会出问题。在 ASP.NET 中，如果缓存过大也会报内存溢出错误，特别是对缓存大的 DataSet 对象的时候。

这里有几个必须了解的重要的缓存机制。首先是缓存实现了"最近使用"原则（a least-recently-used algorithm），当缓存少的时候，它会自动地强制清除那些无用的缓存。其次"条件依赖"强制清除原则（expiration dependencies），条件可以是时间、关键字和文件。以时间作为条件是最常用的。在 ASP.NET 3.5 中增加一个强制条件，就是数据库条件。当数据库中的数据发生变化时，就会强制清除缓存。

使用 ASP.NET 缓存机制有两点需要注意。首先，不要缓存太多项，缓存每个项均有开销，特别是在内存使用方面，不要缓存容易重新计算和很少使用的项。其次，给缓存的项分配的有效期不要太短，很快到期的项会导致缓存中不必要的周转，并且经常导致更多的代码清除和垃圾回收工作。若关心此问题，请监视与 ASP.NET Applications 性能对象关联的 Cache Total Turnover Rate 性能计数器。高周转率可能说明存在问题，特别是当项在到期前被移除时。这也称做内存压力。

注意：

①应该缓存那些经常被访问、同时变化频率不大的数据。

②应该缓存整个应用程序都要使用的设置或对象，但这些设置和对象必须在其生存期内不会变化。

③不要缓存个人信息。如果缓存个人信息，其他人很容易取得这些信息。

④不要缓存包含基于时间值的页面，否则浏览者将无法理解为何时间总是滞后。

⑤不要缓存用户随时都会修改的对象，如购物车。

⑥在 Web Form 调试期间不能使用缓存，否则对页面所做的修改在缓存过期之前不会得到显式加载。正确的做法应该是在调试结束之后，给需要放入缓存的页面、用户控件或对象加上缓存指令。最后建立部署和安装项目，生成安装数据包，这时候就可以到服务器上去发布产品了。

对于网站开发人员来说，在编写 ASP.NET 应用程序时应注意性能问题，提高应用程序性能，可以推迟必需的硬件升级，降低网站的成本。

8.3　本章小结

本章主要掌握 Web.Config 的配置，了解 Machine.Config、Global.Asax 文件的作用。会自己配置 Web.Config 文件。在网站设计时考虑性能优化，特别是理解缓存的概念及作用，尽可能应用缓存。缓存可以使应用程序的性能得到很大的提高，因此在设计应用程序以及对应用程序进行性能测试时应该予以考虑。应用程序总会或多或少地受益于缓存，当然有些应用程序比其他应用程序更适合使用缓存。对 ASP.NET 提供的缓存选项的深刻理解是任何 ASP.NET 编程人员应该掌握的重要技巧。

8.4　思考与习题

1. Cache 对象和页输出缓存有什么不同？

2. 应该将一个 DataSet 放入哪种缓存中？
3. 哪个文件可以用来配置 ASP.NET Web 应用程序？
4. 全局程序集缓存的目的是什么？
5. 如何通过代码来锁定 Page_Load 事件是否因回发而触发运行？
6. 在开发网站时，如何考虑性能优化，并举例说明。

第九章 ASP.NET 应用实例：
个体工商户日常管理网站

【学习目标】

掌握应用程序的设计过程。

理解学习分层架构的思想。

理解对应用程序进行整体布局设计。

熟练掌握对数据库的操作。

通过实例学习，了解制作一个动态网站或应用系统的全过程。

通过前面章节的学习，对构建 ASP.NET 应用程序应该有了一定的了解。本章将通过一个具体的实例，讲解如何综合运用前面各章介绍的知识开发 ASP.NET Web 应用程序。下面给出了"个体工商户日常管理网站"的开发全过程。

9.1 个体工商户日常管理网站简介

随着计算机技术的发展，特别是计算机网络技术与数据库技术的发展，使得人们的生活与工作方式发生了很大的改观。网络技术的应用使得计算机之间的通信和信息共享成为可能，而数据库技术的应用则为人们提供了数据存储、信息检索、信息分析等功能，从而使得工作更高效地进行。

而互联网技术的出现，更是进一步丰富着人类的生活，数字化生存已经一步步走进我们的生活与工作。互联网技术与数据库技术的结合为计算机在人类生活中的应用带来了巨大的影响。管理现代化，科学化已经成为各行各业发展的重要保证。本章通过构建个体工商户管理网站，使得小商户对自身的业务及账务有一个非常清楚的了解。此系统的业务功能实现虽然简单，但是使用的技术都是非常实用的，网站的菜单设计、权限管理、对数据库中数据的增、删、改、查以及网页中的分页设计力求通用性强，特别是提供的网站换肤功能，给人一种耳目一新的感觉。目的是让学习者掌握网站开发的实用技术。

9.2 个体工商户日常管理网站需求分析

21 世纪以来，人类经济高速发展，人们的生活发生了日新月异的变化，特别是计算机的应用和普及到经济和社会生活的各个领域之后。原本的旧的管理方法越来越不适应现在社会的发展，许多人还停留在以前的手工操作阶段，这大大地阻碍了人类经济的发展。为了适应现代社会人们高度强烈的时间观念，个体工商户日常管理软件的出现为人们生活带来了极大的方便。

9.2.1 功能描述

个体工商户日常管理网站的开发宗旨就是为人们的生活带来极大的便利。因此实现的功能非常明确。本系统性能力求易于使用，具有较高的可扩展性和可维护性。它包括客户管理、商务管理、家庭管理、系统配置四个模块。

客户管理：主要对客户的信息及与客户经济上的往来进行记录。包括客户住址设置、客户设置、客户借赊还交易、客户借赊还管理、账目明细。

商务管理：对自己经营的商品进行管理。包括零售及批发的销售记录。

家庭管理：对自己家庭的每一笔开支进行登记。

系统配置：包括个性设置、用户设置、用户权限的设置。

● 个性设置：用户可以根据自己的喜好，更换页面风格。

● 用户设置：可以添加操作本系统的用户及密码，密码采用密文的方式显示。

● 用户权限：系统具有动态的权限分配功能，按用户的设置进行权限的选择。

9.2.2 功能模块图

个体工商户日常管理软件功能模块图如图 9-1 所示。

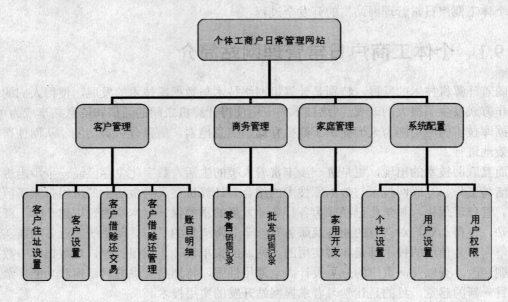

图 9-1 个体工商户日常管理软件功能模块图

9.2.3 UI 设计要求

UI 设计是系统具有良好的易用性的一个重要因素，基于本系统的特殊应用范围考虑，本系统的 UI 设计主要从两个方面考虑：一是功能，二是风格。

针对页面功能上的要求是：可方便检索、浏览站内信息、具备良好的导航性。

针对页面风格上的要求是：体现美观、简约、现代、友好、易用等设计元素。

因此，本系统 UI 设计应该遵循以下几个原则：

（1）浏览界面友好、美观、大方。

（2）栏目内风格统一，让访问者能快速熟悉网站的设计结构，信息一目了然。

（3）风格简约，突出功能与重点。

（4）易用性强，便于操作与查找相关内容。

（5）良好的伸缩性，易于在将来的运营过程中增减模块或内容。

（6）站点结构清晰科学，便于管理维护。

9.3　数据库设计

在整个网站实现之前，首先需要对个体工商户日常管理网站实现的功能进行初步讨论和分析。分析完结构之后，在进行程序设计之前，还要考虑系统实现需要的数据表、数据表中包括的字段及这些字段的作用。设计一个好的数据库关系，对于一个应用程序来说起着相当重要的作用，因此在设计数据库前，要慎重分析系统的需求以及一些复杂的业务逻辑。根据详细的需求分析设计出系统的数据库表。

首先在创建数据库的逻辑表之前，首先需要创建数据库。创建数据库有两种方法：可以在企业管理器的数据库服务器组中直接添加，也可以在查询分析器中编写创建数据库的脚本。本系统是在 SQL Server 2005 数据库系统中创建 JTmpDataBase 数据库。

在 JTmpDataBase 数据库中创建表也有两种方法，一是在企业管理器中直接添加;二是用查询分析器的脚本命令添加。在企业管理器的 JTmpDataBase 数据库中右键单击"表"节点，在弹出的快捷菜单中选择"创建新表"命令，然后就可以进入设计表结构界面进行相关的设计了。

本系统定义的数据库中包含以下 9 个表：Users、Sa_Menu、Bargin_Total、Client_Address、Client_Bargain、Client_Info、Client_Type、FamilyTotal、 ManageTotal 等。表 9-1～表 9-9 是对系统中使用到的数据表及字段进行的详细介绍。

表 9-1　用户表（Users）

字段名称	字段类型	是否为空	说　　明
UserID	Int	否	用户 ID，主键，自动加 1
UserName	varchar(100)	否	用户名
Password	varchar(500)	否	用户密码
TrueName	varchar(100)	是	真实姓名
IsAdmin	Bit	是	是否是管理员，缺省 0（否），1(是)
SkinStyle	Int	是	皮肤类型
PopedomIds	varchar(500)	是	菜单权限 ID 串

表 9-2 菜单设置表（Sa_Menu）

字段名称	字段类型	是否为空	说　　明
NodeID	Int	否	菜单 ID，主键，自动加 1
Text	varchar(200)	是	菜单标题
ParentID	Int	是	菜单父 ID
MenuLevel	Int	是	菜单级别 （一级 ，二级）
Comment	varchar(500)	是	描述
PathUrl	varchar(200)	是	链接路径
ImageUrl	varchar(200)	是	图片路径
MenuOrder	Int	是	菜单排序 ID

表 9-3 总账表（Bargin_Total）

字段名称	字段类型	是否为空	说　　明
Id	Int	否	菜单 ID，主键，自动加 1
CId	varchar(200)	是	客户 ID
BarginSum	Int	是	与客户交易最终的交易金额
BarginFlag	Int	是	菜单级别 （一级 ，二级）
BarginLastDate	varchar(500)	是	描述
Flag	varchar(200)	是	链接路径

表 9-4 客户地址表（Client_Address）

字段名称	字段类型	是否为空	说　　明
Id	Int	否	ID，主键，自动加 1
ClientAddress	varchar(500)	是	客户地址
Description	varchar(1000)	是	描述

表 9-5 日记账表（Client_Bargain）

字段名称	字段类型	是否为空	说　　明
Id	Int	否	顺序号 ID，主键，自动加 1
CId	Int	是	客户 ID
BargainMatter	varchar(500)	是	客户交易内容
BargainType	Int	是	交易类型
BargainFlag	Int	是	借还标识
BargainMoney	numeric(18, 2)	是	交易金额
BargainDate	Datetime	是	交易日期
BargainMemo	varchar (2000)	是	备注

表 9-6 客户信息表（Client_Info）

字段名称	字段类型	是否为空	说　　明
ClientId	Int	否	客户 ID，主键，自动加 1
ClientName	varchar(200)	是	客户姓名

续表

字段名称	字段类型	是否为空	说　明
ClientSex	varchar(2)	是	客户性别
ClientAddress	Int	是	客户地址 ID
ClientTele	varchar(50)	是	客户电话
ClientHandset	varchar(50)	是	客户手机
ClientType	Int	是	客户所属类型 ID
RegDate	Datetime	是	登记日期
Memo	varchar(2000)	是	备注

表 9-7　客户类型表（Client_Type）

字段名称	字段类型	是否为空	说　明
Id	Int	否	ID，主键，自动加 1
Client_Type	varchar(50)	是	客户类型 ID
Memo	varchar(200)	是	备注

表 9-8　家庭消费账目表（FamilyTotal）

字段名称	字段类型	是否为空	说　明
Id	Int	否	ID，主键，自动加 1
SpendContent	varchar(500)	是	家庭消费内容
SpendMoney	decimal(18, 2)	是	金额
SpendDate	Datetime	是	消费日期
SpendMemo	Ntext	是	备注

表 9-9　管理总表（ManageTotal）

字段名称	字段类型	是否为空	说　明
Id	Int	否	ID，主键，自动加 1
BeginTime	Datetime	是	统计开始时间
EndTime	Datetime	是	统计结束时间
StatType	varchar(50)	是	统计类型
TotalCost	decimal (18, 2)	是	总成本
TotalSale	decimal (18, 2)	是	总收入
TotalProfit	varchar(200)	是	净收入
Description	varchar(1000)	是	统计结束时间

9.4　系统设计

个体工商户日常管理网站的业务总体目标是建立一个先进、高效、安全、可靠的能被有效和应用于个体商户的信息化数据库管理系统。该系统基于 B/S 结构，即采用浏览器/服务器模式，服务器端由运行 ASP.NET 的 Web 应用程序及运行 Microsoft SQL Server2005 的数据库
服务器组成，客户端可以通过利用 Internet Explorer 等访问系统。本信息系统体现了个体商户
管理的业务逻辑行为，大大简化了相关工作的烦琐流程，提高了工作效率。

9.4.1 系统架构设计

个体工商户日常管理网站功能虽然简单，业务也不复杂，为了讲解分层架构，在设计本
系统时，采用分层架构的设计方法来实现。

传统的两层结构就是客户机／服务器模式。在这种模式中，客户向服务器发出请求，服务
器处理这些请求，处理完成以后再返回给客户端。此时显式代码和逻辑处理代码都集中于
前台的网页之中。

三层架构是在两层架构的基础上，增加了新的一级。这种架构在逻辑上将应用功能分为
三层：表示层、业务层、数据访问层，如图 9-2 所示。表示层是提供给用户操作界面，负责
处理用户的输入和向用户输出；业务层位于表示层和数据访问层之间，起到桥梁的作用，专
门为实现业务逻辑提供了一个明确的层次，在这个层次封装了与系统关联的应用模型，并把
用户表示层和数据库代码分开。其主要功能是执行应用策略和封装应用模式，并将封装的模
式呈现给客户应用程序，它是上下两层的纽带，它建立实际的数据库连接，该层响应用户表
示层的请求，检验用户数据的合法性，将请求发送到数据访问层，并将数据访问层返回的数
据传送给表示层，从而把业务逻辑与用户界面分开。如果需要修改应用程序代码，只需要对
中间业务层进行修改，使开发人员可以专注于系统核心业务逻辑的分析、设计和开发，简化
了应用系统的开发、更新和升级工作；数据访问层是三层架构中最底层，专门用于跟数据库
进行交互。执行数据的添加、删除、修改和显示等。需要强调的是，所有的数据对象只在这
一层被引用，如 System.Data.SqlClient 等，除数据层之外的任何地方都不应该出现这样的引
用。它用来定义、维护、访问和更新数据并管理和满足应用服务对数据的请求。

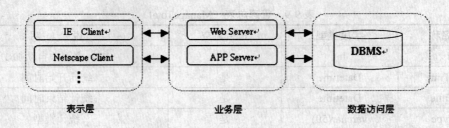

表示层   业务层   数据访问层

图 9-2 三层架构图

三层架构的主要优点为：

（1）良好的灵活性和可扩展性。对于环境和应用条件经常变动的情况，只要对表示层
实施相应的改变，就能够达到目的。

（2）可共享性。单个应用服务器可以为处于不同平台的客户应用程序提供服务，在很
大程度上节省了开发时间和资金投入。

（3）较好的安全性。在这种结构中，客户应用程序不能直接访问数据，应用服务器不
仅可控制哪些数据被改变和被访问，而且还可控制数据的改变和访问方式。

（4）增强了企业对象的重复可用性。"企业对象"是指封装了企业逻辑程序代码，能够

执行特定功能的对象。随着组件技术的发展，这种可重用的组件模式越来越为软件开发商所接受。

　　（5）三层架构成为真正意义上的"瘦客户端"，从而具备了很高的稳定性、延展性和执行效率。

　　（6）三层架构可以将服务集中在一起管理，统一服务于客户端，从而具备了良好的容错能力和负载平衡能力。

　　ASP.NET 的运用可以轻松地使用三层架构开发 Web 站点或基于 B/S 结构的应用程序。它可以使程序具有更好的扩展性、灵活性、安全性和平台无关性以及可维护性。ASP.NET 的三层架构开发方法思想是前端为 HTML、aspx 等；中间层为扩展名是.cs 等文件编译而成的.dll 控件；后面为数据库服务器。

　　个体工商户日常管理网站由 Web 后台进行统一管理，所有业务逻辑都集中在 Web 应用程序中管理和制定，具有数据的录入和查询统计等功能，客户端的分布广泛，数据集中处理，因此在设计时充分考虑各种体系结构的优缺点，选择分层 Web 架构进行开发实现。

9.4.2　开发与运行环境

　　该运行环境的规定是保证本功能需求得到真正实现的基础。

　　（1）服务器端运行环境支持软件

服务器端软件：Windows 2000 Server 或更高版本的操作系统，推荐 Windows 2003 Enterprise Edition。

数据库系统：SQL Server 2000、SQL Server 2005 或更高版本的数据服务器。

Web 服务器：Microsoft IIS 6.0

.NET Framework 2.0、.NET Framework 3.5 的 Web 应用支持。

　　（2）用户端 PC 软件

操作系统：Windows XP 或更高版本操作系统（安装有 IE 6.0 以上版本）。

浏览器：Internet Explorer、Maxthon、Mozilla Firefox、Mozilla Firefox，推荐使用：Internet Explorer、Maxthon。

　　（3）开发环境

操作系统：Windows 2003 Enterprise Edition。

开发工具：Microsoft Visual Studio .NET 2008。

数据库系统：Microsoft SQL Server 2005。

Web 服务器：Microsoft IIS 6.0。

9.4.3　系统框架的建立

　　（1）运行 Visual Studio 2008，选择"新建项目"，在弹出的对话框中选择"ASP.NET 网站"模板，输入网站所在的位置"D:\jtweb\ Jtmarketplace"，语言用 Visual C#，框架用.NET Framework 3.5，然后单击"确定"按钮。

　　（2）用鼠标右键单击"D:\jtweb\ JTmarketplace\"，在弹出的快捷菜单中选择"添加新项"，在弹出的对话框中选择"SQL Server 数据库"模板，输入数据库名"JTmpDataBase_Data.MDF"存放在 APP_Data 文件夹下。

　　（3）在解决方案管理器中，右击网站路径选择添加 ASP.NET 文件夹，在下一级下拉列表菜单中选择主题。这样就会在网站目录中出现一个 App_Themes 文件夹，并在其下一级出现"主题 1"样式文件，可更改主题名称。有 5 个主题分别为 Login、MainBlue、MainDeepGreen、MainLightGreen、MainRed，分别给出相应的图片及样式表。注意：这五个主题必须在 App_Themes 文件夹下。

（4）在 Web.Config 文件里设置数据库连接串。

\<connectionStrings\>

\<add name="MySqlProviderConnection"
connectionString="server=CHINA-4E7FB6840;database=JTmpDataBase;User ID=sa;pwd=sa;"
providerName="System.Data.SqlClient"/\>

\</connectionStrings\>

（5）建立系统所需要的目录层次，在网站文件夹下分别创建 App_Code、ClientMG、FamilyMG、js、MarketplaceMG、SystemMG，其中 App_Code 存放系统添加的类文件，如图9-3 所示。

图 9-3   系统目录层次

（6）在 APP_code 文件夹下添加 3 个基本类文件夹：DAL、DBUtility、Model。具体内容参见 Chapter9 个体工商户日常管理网站 J.Twarbetplace Appcode 光盘源程序代码。

9.4.4   技术要点

1. DIV+CSS

DIV+CSS 是 Web 标准中一种新的布局方式，他正逐渐地代替传统的表格（table）布局。

DIV+CSS 模式具有比表格更大的优势，它具有结构与表现相分离，代码简洁，利于搜索，方便后期维护和修改等优点。用 DIV 盒模型结构给各部分内容划分到不同的区块，然后用 CSS 来定义盒模型的位置、大小、边框、内外边距、排列方式等。

CSS 是英语 Cascading Style Sheets（层叠样式表单）的缩写，它是一种用来表现 HTML 或 XML 等文件式样的计算机语言。在使用 table 布局时，都曾接触和应用到 CSS。

DIV 元素是用来为 HTML 文档内大块（block-level）的内容提供结构和背景的元素。DIV 的起始标签和结束标签之间的所有内容都是用来构成这个块的，其中所包含元素的特性由 DIV 标签的属性来控制，或者是通过使用样式表格化这个块来进行控制。

简单地说，DIV 用于搭建网站结构（框架）、CSS 用于创建网站表现（样式/美化），实质上就是使用 XHTML 对网站进行标准化重构，使用 CSS 将表现与内容分离，便于网站维护，简化 HTML 页面代码，可以获得一个较优秀的网站结构便于日后维护、协同工作和搜索引擎自动抓取。

DIV+CSS 的优势：

（1）表现和内容相分离

将设计部分剥离出来放在一个独立样式的文件中，HTML 文件中只存放文本信息，符合 W3C 标准（微软等公司均为 W3C 支持者），这一点是最重要的，因为这会保证网站不会因为将来网络应用的升级而被淘汰。

（2）提高搜索引擎对网页的索引效率

用只包含结构化内容的 HTML 代替嵌套的标签，搜索引擎将更有效地搜索到网页内容，并可能给予一个较高的评价。

（3）代码简洁，提高页面浏览速度

对于同一个页面视觉效果，采用 CSS+DIV 重构的页面容量要比 Table 编码的页面文件容量小得多，代码更加简洁，前者一般只有后者的 1/2 大小。对于一个大型网站来说，可以节省大量带宽，并且支持浏览器的向后兼容，也就是无论未来的浏览器大战中谁是胜利者，使用 DIV+CSS 技术设计的网站都能很好的兼容。

（4）易于维护和改版

样式的调整更加方便。内容和样式的分离，使页面和样式的调整变得更加方便。只要简单的修改几个 CSS 文件就可以重新设计整个网站的页面。现在 Yahoo！、MSN 等国际门户网站，网易、新浪等国内门户网站和主流的 Web 2.0 网站均采用 DIV+CSS 的框架模式，更加印证了 DIV+CSS 是大势所趋。

本网站将部分页面采用 DIV+CSS 布局设计，结构清晰、代码简洁、页面与样式分离、易于维护。

2．使用母版页构建网站的整体风格

在做 Web 网站的时候，经常会遇到一些页面之间有很多相同的显示部分和行为，如果每个页面都去重复编写这些代码，那就是一件非常麻烦的事情。因此提出了母版页的概念，可以把多个页面之间相同的行为和显示部分放到母版页中，只需要为每个页面编写不同的部分即可，如果想要对公共部分稍加变化仅仅更改母版页就能达到目的。母版页的文件后缀名为.master，一个网站中允许定义多个母版页。

个体工商户日常管理网站中右侧是主要的功能区域，可以采用母版页来统一整个网站中页面的风格，将所有公用栏目放在母版页上实现，其他需要这些栏目的页面都使用此母版页。

这样可以使栏目得到重复利用，也不需要再去设计页面上公用栏目的布局。根据母版页的特点，在系统中建立了一个母版页——MasterPage.master——进行页面布局。

在项目中添加新项，选择模板为母版页，文件名为"MasterPage.master"。在窗口下方选择母版页，这样 MasterPage.master 母版页建好了。然后利用 DIV 和 CSS 来设计母版页的布局，在母版页中有几个重要的 DIV，分别为顶部左、中、右，中间左、内容、右，底部左、中、右。新建一个样式表文件 StyleSheet.css，定义系统中用到的所有样式表。具体代码见光盘源程序。

3．基本类的实现

Model 实体中的类跟数据库中的表相对应，其目的是在应用程序中以对象的形式调用。创建实体类很简单，只需要根据数据库表的字段在类中创建属性就可以了。下面以数据库中某一个表为例讲解实体类。其具体代码如下：

```
using System;
using System.Data;
using System.Configuration;
using System.Web;
using System.Web.Security;
using System.Web.UI;
using System.Web.UI.WebControls;
using System.Web.UI.WebControls.WebParts;
using System.Web.UI.HtmlControls;

// <summary>
// User  的摘要说明
// </summary>
namespace YUNHAI.Model
{
    public class User
    {
        public User()
        {

        }
        private string _UserID = "";           //用户ID
        private string _UserName = "";         //用户姓名
        private string _Password = "";         //用户密码
        private string _TrueName = "";         //用户真实姓名
        private int _IsAdmin;                  //用户是否是系统管理员
        private int _SkinStyle;                //用户皮肤
        private string _PopedomIds = "";//用户权限
```

```
public string UserID
{
    set { _UserID = value; }
    get { return _UserID; }
}
public string UserName
{
    set { _UserName = value; }
    get { return _UserName; }
}
public string Password
{
    set { _Password = value; }
    get { return _Password; }
}
public string TrueName
{
    set { _TrueName = value; }
    get { return _TrueName; }
}
public int IsAdmin
{
    set { _IsAdmin = value; }
    get { return _IsAdmin; }
}
public int SkinStyle
{
    set { _SkinStyle = value; }
    get { return _SkinStyle; }
}
public string PopedomIds
{
    set { _PopedomIds = value; }
    get { return _PopedomIds; }
}
}
}
```

数据访问层主要实现与数据库中数据存储的交互功能。

Client.cs（客户信息的添加及修改）

```
            public int Add(YUNHAI.Model.Client client)
            {
                StringBuilder strSql = new StringBuilder();
                strSql.Append("Insert into Client_Info(");

strSql.Append("ClientName,ClientSex,ClientAddress,ClientTele,ClientHandset,ClientType,RegDate,Memo)");
                strSql.Append("values (");

strSql.Append("@ClientName,@ClientSex,@ClientAddress,@ClientTele,@ClientHandset,@ClientType,@RegDate,@Memo)");
                SqlParameter[] paramters ={
                    new SqlParameter("@ClientName",client.ClientName),
                    new SqlParameter("@ClientSex",client.ClientSex),
                    new SqlParameter("@ClientAddress",client.ClientAddress),
                    new SqlParameter("@ClientTele",client.ClientTele),
                    new SqlParameter("@ClientHandset",client.ClientHandset),
                    new SqlParameter("@ClientType",client.ClientType),
                    new SqlParameter("@RegDate",client.RegDate),
                    new SqlParameter("@Memo",client.Memo)
                };
                try
                {
                    int flag =
YUNHAI.DBUtility.DbHelperSQL.ExecuteSql(strSql.ToString(), paramters);
                    return flag;
                }
                catch (Exception ea) { throw (ea); }
            }


            public int Update(YUNHAI.Model.Client client)
            {
                StringBuilder strSql = new StringBuilder();
                strSql.Append(" Update Client_Info set");
                strSql.Append("
ClientName=@ClientName,ClientSex=@ClientSex,ClientAddress=@ClientAddress,");
                strSql.Append("
ClientTele=@ClientTele,ClientHandset=@ClientHandset,ClientType=@ClientType,");
```

```
                strSql.Append(" RegDate=@RegDate,Memo=@Memo where
ClientId=@ClientId");
                SqlParameter[] paramters ={
                    new SqlParameter("@ClientName",client.ClientName),
                    new SqlParameter("@ClientSex",client.ClientSex),
                    new SqlParameter("@ClientAddress",client.ClientAddress),
                    new SqlParameter("@ClientTele",client.ClientTele),
                    new SqlParameter("@ClientHandset",client.ClientHandset),
                    new SqlParameter("@ClientType",client.ClientType),
                    new SqlParameter("@RegDate",client.RegDate),
                    new SqlParameter("@Memo",client.Memo),
                    new SqlParameter("@ClientId",client.ClientId)
                };
                try {
                    int row =
YUNHAI.DBUtility.DbHelperSQL.ExecuteSql(strSql.ToString(), paramters);
                    return row;
                }
                catch (Exception ea) { throw (ea); }
            }
        }
    }
```

常用的基本类文件（DbHelperSQL.cs）

⋮

```
// 执行查询语句，返回DataSet
public static DataSet Query(string SQLString, params SqlParameter[] cmdParms)
{
using (SqlConnection connection = new SqlConnection(connectionString))
{
SqlCommand cmd = new SqlCommand();
PrepareCommand(cmd, connection, null, SQLString, cmdParms);
using (SqlDataAdapter da = new SqlDataAdapter(cmd))
    {
    DataSet ds = new DataSet();
        try
        {
            da.Fill(ds, "ds");
            cmd.Parameters.Clear();
        }
```

```
catch (System.Data.SqlClient.SqlException ex)
            {
                throw new Exception(ex.Message);
            }
            return ds;
        }
}
}
⋮
```

4．MD5 加密算法

由于系统使用环境及财务方面的信息属于具有高安全要求的应用领域，所以对用户的个人认证信息都将采用加密算法。在本系统里应用的是流行的 MD5 加密算法来存储密码文件。

加密采用基本类中编写的算法，此方法存在于.NET 中的名字空间 YUNHAI.DBUtility.-DESEncrypt 下。系统在添加用户或者用户登录时都需要用到此方法，可按照使用 YUNHAI.-DBUtility.DESEncrypt.Encrypt(passWord)的方法使用。具体算法见光盘中程序源代码。

5．主题的应用

系统中在大部分网页设计上应用了主题，具有换肤功能。

本系统通过用户登录可以变换不同的主页外观。因为用户设置时需要选择皮肤并保存到 Users 表中。用户登录后，按照用户的设置可以将皮肤值取出再进行页面主题的应用。

Application["SkinStyle"] = Common.getSkinStyle(mUser.SkinStyle)

```
        public static string getSkinStyle(int tag)
        {
            string skinStyle = "";
            switch (tag)
            {
                case 1:
                    skinStyle = "MainRed";
                    break;
                case 2:
                    skinStyle = "MainLightGreen";
                    break;
                case 3:
                    skinStyle = "MainDeepGreen";
                    break;
                case 4:
                    skinStyle = "MainBlue";
                    break;
                default:
                    skinStyle = "MainRed";
```

```
        break;
    }
    return skinStyle;
}
```

9.4.5　个体工商户日常管理网站的实现

1．用户登录界面的设计

图 9-4　用户登录界面

　　设计界面如图 9-4 所示用户登录界面。利用 DIV+CSS 进行登录界面布局，主要体现了结构和表现分离的思想。网页设计的第一步是考虑网页的结构，也就是先考虑应该将网页分为哪几块，并分别给这几块分配有意义的名称，而不是先考虑怎么实现，例如怎么使用图片、字体、颜色以及块内布局等。确定了结构，再用某种形式表现出来就容易了。这样做的目的就是修改样式方便，通用性强，效率高。

　　图 9-5 为用户登录界面设计图采用了 DIV+CSS 结构设计将网页中的一些元素设置了 class 名称，如 Login_P02，Login_P03，Login_P04，Login_P05 等，这样就可以通过 css 的类别选取器进行外观、背景、图片等样式的设计。参见 Login.css 代码。

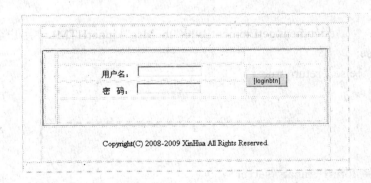

图 9-5　用户登录界面设计图

```
<%@ Page Language="C#" AutoEventWireup="true" CodeFile="Login.aspx.cs"
```

```
Theme="Login"    Inherits="Login" %>

    <!DOCTYPE html PUBLIC "-//W3C//DTD XHTML 1.0 Transitional//EN"
"http://www.w3.org/TR/xhtml1/DTD/xhtml1-transitional.dtd">

    <html xmlns="http://www.w3.org/1999/xhtml" >
    <head runat="server">
        <title>系统登录</title>
        <script type="text/javascript" language="javascript">
            window.onload=loadmiddle;
            window.onresize=loadmiddle;
            function loadmiddle()
            {
                var $totaldiv=document.getElementById("logintable");
                var l=(document.body.clientWidth-$totaldiv.offsetWidth)/2+"px";
                var t=(document.body.clientHeight-$totaldiv.offsetHeight)/2+"px";
                with($totaldiv.style)
                {
                    position="absolute";
                    left=l;
                    top=t;
                }
            }
            function checkLogin()
            {
                var v=document.getElementById("tb_UserName").value;
                var n=document.getElementById("tb_PassWord").value;
                if(v==""||n=="")
                {
                    document.getElementById("lb_Msg").innerHTML="用户名或密码不能
为空…";return false;
                }else { return true;}
            }
        </script>
    </head>
    <body >
        <form id="form1" runat="server">
            <div>
<table   id="logintable" style="width:650px;height:324px;"   cellpadding="0" cellspacing="0" >
                <tr>
```

```
            <td align="center" class="login_p02" style="margin:none; padding:none;"></td>
        </tr>
        <tr>
            <td    align="center" class="login_p03">
              <table style="width:570px;height:100%;">
                <tr>
                    <td style="width:50%;" class="member_t04">
                    </td>
                    <td valign="top" style="width:50%;"    align="right">
                    </td>
                </tr>
                <tr>
                    <td colspan="2"> </td>
                </tr>
                <tr>
                    <td colspan="2">
                        <fieldset style="width:570px;">
                            <table style="width:100%; height:100%;">
                                <tr>
                                    <td    class="login_p05"></td>
                                    <td>
                                    <table style="width:100%; height:100%;">
                            <tr><td> </td></tr>
                                    <tr>
            <td>用户名：<input class="loginInput" tabindex="1" id="tb_UserName" runat="server"/>
                                    </td>
                                    <td rowspan="2"    align="left">
                                    <asp:Button ID="loginbtn" runat="server"
CssClass="loginImagebtn" OnClick="loginbtn_click"    OnClientClick="return checkLogin();" />
                                    </td>
                                    </tr>
                                    <tr>
                                    <td>
                                    密   码：<input type="password"
class="loginInput" tabindex="2" id="tb_PassWord" runat="server"/>
                                    </td>
                                    </tr>
                                    <tr>
                                    <td colspan="2" align="center" ><br />
            <asp:Label ID="lb_Msg" runat="server" Text=" "    BackColor="transparent"
```

```
ForeColor="red"></asp:Label>
                                    </td>
                            </tr>
                        </table>
                    </td>
                                                    </tr>
                                                </table>
                                            </fieldset>
                                    </td>
                            </tr>
                            <tr>
                                    <td   align="center"   colspan="2" style="height:70px;">
                                        Copyright(C) 2008-2009 XinHua All Rights Reserved.
                                    </td>
                            </tr>
                        </table>
                    </td>
            </tr>
            <tr>
                    <td align="center" class="login_p04" style="margin:none;
padding:none;" ></td>
            </tr>
        </table>
    </div>
</form>
</body>
</html>
```

登录界面的样式表负责对用户登录界面进行美化，格式统一。
代码如下：
Login.css

```
*{ font: 12px Verdana, Arial, Helvetica, sans-serif; }
html,body
{
        scrollbar-3dlight-color: #D6D6D6;
        scrollbar-arrow-color: #333333;
        scrollbar-darkshadow-color: white;
        scrollbar-face-color: #F1F1F1;
        scrollbar-highlight-color: #F8F8F8;
        scrollbar-shadow-color: #D6D6D6;
```

```
            width:100%;
            height:100%;
            background-color: #FFFFFF;
            margin:0px;
            padding:0px;
            overflow:auto;
            color:#818181;
        }
        a:link { text-decoration:none;color: #663300 }
        a:visited { text-decoration:none;color: #333300;}
        a:hover { text-decoration: none; color: #663300;}


.login_p02{ width:650px;height:11px;border:none; display:block;
background:url(Images/login_p_img02.gif) no-repeat center;}
        .login_p03{ width:650px;background:url(Images/login_p_img03.gif) repeat-y center;}
        .login_p04{ width:650px;height:11px;border:none;display:block;
background:url(Images/login_p_img04.gif) no-repeat center;}
        .login_p05{ width:123px;height:95px;border:none; display:block;
background:url(Images/login_p_img05.gif) no-repeat center;}
        .member_t04{ width:245px;height:67px;border:none; display:block;
background:url(Images/member_t04.JPG) no-repeat center;}
        .point07{ width:13px;height:9px;background:url(Images/point07.gif) no-repeat center;}
        .a_te01{ width:570px;height:3px;background:url(Images/a_te01.gif) no-repeat center;}
        .loginInput{ border: #c5c5c5 1px solid;font-size: 9pt; color: #2d2d2d; background-color:
#f7f7f7;}
        .loginImagebtn{ width:69px;height:43px;border:none; display:block;cursor:pointer;
background:url(Images/login_p_img11.gif) no-repeat center;}
```

图片文件已经随程序源代码给出，并附在光盘中，读者可直接使用。

登录页面的代码（login.aspx.cs）

```
using System;
using System.Data;
using System.Configuration;
using System.Collections;
using System.Web;
using System.Web.Security;
using System.Web.UI;
using System.Web.UI.WebControls;
using System.Web.UI.WebControls.WebParts;
using System.Web.UI.HtmlControls;
```

```
public partial class Login : System.Web.UI.Page
{
    protected void Page_Load(object sender, EventArgs e)
    {
    }
    protected void loginbtn_click(object sender, EventArgs e)
    {
        string userName = tb_UserName.Value.Trim();
        string passWord = tb_PassWord.Value.Trim();

        YUNHAI.Model.User mUser = new YUNHAI.Model.User();
        YUNHAI.DAL.Users dUser = new YUNHAI.DAL.Users();

        mUser = dUser.ValidateLogin(userName, passWord);
        if (mUser == null)
        {
            lb_Msg.Text = "用户名或密码错误，请重试…";
        }
        else{
            Session["UserInfo"] = mUser;
            Application["SkinStyle"] = Common.getSkinStyle(mUser.SkinStyle);
            Response.Redirect("Main.htm");
        }
    }
}
```

2．主页的设计（main.html）

利用框架的思想进行设计，框架便是将网页画面分成几个窗框，同时取得多个 URL，如图 9-6 所示。只需要 <FRAMESET> <FRAME> 即可，页面所有框架标记需要放在一个总的 html 文档中，这个档案只记录了该框架如何分割，不会显示任何资料，所以不必放入 <BODY> 标记。<FRAMESET> 是用来划分框窗，每一窗框由一个 <FRAME> 标记所标示，<FRAME>必须在 <FRAMESET> 范围中使用。如下例将主页设置成框架嵌套集。

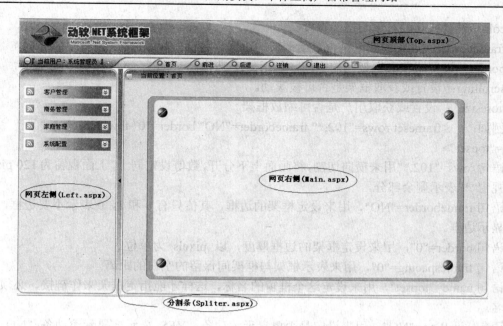

图 9-6 主页界面图

代码如下：

```
<!DOCTYPE html PUBLIC "-//W3C//DTD XHTML 1.0 Transitional//EN"
"http://www.w3.org/TR/xhtml1/DTD/xhtml1-transitional.dtd">
<html xmlns="http://www.w3.org/1999/xhtml" >
<head>
    <title>Main</title>
</head>
    <frameset rows="102,*" frameborder="NO" border="0" framespacing="0" name="topset">
        <frame name="topFrame" scrolling="NO" noresize src="Top.aspx">
        <frameset rows="*" cols="201,*" framespacing="0" frameborder="no" border="0"
name="middleset">
            <frame name="leftFrame" noresize src="left.aspx">
            <frameset rows="*" cols="9,*" framespacing="0" frameborder="NO"
border="0">
                <frame name="spliterFrame" src="Spliter.aspx" scrolling="NO" noresize>
                    <frame name="mainFrame" src="Main.aspx" border="0">
                </frameset>
            </frameset>
    </frameset>
</html>
```

代码解析：

rows：设置或获取对象的框架高度。

cols：设置或获取对象的框架宽度。

frameborder：设置或获取是否显示框架的边框。

border：设置或获取框架间的空间，包括 3D 边框。

scrolling：设置或获取框架是否可被滚动。

noresize ：设置或获取用户是否可缩放框架。

例如：   <frameset rows="102,*" frameborder="NO" border="0" framespacing="0" name="topset">

语句 rows="102,*"用来横向切割，将画面上下分开，数值设定同上，上面视窗为 120 pixels。下面视窗"*"表示剩余部分。

语句 frameborder="NO"，用来设定框架的边框，其值只有 0 和 1，0 表示不要边框，1 表示要显示边框。

语句 border="0"，用来设定框架的边框厚度，以 pixels 为单位。

语句 framespacing="0"，用来表示框架与框架间保留的空白的距离。

语句 name="topset"，用来设定这个框窗的名称，这样才能指定框架来作链接，必须但任意命名。

语句 scrolling="NO"，用来设定是否要显示滚动条，YES 表示要显示滚动条，NO 表示无论如何都不要显示滚动条，AUTO 视情况而定。

语句 noresize，用来设定不让使用者改变这个框的大小。如没有设定此参数，使用者可随意地拉动框架改变其大小。

语句 src="Top.aspx"，用来设定此框窗中要显示的网页名称，每个窗框一定要对应一个网页名称。

3．网站中菜单的实现

在一般的网站中浏览类别的用户控件通常都位于大多数 ASP.NET 页的左边，它使用户能够按类别快速地查找。菜单导航设计可以按类别来设计，一来更方便，二来使页面更协调。原有的一级菜单是由 Repeater 实现的，现在需要在每一个一级菜单下加入该子菜单，于是用到了在原有 Repeater 中嵌套 Repeater。先将 Sa_Menu 表中 MenuLevel=1 并且菜单 nodeId 在权限字段 PopedomIds 中存在的记录集赋予 ds,再将数据集绑定到 Repeater1 中。Repeater2 也是同样道理。

实现界面如图 9-7 所示。

图 9-7   菜单及子菜单示意图

Lift.aspx.cs 部分代码：

```
protected void Page_Load(object sender, EventArgs e)
```

```
        {
            if (Session["UserInfo"] != null) popedomIds =
((YUNHAI.Model.User)Session["UserInfo"]).PopedomIds;
            if (!Page.IsPostBack)
            {
                Bind();
            }
        }
        private void Bind()
        {
            string sql = "Select *,((select count(*) from Sa_Menu where
ParentID=a.NodeID)*26) as ItemHeight from Sa_Menu as a where MenuLevel=1 and
charindex(','+convert(varchar,nodeId)+',','" + popedomIds + "')>0 order by MenuOrder";
            DataSet ds = YUNHAI.DBUtility.DbHelperSQL.Query(sql);
            Repeater1.DataSource = ds.Tables[0].DefaultView;
            Repeater1.DataBind();
        }
        protected void Repeater1_ItemDataBound(object sender, RepeaterItemEventArgs e)
        {
            Label lb = (Label)e.Item.FindControl("Label1");
            Repeater Repeater2 =(Repeater)e.Item.FindControl("Repeater2");
            string sql = "Select * from Sa_Menu where MenuLevel=2 and ParentID='" +
lb.Text.Trim() + "' and charindex(','+convert(varchar,nodeId)+',','" + popedomIds + "')>0    order by
MenuOrder ";
            DataSet ds = YUNHAI.DBUtility.DbHelperSQL.Query(sql);
            Repeater2.DataSource = ds.Tables[0].DefaultView;
            Repeater2.DataBind();
        }
    }
```

4．客户管理中的客户住址设置

实现将客户住址及其描述信息增、删、改操作存入 Client_Address 数据表中。代码实现同客户设置。图 9-8 是客户管理中客户住址设置效果。

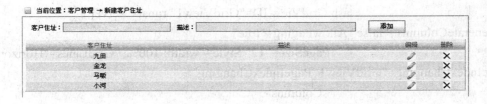

图 9-8　客户住址设置效果图

5．客户管理中的客户设置界面的实现

利用 DIV 和 CSS 搭建客户设置页面（图 9-9）。

序号	姓名	性别	电话	类型	登记日期	编辑	删除
1	王建明	男	23671222	亲朋好友	2009/01/16		×
2	李静	男	24512222	亲朋好友	2009/01/16		×
3	魏明	男	23310222	商店客户	2009/01/06		×
4	张晓龙	男	23391111	批发商	2009/01/07		×
5	王丹	女	27110111	商店客户	2008/12/02		×

当前位置：客户管理 → 编辑客户　　　　　　　　　　　　　　　　新建客户

图 9-9　客户设置界面图

建立客户设置页面（EditClient.aspx）：

```
<%@ Page Language="C#" AutoEventWireup="true" Theme="MainRed"
CodeFile="EditClient.aspx.cs" Inherits="ClientMG_EditClient" %>

<!DOCTYPE html PUBLIC "-//W3C//DTD XHTML 1.0 Transitional//EN"
"http://www.w3.org/TR/xhtml1/DTD/xhtml1-transitional.dtd">
<html xmlns="http://www.w3.org/1999/xhtml">
<head runat="server">
    <title>无标题页</title>
</head>
<body>
    <form id="form1" runat="server">
        <div style="width: 100%; height: 100%;">
            <div style="height: 23px; padding: 2px 2px 2px 5px; position: absolute;">
                <div class="titleDiv" style="position: absolute;">
                </div>
                <div style="padding-left: 25px; padding-right: 25px; position: absolute;">
                    <span style="float: left;">当前位置：客户管理 → 编辑客户
</span> <span style="float: right;"><a
                        href="NewClient.aspx">新建客户</a></span>
                </div>
            </div>
            <div id="mainDiv" class="mainDiv">
                <div style="padding: 5px 5px;">
                    <asp:GridView ID="GridView1" runat="server"
AutoGenerateColumns="false" AllowPaging="true"
                        PageSize="12" Style="width: 100%;" GridLines="Horizontal"
OnPageIndexChanging="GridView1_PageIndexChanging">
                        <Columns>
                            <asp:TemplateField HeaderText="序号"
```

```
ItemStyle-Width="6%">
                                    <ItemTemplate>
                                        <%#Container.DataItemIndex+1 %>
                                    </ItemTemplate>
                                </asp:TemplateField>
                                <asp:BoundField HeaderText="姓名"
DataField="ClientName" ItemStyle-Width="22%" />
                                <asp:BoundField HeaderText="性别"
DataField="ClientSex" ItemStyle-Width="8%" />
                                <asp:BoundField HeaderText="电话"
DataField="ClientTele" ItemStyle-Width="16%" />
                                <asp:BoundField HeaderText="类型"
DataField="Client_Type" ItemStyle-Width="16%" />
                                <asp:BoundField HeaderText="登记日期"
DataField="_RegDate" ItemStyle-Width="16%" />
                                <asp:TemplateField HeaderText="编辑"
ItemStyle-Width="8%">
                                    <ItemTemplate>
                                        <asp:LinkButton ID="LinkButton1"
runat="server" OnClick="LinkButton1_Click" CssClass="editIcon"
                                            ToolTip="修改" CommandArgument='<%#
Bind("ClientId")%>'></asp:LinkButton>
                                    </ItemTemplate>
                                </asp:TemplateField>
                                <asp:TemplateField HeaderText="删除"
ItemStyle-Width="8%">
                                    <ItemTemplate>
                                        <asp:LinkButton ID="LinkButton2"
runat="server" OnClick="LinkButton2_Click" CssClass="deleteIcon"
                                            ToolTip="删除" OnClientClick="return
confirm('确认删除？');" CommandArgument='<%# Bind("ClientId")%>'></asp:LinkButton>
                                    </ItemTemplate>
                                </asp:TemplateField>
                            </Columns>
                            <HeaderStyle CssClass="HeaderStyle" />
                            <RowStyle CssClass="RowStyle" />
                            <AlternatingRowStyle CssClass="AlternatingRowStyle" />
                            <PagerStyle CssClass="PagerStyle" />
                            <PagerSettings Mode="NextPreviousFirstLast" />
                        </asp:GridView>
```

```
                    </div>
                    <center>
                        <asp:Panel ID="pnl_cue" runat="server" CssClass="console">
                            <div style="padding-right:178px;">
                                温馨提示：</div>
                            <div style="padding-right:80px;">
                                当前未找到任何数据，请重试</div>
                        </asp:Panel>
                    </center>
                </div>
            </div>
        </form>

        <script type="text/javascript" src="../js/scripts/InitWin.js"></script>

</body>
</html>
```

客户设置页面代码（EditClient.aspx.cs）：

本 代 码 实 现 对 客 户 信 息 的 显 示 、 修 改 、 删 除 操 作 。 用 到 了 基 本 类 中 的
YUNHAI.DBUtility.DbHelperSQL.ExecuteSql()方法。

客户设置代码中调用了 YUNHAI.DAL.Client.cs 基本类中的方法 DataTable Query()，来实
现客户信息的显示。

DataTable 的 Query()方法将执行查询语句，在 Client_Info、Client_Address、Client_Type
三个表中显示满足地址 ID 相同并且客户类型相同的客户信息。并将结果放到 GridView1 中。

```
        public DataTable Query()
        {
            StringBuilder strSql = new StringBuilder();
            DataSet ds=new DataSet();
            strSql.Append(" Select *,_RegDate=convert(varchar,RegDate,111) from
Client_Info as a ");
            strSql.Append(" left join Client_Address as b on b.Id=a.ClientAddress");
            strSql.Append(" left join Client_Type as c on c.Id=a.ClientType");
            try
            {
                ds = YUNHAI.DBUtility.DbHelperSQL.Query(strSql.ToString());
                if (ds != null && ds.Tables[0].Rows.Count > 0)
                {
                    return ds.Tables[0];
                }
```

```
                else { return null; }
            }
            catch (Exception ea) { throw (ea); }
        }

    protected void Page_Load(object sender, EventArgs e)
    {
        if (!Page.IsPostBack)
        {
            BindView();
        }
    }
    private void BindView()
    {
        DataTable dt = new DataTable();
        dt = dClient.Query();
        if (dt != null && dt.Rows.Count > 0)
        {
            GridView1.DataSource = dt;
            GridView1.DataBind();
            pnl_cue.Visible = false;
        }
        else {
            GridView1.DataSource = null;
            GridView1.DataBind();
            pnl_cue.Visible = true;
        }
    }
    protected void LinkButton1_Click(object sender, EventArgs e)
    {
        string Id = ((LinkButton)sender).CommandArgument.ToString();
        Response.Redirect("NewClient.aspx?Id=" + Id);
    }
    protected void LinkButton2_Click(object sender, EventArgs e)
    {
        string Id = ((LinkButton)sender).CommandArgument.ToString();
        string strSql = "Delete From Client_Info where ClientId='" + Id + "'";
        int AffectId = YUNHAI.DBUtility.DbHelperSQL.ExecuteSql(strSql);
        if (AffectId > 0) { BindView(); }
        else { Common.ExecuteScript(Page, "alert('删除失败')"); }
```

```
    }
    protected void GridView1_PageIndexChanging(object sender, GridViewPageEventArgs e)
    {
        GridView1.PageIndex = e.NewPageIndex;
        BindView();
    }
}
```

新建客户信息界面设计（NewClient.aspx）：

将用户填写的客户姓名、客户性别、客户地址、客户电话、客户手机、客户类别、登记日期及备注等信息写入Client_info表中（图9-10）。

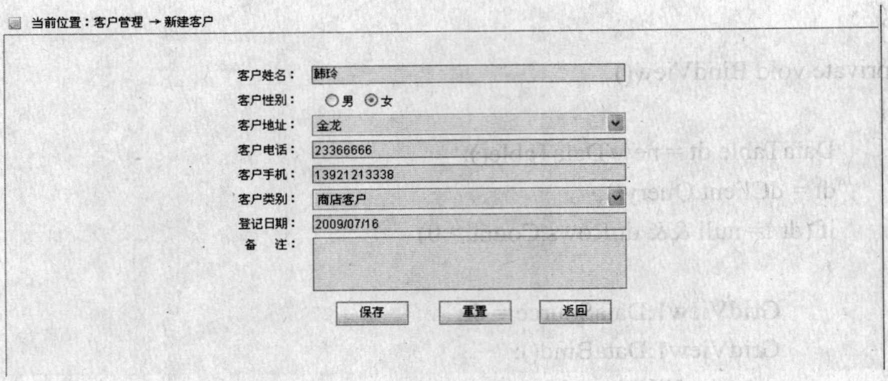

图9-10　新建客户信息界面

⋮

```
<body>
    <form id="form1" runat="server">
        <div style="width: 100%; height: 100%;">
        <div style="height: 2%; padding: 2px 2px 2px 5px; position: absolute;">
        <div class="titleDiv" style="position: absolute;">
        </div>
                <div style="padding-left: 25px; position: absolute;">
                        当前位置：客户管理 → 新建客户</div>
            </div>
        <div id="mainDiv" class="mainDiv">
            <div style="padding: 30px 5px;">
            <table cellpadding="0" cellspacing="0" style="width: 100%;">
                <tr>
                <td style="height: 25px; width: 35%;" align="right">
                    客户姓名：    </td>
                <td style="width: 65%;">
```

```
       <asp:TextBox ID="tb_Name" runat="server" CssClass="textBox2"></asp:TextBox></td>
           </tr>
           <tr>
               <td style="height: 25px;" align="right">
                   客户性别：    </td>
               <td align="left">
                     
       <asp:RadioButton ID="RadioButton1" runat="server" Text="男" Checked="true"
GroupName="sex" />
       <asp:RadioButton ID="RadioButton2" runat="server" Text="女" GroupName="sex" />
               </td>
           </tr>
           <tr>
               <td style="height: 25px;" align="right">
                   客户地址：    </td>
               <td>
       <asp:DropDownList ID="ddl_ClientAddress" runat="server" CssClass="textBox2"
Width="304px">
       </asp:DropDownList>
                   </td>
               </tr>
               <tr>
                   <td style="height: 25px;" align="right">
                       客户电话：    </td>
                   <td>
       <asp:TextBox ID="tb_Tele" runat="server" CssClass="textBox2"></asp:TextBox></td>
                   </tr>
                   <tr>
                       <td style="height: 25px;" align="right">
                           客户手机：    </td>
                       <td>
       <asp:TextBox ID="tb_Handset" runat="server" CssClass="textBox2"></asp:TextBox></td>
                       </tr>
                       <tr>
                           <td style="height: 25px;" align="right">
                               客户类别：    </td>
                           <td>
       <asp:DropDownList ID="ddl_Type" runat="server" CssClass="textBox2" Width="304px">
       <asp:ListItem Value="0" Text="---请选择客户类别---"></asp:ListItem>
       <asp:ListItem Value="1" Text="亲朋好友"></asp:ListItem>
```

```
                <asp:ListItem Value="2" Text="商店客户"></asp:ListItem>
                <asp:ListItem Value="3" Text="批发商"></asp:ListItem>
                    </asp:DropDownList>
                </td>
            </tr>
            <tr>
                <td style="height: 25px;" align="right">
                    登记日期：    </td>
                    <td>
<asp:TextBox ID="tb_Date" runat="server" CssClass="textBox2" onclick="WdatePicker()"
                onfocus="blur()"></asp:TextBox></td>
            </tr>
            <tr>
                <td style="height: 25px;" align="right" valign="top">
                    备      注：
    </td>
                    <td>
        <asp:TextBox ID="txt_memo" runat="server" CssClass="textArea"
TextMode="MultiLine"></asp:TextBox></td>
            </tr>
            </table>
            <div style="width: 100%; margin-top: 10px; padding-left:25px; text-align: center;">
                            <asp:Button ID="Button1"
runat="server" Text="保存" OnClick="Button1_click" CssClass="button"
OnClientClick="return Check();"/>
                            <asp:Button ID="Button3"
runat="server" Text="修改" OnClick="Button2_click" CssClass="button"
OnClientClick="return Check();" />
                            <input id="Button2" type="reset"
value="重置" class="button" />

        <asp:Button ID="Button4"
runat="server" Text="返回" OnClick="Button3_click" CssClass="button" />
                </div>
            </div>
            </div>
        </div>
    </form>
<script type="text/javascript" src="../js/scripts/InitWin.js"></script>
</body>
```

：

按"保存"按钮后的代码如下：

```
protected void Button1_click(object sender, EventArgs e)
{
    YUNHAI.Model.Client mclient = new YUNHAI.Model.Client();
    YUNHAI.DAL.Client dclient = new YUNHAI.DAL.Client();
    mclient.ClientName = tb_Name.Text.Trim();
    mclient.ClientSex = RadioButton1.Checked == true ? "男" : "女";
    mclient.ClientAddress = ddl_ClientAddress.SelectedValue.Trim();
    mclient.ClientTele = tb_Tele.Text.Trim();
    mclient.ClientHandset = tb_Handset.Text.Trim();
    mclient.ClientType = ddl_Type.SelectedValue.Trim();
    mclient.RegDate = tb_Date.Text.Trim();
    mclient.Memo = txt_memo.Text.Trim();
    int flag = dclient.Add(mclient);
    if (flag > 0) {
        ddl_ClientAddress.SelectedIndex = 0;
        ddl_Type.SelectedIndex = 0;
        tb_Name.Text = tb_Tele.Text = tb_Handset.Text = tb_Date.Text =
txt_memo.Text = "";

        Common.ExecuteScript(Page, "alert('添加成功')");
    }
    else { Common.ExecuteScript(Page, "alert('添加失败')"); }
}
```

下面是 YUNHAI.DAL.Client.cs 基本类中添加客户信息的方法，它将新建客户页面的数据传入 ADD()方法中，执行 Insert 语句将数据添加到 Client_Info 表中。

```
public int Add(YUNHAI.Model.Client client)
{
    StringBuilder strSql = new StringBuilder();
    strSql.Append("Insert into Client_Info(");

strSql.Append("ClientName,ClientSex,ClientAddress,ClientTele,ClientHandset,ClientType,RegDate,Memo)");
    strSql.Append("values (");

strSql.Append("@ClientName,@ClientSex,@ClientAddress,@ClientTele,@ClientHandset,@ClientType,@RegDate,@Memo)");
    SqlParameter[] paramters ={
        new SqlParameter("@ClientName",client.ClientName),
```

```
                    new SqlParameter("@ClientSex",client.ClientSex),
                    new SqlParameter("@ClientAddress",client.ClientAddress),
                    new SqlParameter("@ClientTele",client.ClientTele),
                    new SqlParameter("@ClientHandset",client.ClientHandset),
                    new SqlParameter("@ClientType",client.ClientType),
                    new SqlParameter("@RegDate",client.RegDate),
                    new SqlParameter("@Memo",client.Memo)
                };
                try
                {
                    int flag =
YUNHAI.DBUtility.DbHelperSQL.ExecuteSql(strSql.ToString(), paramters);
                    return flag;
                }
                catch (Exception ea) { throw (ea); }
            }
```

6．客户管理中的客户借赊还交易

客户管理中的客户借赊还交易主要实现客户向自己借款、还款、赊账及自己借给别人款及自己还款的操作，注意还款金额不能大于借款金额。对应数据库表为 Client_Bargain。其界面图如图 9-11 所示。

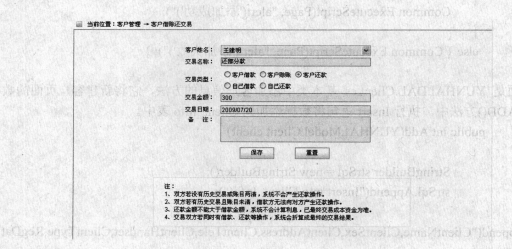

图 9-11　客户借赊还交易界面示意图

7．客户管理中的客户借赊还管理

客户借赊还管理具有对数据库表 Client_Bargain 中数据进行编辑、查询功能。及时了解客户与自己账目上的往来情况。其界面图如图 9-12 所示。

当前位置：客户管理 → 客户借赊还管理

客户姓名：---请选择客户--- 交易类型：---请选择类型--- 开始时间： 结束时间： 查询

序号	姓名	交易名称	交易类型	交易金额	交易日期	编辑	删除
1	魏明	1	客户还款	111.00	2009/07/18		
2	王建明	购物	客户借款	345.00	2009/07/07		
3	王建明	1-1	客户还款	15.00	2009/07/07		
4	魏明	第一笔	客户还款	200.00	2009/07/06		
5	王丹	1	客户借款	56777.00	2009/01/28		
6	魏明	交水电费	客户赊账	234.00	2009/01/22		
7	王丹	还部分款	客户还款	987.00	2009/01/22		
8	王建明	还房贷	客户借款	5000.00	2009/01/22		
9	魏明	购房	客户借款	45546.00	2009/01/15		
10	魏明	还房贷	客户还款	987.00	2009/01/15		
11	王丹	看病	自己借款	56567.00	2009/01/15		
12	王建明	利息	客户借款	0.01	2009/01/14		

首页 上页 下页 末页 页次：1/5页 转到 页 Go

图 9-12 客户借赊还管理界面示意图

8．客户管理中的账目明细

客户管理中的账目明细可以及时了解每个人的借、还款情况及交易时间，其界面如图 9-13 所示。更详细的信息可以在如图 9-14 所示的客户交易详细明细图中得到。

当前位置：客户管理 → 账目明细

借款明细 还款明细

序号	姓名	交易总金额	交易最后日期	详细
1	王建明	30.00	2009/08/01	
2	魏明	67670.24	2009/08/01	
3	王丹	45213.00	2009/08/01	
4	张晓龙	456.00	2009/01/14	

图 9-13 账目明细界面示意图

当前位置：交易详细明细 →【魏明】

序号	姓名	交易名称	交易类型	交易金额	交易日期
1	魏明	cc	客户借款	23423.00	2008/12/30
2	魏明	购房	客户借款	45546.00	2009/01/15
3	魏明	还房贷	客户还款	987.00	2009/01/15
4	魏明	56	自己借款	234.76	2009/01/13
5	魏明	交水电费	客户赊账	234.00	2009/01/22
6	魏明	1	客户还款	111.00	2009/07/18
7	魏明	第一笔	客户还款	200.00	2009/07/06

图 9-14 客户交易详细明细图

9．商务管理、家用开支模块

包括商品零售、批发业务及家庭收支管理。本模块功能比较简单，只是单纯对数据的增、删、改功能的实现。相关页面参见图 9-15、9-16、9-17 和 9-18 所示。

当前位置：商务管理 → 零售　　新建统计

序号	统计期间	统计类型	总成本	总销售额	净利润	备注	编辑	删除
1	从2009/07/17到2009/07/18	日统计	12.00	222.00	11			

图 9-15 商品零售收支管理界面图

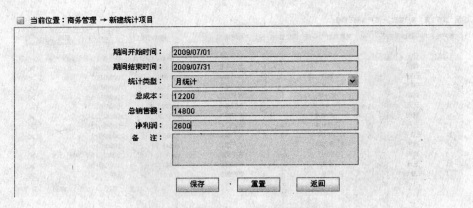

图 9-16　商品零售新建统计界面图

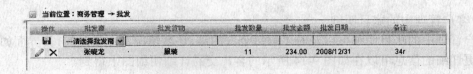

图 9-17　商品批发收支管理界面图

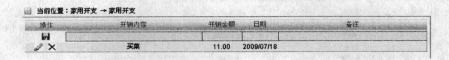

图 9-18　家用开支收支管理界面图

10．系统设置

系统设置部分详细内容请参见光盘中的源程序代码。其页界效果如图 9-19、以及 9-20 所示。

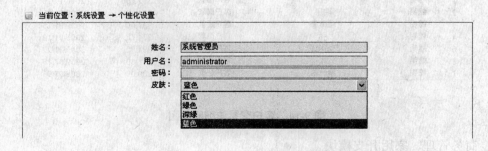

图 9-19　系统个性化设置界面图

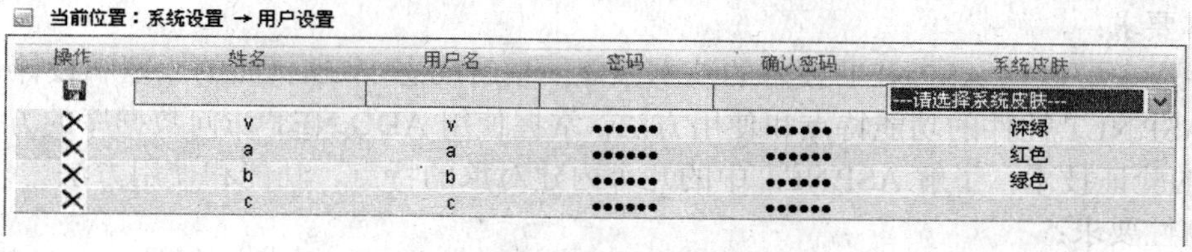

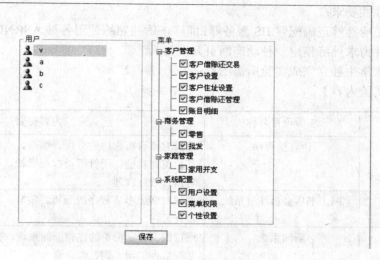

图 9-20　用户设置界面图

图 9-21　个性化设置界面图

9.5　本章小结

在这一章中，通过"个体工商户日常管理网站"这样一个完整的网站设计，介绍了三层架构的设计思想以及设计网站的全过程：从需求分析开始到网站的功能设计、数据库设计和页面设计。熟练操作数据库，并对其中的数据进行增、删、改、查。充分利用母版及主题这一技术，保持网站外观的一致性。这个实例已经十分接近实际项目，读者可以模仿此项目进行网站的开发，还可对其功能进行完善。

9.6　本章实验

网站设计（ASP.NET 程序设计）

【实验目的】

掌握基于 ASP.NET 程序编写。

熟练掌握 ASP.NET 的服务器控件。

熟悉 ASP.NET 的数据库连接。

【实验要求】

基本要求：

学生应理解微软 ASP.NET 技术的基本原理；理解动态 Web 页面的原理和设计方法；掌握常用 ASP.NET 控件的功能特点和使用方法；掌握使用 ADO.NET 访问数据库的方法；掌握 Web 页的验证技术；了解 ASP.NET 中的几个内建对象的特点、功能和使用方法。

提高性要求：

学生应理解微软.NET 技术的基本原理和应用；对 ADO.NET 编程有更深入的了解；掌握.NET 环境下的编程技术与方法。

技能性要求：

学生应能够正确配置 IIS 服务器；能够正确并熟练使用各种 ASP.NET 控件开发 Web 应用程序；并力求熟练使用一种动态网页开发工具。

要求学生独立完成实验所需的程序。

【实验内容】

序号	实验项目名称	内容提要
1	留言板程序	通过对留言板程序的分析、编写，实现提交用户留言，浏览其他留言功能，用管理员权限登录，可对留言进行回复、并对留言进行管理
2	网上书店会员注册系统	通过对网上书店程序的分析、编写，熟悉网站开发的流程和设计思路
3	新闻系统	通过编写一套简单的完整新闻系统，掌握数据库的连接方式，掌握数据的增、删、改、查
4	论坛系统	通过对新闻系统、会员、论坛等系统的分析、代码编写，掌握 ASP.NET 在信息管理中的应用

上述任选一个进行网站设计。